生态文明建设丛书

林家彬 顾 问

李家彪 主 编 王宇飞 副主编

企业参与生物多样性案例研究和行业分析

赵阳 著

上海科学技术文献出版社

Shanghai Scientific and Technological Literature Press

图书在版编目（CIP）数据

企业参与生物多样性案例研究和行业分析 / 赵阳著 . 一上海：上海科学技术文献出版社 ,2021
（生态文明建设丛书）
ISBN 978-7-5439-8410-3

Ⅰ.①企… Ⅱ.①赵… Ⅲ.①生物多样性—研究 Ⅳ.① Q16

中国版本图书馆 CIP 数据核字 (2021) 第 175568 号

选题策划：张　树
责任编辑：苏密娅　姚紫薇
封面设计：留白文化

企业参与生物多样性案例研究和行业分析
QIYE CANYU SHENGWU DUOYANGXING ANLI YANJIU HE HANGYE FENXI
赵　阳　著
出版发行：上海科学技术文献出版社
地　　址：上海市长乐路 746 号
邮政编码：200040
经　　销：全国新华书店
印　　刷：常熟市人民印刷有限公司
开　　本：720mm×1000mm　1/16
印　　张：23.5
字　　数：384 000
版　　次：2021 年 10 月第 1 版　2021 年 10 月第 1 次印刷
书　　号：ISBN 978-7-5439-8410-3
定　　价：128.00 元
http://www.sstlp.com

丛书导读

生态文明这一概念在我国的提出，反映了我国各界对人与自然和谐关系的深刻反思，是发展理念的重要进步。生态文明建设是建设中国特色社会主义"五位一体"总布局的重要组成部分。其根本目的在于从源头上扭转生态环境恶化趋势，为人民创造良好的生活环境；使得全体公民自觉地珍爱自然，更加积极地保护生态。可以说，生态文明建设是不断满足人民群众对优美生态环境的需要、实现美丽中国的关键举措，也是现阶段重构人与自然关系、实现人与自然和谐相处的主要方式。在新冠肺炎疫情引发人们重新审视人与自然关系的背景下，上海科学技术文献出版社推出的这套"生态文明建设丛书"可谓正当其时。

本套丛书有9册，系统且全面地介绍了当前我国生态文明建设中的一些重要主题，如自然资源管理、生物多样性、低碳发展等。在此对这9册书的主要内容分别作一简短概括，作为丛书的导读。

《自然资源融合管理》（马永欢等著）构建了自然资源融合管理的理论体系。在理论研究过程中，作者们在继承并吸收地球系统科学等理论的基础上，构建了自然资源融合管理的"5R+"理论模型，提出了自然资源融合管理的三种基本属性（目标共同性、行为一致性、效应耦合性），概括了自然资源融合管理的基本特征，设计了自然资源融合管理的五条路径，提出了自然资源融合管理支撑"五位一体"总体布局的战略格局，从自然资源融合管理的角度解释了生态文明建设。

水资源是自然资源管理的难点。《生态文明与水资源管理实践》（高娟、王化儒等著）一册对生态文明建设背景下水资源管理的实践工作进行了系统而翔实的介绍，提出了适应于生态文明建设需求的水资源管理的理论和实践方向。包括生态文明与水资源管理、水资源调查、水资源配置、水资源确权、水资源管理的具体实践等五部分内容，分别介绍了水资源管理的总体概念与核心内涵，水资源调查、配置和确权的关键环节与具体方法，以及宁夏生态流量管理的案例。

《陆海统筹海洋生态环境治理实践与对策》（李家彪、杨志峰等著）一册，主要对建设海洋强国背景下的海洋生态环境治理进行了研究。其中，陆海统筹是国家在制定和实施海洋发展战略时的一个焦点。本册包括我国海洋生态环境现状与问题、典型入海流域的现状与问题、国际海洋生态环境保护实践与策略、陆海统筹海洋生态环境保护的基本内容以及陆海统筹重点流域污染控制策略等。可以说，陆海统筹，其实质是在陆地和海洋两大自然系统中建立资源利用、经济发展、环境保护、生态安全的综合协调关系和发展模式。有助于读者理解我国"从山顶到海洋"的"陆海一盘棋"生态环境保护策略以及陆海一体化的海洋生态环境保护治理体系。

《环境共治：理论与实践》（郭施宏、陆健、张勇杰著）一册重点探讨了环境治理中的府际共治和政社共治问题。就府际共治问题，介绍了环境治理中的纵向府际互动关系，以及其中出现的地方执行偏差和中央纠偏实践；从"反公地悲剧"的视角分析了跨域污染治理中的横向府际博弈，以及府际协同治理模式。就政社共治问题，着重关注了多元主体合作中的社会治理与政社关系，以及当前环境治理中的社会参与情况。基于对国内外社会参与环境治理的长期田野调查，发现社会参与对于化解环境危机具有不可忽视的作用，社会参与在新媒体时代愈加活跃和丰富。这对于构建现代环境治理体系既是机遇也是挑战。

《生态文明与绿色发展实践》（王宇飞、刘昌新著）一册主要从政策试点入手，以小见大，解释了我国生态文明建设推进的一个重要特点，即先通过试点创新，取得成效后再向全国推广。本书主要分析了低碳城市试点、国家公园体制试点以及其他地区一些有典型意义的案例。低碳城市试点是我国为应对气候变化所采取的一项重要措施，试点城市在能源结构调整、节能减排以及碳排放达峰等方面都有探索和创新。这是我国实施"碳达峰、碳中和"战略的重要基础。国家公园是我国自然保护地体制改革的代表，也反映了我国近几年来生态文明体制改革的进程。这部分以三江源、钱江源等试点为案例，揭示了自然保护地的核心问题，即如何妥善处理保护和发展之间的矛盾。最后一部分介绍了阿拉善SEE基金会的蚂蚁森林公益项目、大自然保护协会在杭州青山村开展的水信托生态补偿等案例经验。这些案例很好地揭示了生态环境保护需要依赖绿色发展，要使各方均能受益从而促进共同保护。

《生态责任体系构建：基于城镇化视角》（刘成军著）一册重点关注了城镇化进程中生态问题的特殊性。作者从政府的生态责任是什么、政府为什么要履行生态责任以及政府如何履行生态责任三个方面展开研究。城镇化是一个动态的过程，在此过程中产生的生态环境问题有其独特的复杂性。本书审视了中国城镇化的历史和现状，探讨了中国城镇化进程中的生态环境问题，并将马克思主义关于生态环保的一系列重要思想观点融合到对相关具体问题和对策的分析与论证之中，指出了马克思主义生态观对中国城镇化生态环境问题解决的具体指导作用；对我国城镇化进程中存在的生态问题、政府应承担的生态责任、国内外政府履行生态责任的实践及我国政府履行生态责任的途径等问题进行了论述。

《生态文明与环境保护》（罗敏编著）收录了"大气、水、土壤、核安全、国家公园"五方面内容，针对当下公众关注的污染防治三大攻坚战役、核安全健康与发展、自然保护地体系下的国家公园建设进行了介绍。三大攻坚战部分，分析了大气、水、土壤污染防治的政策、现状，从制度体系构建、技术应用、风险评估等方面，结合具体实践和地方经验，对如何打好污染防治攻坚战进行探讨。核安全部分围绕核安全科技创新、核能发展、放射性药品生产活动监管、放射源责任保险、公众心理学、法规标准等内容对我国核安全领域的重点内容和发展规划进行分析。国家公园体制建设部分，从法律实现、国土空间用途管制、治理模式、适应性管理、特许经营管理等方面探索自然保护地体系下国家公园建立的路径。

《企业参与生物多样性案例研究和行业分析》（赵阳著）主要以"自然资本核算"在不同行业的应用为切入点，系统地介绍了《生物多样性公约》促进私营部门参与的要求、机制和资源，分享了识别、计量与估算企业对生态系统服务影响和依赖的成本效益的最新方法学，并辅之以国内外公司的实际案例，研判了不同行业的供应链所面临的生物多样性挑战、动向及趋势，为我国企业参与生态文明建设提供了多元化的视角和参考资料。

《绿色"一带一路"》（孟凡鑫等编著）围绕气候减排、节约能源、水资源节约等生态环境问题，针对"一带一路"沿线典型国家、典型节点城市，从碳排放核算、能效评估、贸易隐含碳排放及虚拟水转移等方面进行了可持续评估研究。从经济学视角，延伸了"一带一路"倡议下的对外产业转移绿色化及全球价值链绿色化的理论；从实证研究视角，识别了我国企业对外直接投资的影响因素及区位分异特征，并且剖析了"一带一路"倡议对我国钢铁行业出口贸易的影响，解析了"一带一路"沿线国家环境基础设施及跨国产业集群之间的相关性；梳理了全球各国践行绿色发展的典型做法以及中国推动绿色"一带一路"建设的主要政策措施和行动，提出了我国继续深入推动绿色"一带一路"建设的方向和建议。

"生态文明建设丛书"结合了当下国内外最新的相关理论进展和政策导向，对我国生态文明建设的理念和实践进行了较为全面的解读和分析。丛书既反映了我国过去生态文明建设的突出成就，也分析了未来生态文明建设的改革趋势和发展方向，有比较强的现实指导意义，可供相关领域的学术研究者和政策研究者参考借鉴。

林家彬

2021 年 8 月

前　言

　　自然是经济增长、生计福祉和公平公正等社会所有方面的基础。但衡量发展的传统指标（如 GDP 和 HDI）未能显示出自然对经济的支撑作用。因此要制定出一套与之相辅相成，但更为包容和科学的统计核算体系。作为国内第一本系统阐述行业和企业在产业链及供应链中融入生物多样性价值的实用指南，本书不同于以往学术著作，而主要侧重国际主流方法学《自然资本议定书》（*Natural Capital Protocol*）的商业应用案例研究，以及相关行业的实例分析。

　　当前对"转型变革"的国际共识包含"碳中和"(carbon neutral)、"对自然正面影响"(nature positive)和"社会公正"(equitable)三个维度。这与我国"十四五"目标"立足新发展阶段、贯彻新发展理念、构建新发展格局、推动高质量发展"，以及"建立生态产品价值实现机制"的重大举措不谋而合，都是要将自然构筑为一种资产；将生物多样性根植为使自然资产更具生产力，使供应链更具韧性，使生态产品更溢价的自然属性；将生态系统作为"分解"自然资产的主流方法（即"自然资本方法"），使自然的价值在商业、金融和政府决策程序中清晰可见（如水账户、森林账户、土地账户、碳账户和环境损益台账等）。这三个理念转变为"在适当情况下，识别、计量和估算对生态系统服务影响及依赖的成本效益，并定期报告"，使行业和企业参与生物多样性多了一条验证有效的技术路径。

　　我认为"十四五"时期，商业与生物多样性领域可能呈现五个发展趋势：一是改革激励措施。调整对生物多样性有害的产业补贴政策（如农牧业、基建和能源），改善公共和私营部门的投资风险管理。鼓励金融创新，增加生态保护资金投入（如生态系统服务付费），支持基于自然的气候变化解决方案，提倡自然基础设施开发，推动实施生物多样性影响抵偿机制等。二是提供实施方法。支持行业协会和先进的企业先行先试，核算供应链对自然资本的依赖和影响，包括定性定量及货币化估值，并融入部门指南、行业指引和企业战略。三是激励科技创新。在基础设施领域增加"基于自然的解决方案"（如人工湿地同化吸收污染物，修复海岸和红树林替代水泥堤坝），在农业食品部门，加强生态产品的市场认证和溢价，在循环经济中探索对塑料的替代生物材料和微生物降解，在能源行业提升可再生（如生物质能源）比例，以及数字化、智能化在这些行业中的应用，降低物流、仓储等环节的温室气体排放。四是保证供应链安全。后疫情时代强调产业链布局调整，呈现多元化、绿色化、平台化和数字化发展趋势，以适应"以国内大循环为主体、国内国际双循环相互促进"的新发展格局。五是分解"双碳目标"到各行各业。研究《环保法》会发现，2015年新修订的内容中埋了"两条线"的伏笔：当地排放总量不增加的"上限"和生态功能不降低的"底线"。"碳达峰碳中和"将通过信息披露、改革补贴、绿色投资、可持续采购和负责任消费等导致工商企业可衡量的行动。在此，提醒要注重生物多样性减缓和应对气候变化所具有的巨大效益，以及"基于自然的解决方案"对实现兼具"碳中和"和"社会公正"（如社区替代生计）综合价值的作用。最后，希望本书不但为企业人员、行业研究者所用，也能为这些推动转型变革的政策提供信息与参考。

赵阳

生态环境部对外合作与交流中心

2021年6月

目　录

第一章

国际发展

一、《生物多样性公约》促进企业参与的
要求、机制和资源平台

赵　阳　温源远

摘要:《生物多样性公约》(以下简称《公约》) 是国际社会协力保护生物多样性最重要的公约, 也是中国参与和引领全球生态文明建设的重要平台。鉴于企业参与生物多样性保护的重要作用, 20多年来,《公约》一直不断推动企业参与生物多样性保护的相关工作和国际体系建设。该国际体系主要包括两大支柱: 一是"企业与生物多样性全球伙伴关系"国际机制 (Global Partnership on Business and Biodiversity, 以下简称"GPBB机制"); 二是"企业与生物多样性全球伙伴关系"资源平台 (Global Platform for Business and Biodiversity, 以下简称"GPBB平台")。前者是工作组织和资金机制, 后者是前者的技术支持和保障机制, 二者相辅相成, 协同增效。本文重点分析了GPBB平台的形成背景、发展进程、现状和未来趋势, 系统梳理总结了GPBB平台现在已提供的各类资源, 并结合中国在利用借鉴GPBB平台的现状与问题, 提出了相关政策建议。总体来看, 自1996年《公约》第三次缔约方大会 (COP3) 以来, GPBB平台的相关概念、机制不断发展完善, 至今已形成了一个GPBB平台在线数据库, 通过《公约》官网供各国政府和企业使用, 可为我国推进相关工作提供重要技术支撑。具体来看, 通过梳理总结GPBB平台及其相关机制等的发展情况, 我们发现: 1. 企业参与生物多样性保护的意愿及对GPBB平台的需求日益增强; 2.《公约》对企业参与的要求更加明确; 3.《公约》对如何促进企业参与生物多样性的路线图更加清晰; 4. GPBB机制已基本建立; 5. GPBB平台已基本完善。展望未来, GPBB平台发展将有望继续保持以下三大趋势: 1. GPBB平台建设力度将不断加强; 2. GPBB平台的作用影响将不断提升; 3. GPBB平台发展将向重点部门倾斜。目前, GPBB平台可提供相关最新研究成果、方法学、工具、自愿性标准和指引、简报、最佳实践案例等免费信息, 以及一系列项目实施过程中的企业参与机会, 以支持企业在决策和运营中纳入生物多样性, 并鼓励支持各国政府、企业、非政府组织和学术科研机构等多利益相关方共同参

与、贡献与受益于该网络平台。中国自2015年正式加入GPBB机制后，对各成员国的企业参与倡议开展了较为深入的研究，为成立发起"企业与生物多样性伙伴关系"倡议做出有益探索。

《生物多样性公约》logo

来源：www.cbd.int

《生物多样性公约》（以下简称《公约》）是国际社会协力保护生物多样性最重要的公约。新时期下，大力创新推动《公约》履约相关工作，是深入贯彻落实党的十九大精神，推进国内生态环境保护、生态文明建设，引领全球生态文明建设的重要方面。企业是开发和利用生物多样性的主体，也是实现生物多样性可持续发展必不可少的推动力量。为推动企业参与，《公约》根据历届缔约方大会相关决议要求，通过完善制度、体制、机制和资源网络，逐步建立促进企业参与生物多样性保护的国际体系。该体系由两大支柱构成：一是作为国际机制的"企业与生物多样性全球伙伴关系"（Global Partnership on Business and Biodiversity，以下简称"GPBB"或"GPBB机制"）；二是作为公共在线资源网络的"企业与生物多样性全球平台"（Global Platform for Business and Biodiversity，以下简称"GPBB平台"）。前者是工作组织和资金机制，后者是前者的技术支持和保障机制，二者相辅相成，协同增效。

为加强生物多样性保护，国际社会逐渐形成共识，认为需要全社会共同努力以保护生物多样性，尤其是企业的参与。《公约》也不断推进企业参与生物多样性保护工作。继1992年联合国通过《生物多样性公约》后，1996年召开的公约缔约方大会（COP）第三次会议（COP3）就首次提出企业参与生物多样性的概念；2000年召开的COP5将企业参与列入《公约》议题；2002年的COP6将企业参与纳入《公约》的战略内容；2006年的COP8首次将企业参与生物多样性单独纳入《公约》决议；2008年的COP9拟定了首个企业参与行动框架；2010年的COP10将企业参与纳入战略目标，并要求国家和区域层面制定相关倡议和努力建设GPBB。2012年COP11通过的决议要求利用GPBB为框架促进企业界、政府和其他利益攸关方之间的对话。2014年COP12的决议要求与GPBB及其相关国家和区域倡议协作以支持企业界的能力建设。2016年COP13发起了《企业与生物多样性承诺书》倡议。通过分析德国、印度、加拿大、秘鲁、澳大利亚、南非、日本和韩国构建企业参与GPBB的实践情况，可以发现主要有以下特点：（1）政府发挥着重要的指引作用和服务功能；（2）各国工作和资金筹措方式多样；（3）成员加入需要签署协约；（4）推动企业参与的GPBB平台已基本建立；（5）大量企业表现出参与生物多样性伙伴关系倡议的积极意愿。以下将重点介绍GPBB平台的发展情况及对中国的政策建议。GPBB平台的建设流程是：（1）各国加入GPBB后，向《公约》提交成果和知识产品；（2）这些成果和知识产品经审核后，正式纳入GPBB平台供其他国家或地区借鉴。经多年逐步充实发展，GPBB平台已成为为成员国提供技术和智力支持、企业示范机会和最佳实践展示窗口的综合性资源网络，辐射并惠益全球各地企业。本文首先介绍GPBB平台的相关发展进程和现状，然后分析中国相关工作的发展情况，最后研提对中国的政策建议，为中国充分利用GPBB平台建立健全中国相关平台和工作机制以及办好2020年《公约》缔约方大会第十五次会议（COP15）提供参考。

1　GPBB平台的形成与发展

1.1　GPBB平台的发展进程

自2010年COP10提出要建立GPBB平台，为落实相关决议要求，2010年《公约》决定开展全球企业参与多样性对话论坛，并于2011年12月在日本举行了"全球企业界参与生物多样性平台论坛"第一次会议（GPBB平台-1）。2012年10月COP11召开期间，该论坛举行第二次会议（GPBB-2）并改名为"全球企业界参与生物多样性伙伴关系论坛"。2013年10月，GPBB-3在加拿大召开，中国代表第一次受邀参加。2014年10月，COP12会议期间，GPBB-4召开并宣布成立GPBB执行委员会。2014年《公约》秘书处正式成立了GPBB。

目前已有包括中国在内的18个国家和3个区域（欧盟、东南亚与中美洲）加入该机制。

GPBB机制和GPBB平台是相伴相生的，在不断推进GPBB的同时，《公约》也对GPBB平台的建设提出了一系列要求，以支撑GPBB的发展。为发展GPBB平台，《公约》促进GPBB机制内的各成员国政府、国际组织、企业、NGO和学术科研机构等多利益相关方参与、贡献与受益于该公共资源网络，提供国际最新研究成果、方法学、工具、自愿性标准、简报、案例和数据库，以及一系列项目实施过程中的企业参与机会。支持企业在决策和运营中纳入生物多样性。例如，2010年COP10的《X/21企业界的参与》决议要求"编辑最佳做法，促进企业界参与采用这些做法"并"改进各种机制和工具，帮助企业界理解、评估和采取管理生物多样性风险的解决方案"。2012年COP11通过的《生物多样性促进消除贫困和发展》和《XI/7企业界与生物多样性》决议则要求《公约》秘书处成立GPBB为国家和区域提供分享和对话的平台，为企业在决策和运营中纳入生物多样性提供信息、知识、资源和解决方案，促进私营部门主流化。2014年COP12《XII/10企业界的参与》决议则强调要"鼓励工商界分析企业决策和运营对生物多样性和生态系统功能和服务的影响，并编制将生物多样性纳入其运营的行动计划"。

2017年，经秘书处多年争取，《公约》批准新设一个企业事务项目官员的长期职位，主要负责落实《公约》两大支柱工作：一是持续发展GPBB的国家与区域成员；二是继续实施一系列项目，促进企业参与、贡献和受益于GPBB平台。

1.2　GPBB平台的总体现状

通过梳理总结，GPBB平台主要有以下几点。

（1）企业参与生物多样性保护的意愿及对GPBB平台的需求日益增强。生物多样性维系着人类经济发展、社会福祉和个人生计，提供人类所需的食品、建筑材料、医药和能源等自然资本都已成为社会共识，它已从单一的环境议题提升为可持续发展主题，这使得企业更为重视承担相关的社会责任，维护其社会声誉。国际社会将生态系统服务指标纳入责任投资、绿色供应链、可持续消费、战略环评、公共采购、信息披露、生态城市等相关国际或本国倡议、标准和指引中，企业也逐步意识到生物多样性保护对其获得相关认证认可、特许经营、许可证和配额等存在的潜在风险与机会，正加快推动企业核算生物多样性价值、评估其影响与依赖和披露相关信息。

（2）对企业的要求更加明确。以前《公约》要求企业"采取切实行动，将生物多样性纳入到运营与决策当中"，目前则进一步要求，"不论出于规避风险或寻求商业机会的动机，还是考虑业务流程或价值链，生物多样性都是关键要素"。

（3）对如何促进企业参与生物多样性的路线图更加清晰。即"支持企业学习、应用，帮助企业了解、评价与核算对生物多样性、生态系统服务的依赖和影响、以及相关风险与机会"。

（4）引导企业参与生物多样性保护的国际机制（GPBB）已基本建立。GPBB承上启下，弥合了国际《公约》与微观企业间的鸿沟。特别是大量国家的加入，不仅带动了本国企业的参与，通过试点示范和推动拉动因素的倍增效应，还将辐射和影响世界各地企业的意识、态度和行为，深度参与和不断加强生物多样性保护工作。

（5）支持企业参与的GPBB平台已基本完善。企业参与的实际需求须运用具体知识产品，包括理论方法学、技术工具和实践案例等，同时要遵循法律法规、部门监管、认证认可、行业指引和市场标准等不同层面的自愿性标准。《公约》通过其官网数据库已提供关于上述内容的资源与试点机会。目前，该GPBB平台的网络工具已非常系统。仅"工具/机制"一个分类，就已包括核算、缓解、抵偿、报告、指引、法规、认证和监测与评估等100多种工具。

1.3　GPBB平台的发展趋势

展望未来，GPBB平台的发展将有望继续保持以下三大趋势。

（1）GPBB平台建设力度将不断加强。《公约》将继续推动更多国家加入GPBB机制，其作用和意义必将在新缔约方大会的决议中得到巩固和加强。随着GPBB机制的加强，GPBB平台的建设力度将不断加强。

（2）GPBB平台的作用影响将不断增强。《公约》将继续推动各成员国在GPBB平台上提交成果，共同分享，相互借鉴并加强合作，帮助提高各国服务企业的能力水平和作用影响。其中，评估企业对生物生态系统服务和自然资本的依赖和影响，并披露信息和传播企业最佳实践，是促进全球企业参与、为《公约》和联合国可持续发展议程做贡献的重要技术路线图。

（3）GPBB平台发展将向重点部门倾斜。根据《公约》谈判达成的有关共识，GPBB与GPBB平台将继续对重点企业部门倾斜，主要有三类：生态影响型（如采掘、水电等）、资源利用型（如食品饮料、生物勘探、制药、保健品、化妆品和农林牧副渔等），以及议定书特定议题相关行业（如检验检疫等）。

2　GPBB平台所提供的主要信息和资源

根据《公约》决议要求，构建了GPBB平台的网络平台，以提供国际最新研究成果、方法学、工具、自愿性标准、简报、案例和数据库等免费信息，以及一系列项目实施过程中的企业参与机会，支持企业在决策和运营中纳入生物多样性，并鼓励支持各国政府、企业、非政府组织和学术科研机构等多利益相关方共同参与、贡献与受益于该网络平台。

《公约》官网在GPBB平台专栏首页提出，不论风险规避或商业机会的动机，还是业务流程或价值链的考量，生物多样性都是关键要素；相关的商业风险与机会包括：资源稀缺、合规监管、责任投资、生态补偿所带来的配额、成本、公司形象受损甚至产品遭受抵制等相关风险，以及市场份额增加，迎合责任消费、利益相关方沟通改善、员工忠诚度提高、技术和产品创新、更精益、持续的生产工艺或商业模式等机会。专栏建议："企业采取切实行动，将之纳入到运营与决策当中"，并鼓励平台参与者"提供信息知识、技术工具、最佳实践案例、研究成果、方法学和自愿性标准以及可参与的项目、宣传对话等资源和渠道，支持企业学习、应用，帮助企业了解、评价与核算对生物多样性、生态系统服务的依赖和影响、以及相关风险与机会"。

目前，GPBB平台主要提供了以下资源和参与机会。

2.1　开发企业贡献《爱知目标》最佳实践案例，并制定企业参与通用导则

针对企业对国际议程缺乏了解而无法参与的呼声，COP12通过《XII/10企业界的参与》决议要求："3（d）与企业界和生物多样性全球伙伴关系及其相关国家和区域倡议协作，通过查明关键的进度指标和为企业界制订支持执行《生物多样性战略计划》（2011—2020年）的指导方针，推动企业部门对实现爱知生物多样性目标做出贡献"。目前秘书处正在实施"制订企业参与实现《爱知目标》的商业框架和案例项目"，旨在向工商界解释爱知生物多样性目标，

提供指导和建议支持企业为贡献这些目标、指标采取的措施，并对已采取了一项或多项爱知目标相关行动的公司进行一系列案例研究，总结企业贡献爱知目标的经验教训，传播最佳实践案例，制定通用技术导则，促进私营部门对《公约》议程的认知和参与。

2.2 激励企业核算生物多样性价值，并推荐方法学与工具

2014年《全球环境变化杂志》报告指出，"经核算世界生态系统服务总价值已达到全球GDP的两倍，即每年124.8万亿美元"。2014年COP12《XII/10企业界的参与》决议要求："3（f）汇编有关生物多样性和生态系统功能和服务以及这些服务的价值的信息，并分析这方面的最佳做法、标准和研究，促进评估企业界对实现《公约》各项目标和爱知生物多样性目标的贡献，并协助向各相关论坛传播这些信息"。这将生物多样性、生态系统服务价值评估与自然资本核算直接联系起来，已获得全球各界，尤其工商企业界的广泛认同。《公约》推荐由自然资本联盟（Natural Capital Coalition）、联合国环境署、IUCN和世界可持续发展工商理事会（WBCSD）共同发起了"世界自然资本论坛"，以便于企业参加获取更多信息与技术。目前各国倡议多有运用和引进《自然资本议定书》（Natural Capital Protocol），帮助本国企业评估对生态系统服务的影响和依赖，风险与机会。生态环境部环境保护对外合作中心（FECO）作为"中国企业与生物多样性伙伴关系"（CBBP）的管理和运营机构，目前正在运作翻译该核算体系，推动国内试点行业、企业实施的项目。

2.3 鼓励企业披露信息，并发起《企业与生物多样性承诺书》倡议

企业运用工具、方法学和案例，了解、评估与核算对生物多样性、生态系统服务的影响、依赖和价值后，如何报告相关信息？ 2014年COP12《XII/10企业界的参与》决议强调："鼓励工商界分析企业决策和运营对生物多样性和生态系统功能和服务的影响，并编制将生物多样性纳入其运营的行动计划"；鼓励企业界"将与生物多样性和生态系统功能和服务相关的问题纳入其报告框架，确保了解公司所采取的行动，包括通过其供应链，同时考虑到《公约》的各项目标、《生物多样性战略计划》（2011－2020年）和爱知生物多样性目标"；邀请缔约方"与企业界与生物多样性全球伙伴关系及其相关的国家和区域倡议合作，以便协助企业界报告其实施《公约》及其议定书的目标以及战略计划的

进展"；敦请执行秘书"支持企业界与生物多样性全球伙伴关系及其相关国家和区域倡议并与其协作，编制关于企业界将生物多样性纳入主流的进度报告"。秘书处通过企业承诺书等倡议，号召全球各地的先进企业报告履行承诺所采取的行动和进展。

2016年墨西哥召开的COP14发起了《企业与生物多样性承诺书》（以下简称《承诺书》）倡议，号召全球各地的先进企业报告履行承诺所采取的行动和进展，已有100多个来自不同国家、多个部门的企业和金融机构签署加入。中国生态环境部环境保护对外合作中心推动了伊利集团加入该倡议。《承诺书》指出："……可持续的消费和生产模式，可为企业带来切实的利益，包括更加可靠的材料和产品供应、节约成本和自然灾害防护。这种转变是实现《生物多样性战略计划》以及执行《2030年可持续发展议程》及其可持续发展目标的必要条件"。《承诺书》呼吁："了解、衡量并在可行的情况下估价公司对生物多样性和生态系统服务的影响和依赖""制订生物多样性管理计划，包括解决供应链的行动""定期报告公司对生物多样性和生态系统服务的影响和依赖"，并"将生物多样性因素更好地纳入企业决策"。目前秘书处已开发问卷和报告格式，供签署企业定期报告履行承诺的进展情况。

2.4 发布商品生产的生物多样性影响指标与指南

2014年《生物多样性公约》第十二次缔约方大会（COP12）通过的《XII/10企业界的参与》提出："3（e）促进与其他论坛在与生物多样性和企业界参与相关问题上进行指标和可持续生产和消费方面的合作和协同增效"。针对目前许多国家栖息地丧失主要原因是土地用途转做农产品生产的事实与挑战，《公约》研究了不同国家与地区不同种类作物生产对不同生态系统服务的影响和依赖，纳入了国际主流的相关可持续标准，编制了《自愿性标准与生物多样性报告》。该报告研究了不同国家和地区共八种农作物的种植（甘蔗、大麦、可可、棉花、咖啡、茶叶、棕榈树和大豆），从水质、水体富营养化、土壤肥力、生物需氧量、温室气体排放、用水量、自然植被丧失、栖息地质量、减缓气候变化、土地管理和生物燃料等生态系统服务方面，编制了一套基础性、普适性农产品生产对生物多样性影响指标和指南，可作为上述行业生产所遵循的最低生物多样性绩效标准，帮助企业更好地理解产品全生命周期所涉及的生态价值、风险影响和外部不经济性。该报告指出，气候变化和土地用途

（由保护地变更为农田）是发展中国家生物多样性丧失的最大驱动力。因此，大部分行业自愿性标准都已纳入了关于温室气体排放、土地用途公共治理以及其他可持续发展指标，通过认证认可的市场模式达到预防和减缓生物多样性丧失的目标。例如，很多蔗糖企业正在应用Bonsucro倡议与认证，确保满足欧盟再生能源指令（2009/28/EC）的强制要求。"更好的棉花倡议"（Better Cotton Initiative，BCI）标准强调高效灌溉和水循环利用。2014年经该标准认证的棉花产量达190万吨，占全球7%。同样在可可和咖啡种植标准要求"树荫下间作"，这种混农林模式有利于保护森林，遏制在非洲出现土地肥力下降的趋势。在马来西亚、印尼和南美洲，自然栖息地土地改作棕榈油或大豆种植园以迎合全球旺盛的需求，印尼成为仅次于中国和美国的世界第三大温室气体排放国。而使用诸如"可持续棕榈油圆桌倡议"（RSPO）等基于市场的自愿性标准和认证认可则无疑有利于改善这些生态环境（如自然栖息地丧失）和社会（如不公平贸易）问题。

2.5 发布《卡塔赫纳生物安全议定书》相关技术信息

资源网站提供了知识产品、出版物、简报和信息交换所等免费资源，帮助企业了解《卡塔赫纳生物安全议定书》所涉及主要关于现代生物技术产生的"改性活生物体"（LMO）越境转移所造成的损害责任、补救和赔偿等运营风险，以及包括抽样与检测、运输和包装、风险评估与管理、向监管部门报告等具体措施。针对企业发布了《生物安全技术系列工具》，包括《改性活生物体运输标准》《审查损害赔偿责任和补救工具》《改性活生物体风险评估和监测指南》和《九个国家风险评估方法摘要和比较分析》等技术工具与指南。

2.6 发布《名古屋议定书》相关技术信息

资源网站提供了知识产品、出版物、简报和信息交换所等免费资源，帮助企业了解《名古屋议定书》关于获取遗传资源并公平和公正地分享其利用所产生惠益所涉及的"事先知情同意"（PIC）、"共同商定条件"（MAT）和"相关传统知识"（ATK）等概念，国际公约、各国立法和政府监管等进展情况，特许经营、许可证和配额等市场手段，企业最佳实践、成功故事的案例分析等。针对不同部门的企业发布了一系列政策简报，涵盖农业、植物制剂、化妆品、食品与饮品、工业生物技术和制药等多个行业，并提供中文等多个语言版本。所有信息目前被秘书处整合在生物多样性"获取与惠益分享"（ABS）倡议网站中，分为出版物、知识中心、指南，案例研究和视听资料等部分，并提供搜索功能。

2.7　建立在线数据库，并提供信息搜索与分类服务

资源网站将其数据库建立在《公约》官网上，囊括了全球范围行之有效支持企业开展生物多样性和生态系统服务相关的工具/机制（289个）、案例研究（45个）、信息简报（21个）、组织机构（428个）、会议活动等免费信息资源，并提供分类与搜索功能。

（1）工具/机制

在众多工具中，《自然资本核算体系》排在搜索首位，显示出其应用是国际大势所趋。页面提供索引功能，可按照部门（包括农、林、渔、采掘、能源、基建、化妆品、银行、旅游等十几个行业）和国家进行搜索，主要包括以下几类工具：

① 减缓 Mitigation（如 CSBI《缓解层次实施导则》）

② 核算 Valuation（如 WBCSD《企业生态系统服务核算》）

③ 信息披露 Reporting（如 GRI《生物多样性作为企业报告资源指引》）

④ 技术指南 Guideline（如 IFC《生物多样性私营部门指南》）

⑤ 指引导则 Guidebook（如 WRI《海岸自然资本核算指南》）

⑥ 认证认可 Certification & Accreditation（如 FAO《可持续渔业行为准则》、Global Aquaculture Alliance《最佳水产养殖实践认证》）

⑦ 跨部门综合工具（如 IUCN《企业与生物多样性》）

⑧ 特定行业工具（如 IPIECA《石油天然气行业水工具》和 WBCSD《水泥行业生物多样性管理计划指南》）

引擎可搜索到日本相关内容9个，都与机制（机构）相关，且大多是非政府组织（NGO），例如致力于有机稻米认证的日本生态系统农业协会，日本生态旅游协会、促进负责任金枪鱼渔业组织、国家林业管理改进和传播组织、可持续能源政策研究所、市民环境基金会等。但目前搜索中国结果为零。

（2）案例研究

与工具一样，案例研究也提供了国家与行业分类搜索。包括全球各地企业参与生物多样性成功故事，例如陶氏化学运用自然资本核算遴选最佳污水处理

工艺，联合利华在农业标准中纳入生物多样性指标，卡特彼勒、塔塔钢铁和施乐等公司将生态系统服务作为实施《联合国可持续发展议程》重要途径等最佳实践。引擎可搜索到日本相关内容9个，包括小型树栖动物迁移廊道、塞舌尔群岛珊瑚礁保护、利用钢铁生产中废渣和林业废弃木片恢复沿海生态系统、无农药棉花农场等企业项目案例研究报告。而搜索中国结果仍为零。

（3）相关组织

数据库提供的相关组织数据也提供了国家与行业的分类搜索，部分与"工具/机制"重合。里面既有IUCN、WBCSD、WRI、WWF、FAO、GIZ等国际机构，也有全球报告倡议组织（GRI）、森林管理委员会（FSC）、公平贸易（Fair Trade）等标准组织，也有一批不知名的地方本土NGO。自然资本联盟排在首页，他们开发的《自然资本核算体系》已取代《生态系统与生物多样性经济学》（TEEB），具有国际权威地位。经测试，可搜索到12个日本组织，包括几乎同时与中国加入《公约》"全球伙伴关系"的"日本企业倡议"（Japan Business Initiative for Biodiversity，JBIB）。而搜索中国结果为零。

（4）《公约》企业简报

数据库提供了《公约》企业简报。简报每期侧重不同主题，如当年的COP、ABS、SDG和气候变化等；或特定领域，如金融、采掘和生态旅游等；或活跃国家如加拿大、印度等。

（5）会议和活动

数据库提供了秘书处和其他国际机构组织的相关论坛、研讨会和活动信息，其中重要的活动是在缔约方大会期间《公约》秘书处与东道国共同举办"企业全球论坛"。

3 中国加入GPBB机制和利用GPBB平台的相关情况

2015年，中国正式加入GPBB国际机制。生态环境部授权对外合作与交流中心（FECO）负责构建CBBP。FECO对各成员国的企业倡议，从政府职能、组织架构、成员招募、技术服务、资金平衡和主要挑战等方面开展了深入的比较研究，为成立发起CBBP联盟倡议，推动企业参与做出有益探索和持续努力，包括借鉴《公约》GPBB平台上的资源，开展了国内TEEB研究工作，在中医药行业推广价值评估的试点项目；为国家标准委和商务部五矿化工商会在

《社会责任标准GB36000》与《海外矿业投资社会责任指引》中纳入生物多样性保护的原则提供技术支持；2015年FECO支持浙江省仙居国家公园成功获得法国开发署提供的7500万欧元生物多样性保护贷款，标志着地方政府与国际组织之间在生物多样性的领域进入崭新模式；2016年与北京环境交易所《生物多样性友好型森林碳汇标准》，探索创新生物多样性融资；2017年支持国家标准和行业协会指引纳入生物多样性。2018年翻译出版《自然资本（核算）议定书》，举办企业培训。2019年开发我国首个自然资本应用的企业案例，推动企业发布《生物多样性报告》等。

尽管已取得上述进展，但总体而言，中国仍然对《公约》提供的各类资源（如企业贡献《爱知目标》框架导则和实践案例），正在进行的各种项目（如自然资本核算、商品生产影响指标和信息披露），正在变化的机制（推动国家加入GPBB）、体制（秘书处新增企业事务官员职位与预算），以及正在演变的企业有关谈判与决议等仍缺乏深度研究和理解，也无法满足2021年举办《公约》缔约方大会第十五次会议（COP15）的迫切要求。2021年将在昆明召开COP15，这对促进企业参与GPBB的机制化构建和服务平台搭建提出了更高要求。企业的参与将有力地推动中国在国际政治经济格局中从旁观者、参与者到引领者的角色转换，同时有利于增加转移支付资金、推动科技创新、产业升级与绿色供应链等生态文明建设任务。中国应积极研究和利用GPBB平台上的各种资源与机会，研究、吸收和借鉴国际经验，推动CBBP机制建设，加快推进国内企业参与生物多样性、私营部门主流化等工作。

4　政策建议

2015年中国加入GPBB国际机制，对推动国内企业参与生物多样性保护产生积极促进作用。但相比有些领先国家，中国并没有参与到国际重大方法学、工具与标准的开发过程中，中国国内相关领域成果和企业实践案例也没有被介绍和纳入到GPBB平台的网络中。如何充分利用该资源网络，以及如何引导中国企业、行业协会、学术研究机构和非政府组织更好地参与、贡献并受益于《公约》资源体系，仍有大量工作要做。

结合中国国情和在生物多样性保护方面的重点工作，提出如下建议。

4.1 在制度贡献方面，应加强政策研究，研提COP15企业参与新决议草案

《生物多样性公约》缔约方大会第十五次会议（COP15）将在昆明召开。中国应充分利用公约资源网络平台，深入研究公约大会历经数届通过的企业相关决议，包括全球伙伴关系、国家与区域倡议、企业贡献爱知目标、生物多样性和生态系统服务价值评估、信息披露等，确保新的企业决议有的放矢、循序渐进并且符合国际发展趋势。总结企业贡献《爱知目标》的成果和不足，利用2020年时间节点，承前启后地提出《公约》新十年企业战略，尤其注意深化与《联合国可持续发展议程》（SDG）的内在关联性，提出全球企业通过参与《公约》而贡献SDG的技术路线图与时间表。

4.2 在机制建设方面，积极参与和逐渐引领GPBB机制建设，协力支撑一带一路等中国倡议

深刻理解《公约》秘书处顶层设计的深远用意，并预判发展动向。支持秘书处继续推动更多国家、地区加入GPBB机制。紧密配合秘书处促进成员国之间沟通协作。积极参与GPBB主席国和执行委员会竞选，参加、新建和领导有利于中国的工作组，支持每年"企业全球论坛"等活动。加强和其他成员国交流与合作，探索利用GPBB 20多个国家与区域成员优势，支持"一带一路"、"南南合作"和"企业走出去"等议程。

4.3 在人员保障方面，加强人才队伍建设，提升引领能力

针对秘书处已增设企业事务官员的新变化，建议中国国内增编相关工作人员，具体负责与秘书处和全球伙伴关系各成员国之间的沟通与合作，加强中国在该机制中的作用，促进中国国内企业、行业学习、运用公约资源网络，推动中国各部门的最佳实践被纳入到该网络中，传播和借鉴。有条件的情况下，还可考虑为秘书处输送技术支持人员。

4.4 在GPBB平台方面，加强研究借鉴和技术参与，为GPBB平台建设提供技术支持

充分借鉴国际GPBB平台网络提供的有关信息，支持加快研究中国和全球

企业参与生物多样性保护的方法学与工具开发。具体措施包括:(1)加强已有GPBB平台网络提供的相关研究成果翻译、引进,促进相关部门、行业通过制订指引、指南或在已有规划中更好纳入生物多样性保护目标;(2)鼓励国内企业进行先进试点示范,利用GPBB平台推广宣传最佳实践案例;(3)通过鼓励国内公司试点,推荐中方专家加入和支持相关研讨会在华召开等方式,支持中国参与GPBB平台重大方法学(工具)开发并做出贡献;(4)探索继承发扬《爱知目标》、符合《联合国可持续发展议程》且协同增效关于"后2020框架"的国际纲领性文件。

参考文献

[1]　赵阳,温源远.《生物多样性公约》企业与生物多样性全球平台的发展情况及对中国的政策建议[J].生物多样性,2019(27):339-345.

[2]　庄国泰,沈海滨.生物多样性保护面临的新问题和新挑战[J].世界环境,2013(4):16-21.

[3]　王爱华,武建勇,刘纪新.企业与生物多样性:《生物多样性公约》新议题的产生与谈判进展[J].生物多样性,2013(23):689-694.

[4]　赵阳,温源远,杨礼荣,李宏涛.推动中国企业参与《生物多样性公约》全球伙伴关系的机制建设[J].生物多样性,2018(26):1249-1254.

[5]　赵阳,王影.企业为什么需要考量自然资本?[J]WTO经济导刊,2018(9):34-36.

[6]　张风春,方菁,殷格非.企业参与生物多样性的问题、现状与路径[J].WTO经济导刊,2014(11):71-75.

二、推动企业参与生物多样性的国际实践与经验

赵　阳　温源远　杨礼荣　李宏涛

摘要： 通过分析德国、印度、加拿大、秘鲁、澳大利亚、南非、日本和韩国构建企业参与《生物多样性公约》"企业与生物多样性全球伙伴关系"（GPBB），可以发现各国经验主要有以下特点：1.政府作用重要且方式多样，或提供管理，或提供资金实物等；2.组织方式多样，常见的为组建跨部门的决策机构并下设秘书组；3.成员加入上，一般需要签署协约，有的偏重特定行业，有的重视机构会员；4.在服务上，政府一般提供法律政策解读、知识信息传播、政策指引等服务；5.在资金来源上，有的主要靠缴纳会费，有的包括实物捐赠、志愿服务、PPP项目合作等方式。各国经验的主要启示有：1.根据论坛会议沟通和实际工作交流，大量企业表现出参与生物多样性伙伴关系倡议的积极意愿；2.推动企业参与的国际资源网络已基本建立；3.受限于规模和资金，绝大多数企业的参与需要本国政府更为有力的引导和支持。

1　国际社会推动GPBB的主要进展

人类经济活动是造成全球生物多样性丧失的主要因素。为保护地球上丰富多样的生物资源，联合国于1992年通过了《生物多样性公约》。公约缔约方大会又相继通过了相关决议，明确了企业参与的重要意义和实现方法。继1996年公约缔约方大会（COP）第三次会议（COP3）首次提出企业（私营部门）参与生物多样性的概念后，COP5将企业参与列入《公约》议题，COP6正式将企业参与纳入公约全球战略，COP8首次将企业参与生物多样性单独纳入公约决议，COP9拟定了《企业优先行动框架（2008–2010年）》。根据2010年COP10通过的《企业界的参与》21号决议以及2012年COP11通过的《生物多样性促进消除贫困和发展》和《企业界与生物多样性》决议要求，2014年公约秘书处成立了GPBB为国家和区域提供分享和对话的平台，为企业在决策和运营中纳入生物多样性提供信息、知识、资源和解决方案，促进私营部门主流

化。第十二次公约大会《企业界的参与》决议重申公约支持各国加入GPBB，同时强调企业贡献《爱知目标》等国际议程的意义。目前已有18个国家和3个地区（欧盟、东南亚和中美洲）加入GPBB国际机制。

2 各国政府推进GPBB的实践情况

各国推进GPBB的本国工作机制和名称各不相同，如德国名为BIGC，印度名为IBBI，中国名为CBBP。本文研究了相关工作较为成熟有效的6个国家（德国、印度、加拿大、秘鲁、澳大利亚与南非），以及同在东亚的日本和韩国的主要做法，具体如下。

2.1 德国

德国是探索推进企业参与生物多样性的先锋国家，于2008年发起了名为BIGC(Business in Good Company)的倡议。该倡议于2008年获得联邦政府资金，直到2011年改为通过会员缴费、捐赠和项目资金获得资金。BIGC拥有70家企业会员，7名董事会成员全部来自企业，每两年选举，重点工作在每年一次的全体成员大会上讨论通过。加入BIGC的公司须签署《领导者宣言》，承诺贡献一系列生物多样性目标，按BIGC所开发的监测评估指标披露进展信息，并缴纳1000~5000欧元的会员费。目前50%的BIGC运营成本由会费负担。BIGC举办了一系列关于生态系统服务、自然资本和水资源价值评估的培训研讨会，并针对成员企业特定需求提供收费服务项目。

2.2 印度

印度则是在2014年发起了名为IBBI（India Business and Biodiversity Initiative）的行动倡议。在新德里举办的全球生物多样性日纪念活动中，由环境、森林和气候变化部批准和授权印度工业联合会（CII）正式成立发起该倡议，并由德国国际合作机构（GIZ）提供技术支持。企业加入需签署一份包括十项原则的《宣言》，承诺企业内部任命一名专员，负责在环境管理体系中纳入生物多样性指标、开展生态系统服务价值评估、识别相关风险与机会，以及每两年公布相关信息等。IBBI通过生物多样性评奖、价值核算和信息披露三个工作组开展具体活动，主要依托工业联合会下属行业协会和商会促进企业参与，现有40个成员。

2.3 加拿大

加拿大成立了企业与生物多样性理事会（Canadian Business and Biodiversity Council，CBBC），并由联邦政府与两个非政府组织NatureServe Canada、Vale Canada共同出资。主要收入来自根据企业规模收缴的会员费。董事会作为决策机构，由9名代表构成，包括来自联邦政府、省级政府、联合国环境署（UNEP）和科研单位各1人，非政府组织2人以及3名企业代表，是一个真正意义上的跨部门伙伴关系。最近，CBBC制订与发布了《企业与生物多样性保护指引》，为在商业规划、运营和决策中纳入相关议题提供了指导和建议。CBBC覆盖各行业的企业实践案例，则作为该指引附件提供参考。此外，CBBC提供的服务还包括编辑简报和为采掘业行业协会举办系列培训研讨会等。

2.4 秘鲁

2014年，秘鲁环境部启动了名为ByE（Biodiversidad y Empresas）的倡议，旨在生物多样性和生态系统服务主题上，构建私营－公共部门（尤其环境部）对话平台。企业在签署《利益宣言》后方被批准加入。ByE主要由两个工作组通过开发、实施协同增效的项目来开展工作。其中，政府工作组是经环境部部长批准，由副部级单位"自然资源战略发展部"及其下属两个部门"自然资本评估、定价与金融总局"和"生物多样性总局"组成；企业工作组则由19家企业和商会组成。政府组和企业组共同推动在政府间合作中纳入试点企业以获得项目资金，并为企业带来先进的管理、技术和经验等。为更好对接企业需求与政府项目，秘鲁倡议还在最佳实践工具与指引、激励机制、就地保护（保护地）和信息管理设立了主题小组，每组由政府组和企业组代表各一名牵头推进。

2.5 澳大利亚

2012年，澳大利亚国家银行在签署联合国可持续发展大会"里约+20"《自然资本宣言》后，委托非盈利社会企业澳大利亚可持续商业（SBA）发起成立了ABBI（Australian Business and Biodiversity Initiative）倡议。其指导委员会是战略决策机构，成员来自澳大利亚国家银行、环境部与SBA，已有约150个企业成员，其中4个银行成员最为活跃。ABBI主要关注生物多样性和自然资本风险，以及生物多样性适应气候变化。目前还未实行收费，而是通过环保部捐赠实物，SBA提供会员管理服务，指导委志愿无偿贡献时间而实现财务平衡。ABBI每年召开一次全体论坛，分享信息和介绍国外最佳实践，并在不同伙伴之间促进具体项目活动。

2.6 南非

经环境部批准，濒危野生动物信托成立了"南非国家生物多样性与企业网络"（National Biodiversity and Business Network，NBBN）。该信托是一个包容性的组织，包括来自政府，保护组织，金融、房地产、交通基础设施、零售和快速消费品以及采掘业的企业代表。其NBBN主要成员则来自矿业、旅游和食品部门，指导委成员15~20名，目前致力于开发一套监测和评估指标。NBBN将企业成员进行了分级，具体包括：合作伙伴（缴纳会费）、支持伙伴（捐赠实物或具体贡献）和一般成员（提交企业详细资料和加入申请，被纳入到NBBN数据库中）。NBBN每年召开年度大会、举办一系列培训研讨会、并分享关于相关立法、政策、投资与激励机制的信息。

2.7 日本

2008年2008年由14个公司共同启动"日本企业生物多样性倡议"（Japan Business Initiative for Biodiversity– JBIB）。2014年加入公约全球伙伴关系，成员数量已发展到55个，全部是本土企业。

JBIB特点：完全市场化运作、集体决策、成员贡献、成本分摊、自负盈亏。组织架构包括由兼职人员组成的"秘书处"和由活跃代表构成的"委员会"以及五个工作组，包括：企业与生物多样性内在关系、土地可持续利用、森林"创造与共存"、水生态系统和负责任采购。"主席"来自企业并经选举产生。企业成员每年缴纳3000美元，50%用于支持秘书处运行，其他用于支撑活动预算。最近JBIB启动了"Challenge 2020行动"，支持企业核算依赖和影响，以及采取具体措施消减生态足迹。日常工作由秘书处协调"工作组"开展，重点如下。

（1）技术支持：开发工具书和基于自愿性标准的部门指引，指导原材料采购、水资源、土地管理和绿色化等项目纳入生物多样性与生态系统服务指标，通过一系列研讨会为企业提供能力建设。

（2）品牌宣传：通过公约、政府对话和环境教育三个渠道支持企业形象和品牌推广，在国内外传播日本企业的最佳实践。

（3）政策对话：将公约和议定书等国际动态和议题发展，运用到与国内相关的行业协会、地方政府和监管部门的对话、倡导和博弈中，自下而上地影响部门政策、行业规划和地方政府的激励机制。

（4）环境教育：承担推广生物多样性保护的教育工作，促进纳入教育体系的课外教程、活动与志愿者服务。

2.8 韩国

经环境部批准，韩国可持续发展工商理事会（KBCSD）与韩国生物技术产业组织（Korea Biotechnology Industry Organization）于2016年共同建立了"企业与生物多样性平台"（Biz N Biodiversity Platform– BNBP）。目标主要是应对《名古屋议定书》，保护国内基因资源，促进采购、生产与流通中遗传物质的可持续利用。BNBP推动"绿色"产业的龙头企业与政府部门基于PPP合作，例如POSCO公司与海洋与渔业部签署钢渣技术恢复海洋生态系统的《谅解备忘录》，以及"5.22生物多样性日"公共宣传活动。BNBP活动主要集中在以下方面。

（1）应对《名古屋议定书》：与法律专家一起模拟《名古屋议定书》可预测合规程序，并为可能情景制订对策。

（2）可持续利用生物与遗传资源：本土植物调查和植物药新药开发。

（3）科学研究：本土重要药用植物发现与研究，特有物种（丹顶鹤、猫头鹰）研究与保护。

（4）海洋保护应用创新技术：运用富含钙、铁矿物的钢渣和相关技术，在海水中碳化形成固碳效益，并加速海藻光合作用和生长，净化水质和海底沉积物，从而恢复海洋生态系统。

（5）惠益分享：与地方农场合作，恢复、繁育罕见的野生白菊花物种，开发出白菊花焕能精华液和防晒隔离霜，市场销售收益部分返还给农场。通过种子繁殖和物种分类，恢复140种稀有本土豆类，研究提取黄酮类化合物和抗衰老、抗氧化物质，用于保湿面霜开发与研制，市场销售部分收益已捐赠给Chollipo Arboretum基金会的果木槿保护项目。

（6）标准和工具：例如《企业生态系统服务估值》（CEV）介绍到国内企业，并组织能力建设活动。

（7）科普读物、知识普及和公众参与：公众生物多样性意识调查与提升行动，低收入家庭孩子为目标群体的自然教育，试点企业员工志愿者生态监测与保护倡议（S-OIL),《济州岛美丽植物故事》和韩国本土植物丛书，以及举办亚洲妇女生态科学论坛。

3 各国推进GPBB的主要特点

综上，从政府职能、组织架构、成员加入、服务体系、财务平衡和未来挑战等维度看，不同国家推动GPBB的模式具有如下不同特点。

3.1 政府职能

各国倡议中，政府作用重要，但发挥作用的方式不尽相同。主要包括：直接管理（秘鲁）、资金提供（德国）、实物赠与（澳大利亚）、部门合作（韩国）、外资项目（秘鲁）、正式批复（南非）等不同方式。

3.2 组织架构

常见和有效的组织模式为组建跨部门指导委员会或董事会作为倡议决策机构（印度、德国、加拿大、澳大利亚、南非），并下设秘书处（日本）或工作组（印度、秘鲁）。工作组或主题组的设立通常基于有明确需求的部门与行业，且往往由政府和协会代表牵头。

3.3 成员加入

（1）企业通过签署宣言、协约或谅解备忘录，正式加入倡议（加拿大、秘鲁、印度、德国），并承诺定期发布进展报告。部分国家（德国、南非）还开发了信息披露指标用于支持企业披露信息。

（2）倡议所针对的企业类型多样。各国倡议通常对加入的企业没有部门或规模限制。有的倡议服务数量众多的制造业中小企业（德国、印度），有的则专注大公司（日本）。多数倡议偏重国内某些特定行业：韩国（生物技术和遗传资源利用）、澳大利亚（银行业）、南非（采掘业）。

（3）机构会员的加入往往可带动大量企业参与。这些机构包括：行业协会（印度工业联合会）、商会和基金会等。

（4）少数倡议（日本、南非）对成员进行分级：正式成员、一般成员和准成员。

3.4 服务平台

（1）各国倡议为企业提供的服务各有特色。一般为法律与政策解读、信息分享、知识传播和培训研讨会。另外，有些侧重技术工具开发与应用（日本、德国、印度），有些则侧重建立部门对话机制，促进行业规划纳入。生态系统服务作为自然资本的价值研究，以及企业对生物多样性的依赖与影响的评价和核算已成为国际趋势。目前，多国倡议已开展此类工作。总体上，各国倡议机制在服务体系和平台构建方面进展不一，但为规避运营风险、加强品牌和美誉度并为《联合国可持续发展2030议程》做出贡献，推进企业参与生物多样性已成为各国共识。

（2）倡议多通过指引、指南和标准引导企业参与。秘鲁倡议是由环境部直接管理，已发布了《生物多样性与生态系统服务共同投资的政策指引》；加拿大倡议制定了《企业与生物多样性保护指南》，为在商业规划、运营和决策中纳入相关议题提供指导和建议；日本倡议则开发了森林和水资源自愿性标准。

3.5 资金平衡

除了政府支持，成员缴纳会费（日本、加拿大）也是各国倡议主要固定收入来源。而其他不固定收入模式包括实物捐赠、项目资金志愿服务等，其中利用与公约和本国政府的关系，与有特定需求的企业撮合、设计和管理公共–私营部门伙伴关系（PPP）项目是多数倡议实现收益的重要途径。各国都强调要基于本国实情，采取灵活多变策略。

3.6 未来挑战

（1）获得企业更高优先性。如日本指出：参加倡议的成员多是企业中层经理作为代表加入的，而不是公司首席执行官和高层决策者。生物多样性倡议如何获得企业更高优先性是挑战也是机遇。

（2）各国倡议间合作。目前只有少数倡议之间实现了合作（加拿大与德国与印度）。最近，公约秘书处解决了一名专职人员的预算问题，GPBB下近20个国家倡议之间的交流、协调在未来有望得到加强。

（3）企业社会责任（CSR）专业机构作用日益重要。由于有的倡议是由本土的CSR专业机构成立和运行（澳大利亚、芬兰和法国），因此，CSR对促进企业参与的拉动和推动作用日益强大。这与欧盟敦促成员国制订《企业社会责任国家行动计划》（*NAPs on CSR*）和2014年欧洲议会通过《非财务信息披露指令》（*Directive on Non-financial Information Disclosure*）等议程推动有关。

3.7　主要启示

（1）根据论坛会议沟通和实际工作交流，大量企业表现出参与生物多样性伙伴关系倡议的积极意愿。生物多样性维系着人类经济、生计和福祉已成为社会共识。这已使企业将参与生物多样性保护从单一的环境和社会责任议题，提升为战略资源、运营层面的可持续发展主题。在责任投资、绿色供应链、可持续消费等国内外倡议、标准和指引纳入生态系统服务指标，以及认证认可、特许经营、许可证和配额等的潜在风险与机会，增强了企业保护生物多样性的意愿。

（2）推动企业参与的国际资源网络已基本建立。GPBB不仅是组织和宣传平台，还是资源体系，为各国倡议行动提供了国际最新研究成果、方法学、工具、自愿性标准、简报、案例和数据库，并实施一系列活动，促进各国参与、贡献和受益。

（3）受限于规模和资金，绝大多数企业的参与需要本国政府更为有力的引导和支持。各国企业倡议行动为企业参与GPBB的鸿沟架起了桥梁，借鉴他国经验，研究、吸收和引进国际资源，可服务于本国企业服务平台的搭建，这在中国目前仍属空白，是当务之急。

4　中国推动GPBB的相关情况及问题

中国是《生物多样性公约》首批签约国之一。2010年，国务院审议通过了《中国生物多样性保护战略与行动计划（2011–2030年）》，明确了中国生物多样性保护的战略目标、战略任务和具体任务。该计划提出，要"推动建立生物多样性保护伙伴关系""研究建立社会各方参与的保护联盟"。2015年，中国正式加入GPBB。中国推动GPBB的机制为CBBP倡议。截至目前，虽然中国已开展了许多推动CBBP的相关工作，但仍然存在和面临许多问题与挑战。

（1）首先，由于中国倡议（CBBP）相关文件（如《章程》等）仍未通过审批，因此，尽管根据前期调研和会议论坛沟通已知许多企业非常有意愿成为

23

中国伙伴关系成员单位，但仍无章可循，无法加入。这也导致有相当一批企业和组织继续保持迟疑和观望态度。

（2）其次，相对于前文介绍的国家，中国尚未建立健全的推动CBBP倡议行动的组织模式和资金机制。中国在组织模式和资金机制设计、方案报批等方面亟待加快进度，力争早日获得政府有关部门更多支持，包括：实物捐赠、购买服务、网站宣传、促进行业协会合作、资金支持等。

（3）最后，《生物多样性公约》第十五次缔约方大会将于2020年在昆明召开。这对组织本次大会的东道国而言，特别是中国在促进CBBP的管理运行也提出更高和更为紧迫的要求。

5 中国未来推进GPBB的政策建议

建议中国未来推进GPBB倡议可实施"两步走"战略。

5.1 成立并发起CBBP联盟倡议

一是结合各国倡议的经验，科学设计搭建和健全符合中国国情的倡议组织机制。组建跨部门的指导委员会作为决策机构，纳入国内外重要组织、行业协会等合作伙伴，促进企业成员批量加入和资源整合。二是结合国际经验，积极设计符合中国国情的多种渠道资金支持机制。除争取政府支持外，可探索成员缴纳会费作为固定收入来源，其他作为不固定的辅助收入的资金支持模式。三是尽快起草联盟《章程》和相关启动文件，启动联盟并加强组织管理。

5.2 加大国际公约建设和国家履约谈判支持

一是积极参与GPBB主席国、执行委员会和工作组相关工作。二是适时推荐国内专家和企业，支持公约秘书处正在进行的重要方法学、工具开发与项目示范。三是加强国内相关部门代表、产业专家与有关部委的沟通，在关联性强的产业积累数据，支撑履约谈判。四是鼓励、支持国内企业、组织在缔约方大会上宣传成功故事，协调统一行动，做强中国展团。五是支持在2021年昆明第十五次公约缔约方大会（COP15）上由中国带头编制并发布2020-2030年企业参与全球纲领性文件，并为全球企业贡献《联合国可持续发展目标》（SDG）设计可操作的技术路线图。

参考文献

［1］　赵阳，温源远，杨礼荣，李宏涛.推动中国企业参与《生物多样性公约》全球伙伴关系的机制建设［J］.生物多样性，2018（26）：1249-1254.

［2］　https://www.cbd.int.

［3］　https://www.cbd.int/business.

［4］　http://jbib.org/english.

［5］　http://www.bnbp.or.kr/eng/main/main.do.

［6］　张风春，方菁，殷格非.企业参与生物多样性的问题、现状与路径［J］.WTO经济导刊，2014（11）：71-75.

［7］　张风春，刘文慧，李俊生.中国生物多样性主流化现状与对策［J］.环境与可持续发展2015，40（2），13-18.

［8］　马克平.生物多样性保护主流化的新机遇［J］.生物多样性，2015（23）：557-558.

［9］　王爱华，武建勇，刘纪新.企业与生物多样性:《生物多样性公约》新议题的产生与谈判进展［J］.生物多样性，2015，23（5）：689-694.

［10］　张风春，刘文慧.生物多样性保护多方利益相关者参与现状与机制构建研究［J］.环境保护，2015（5）：29-33.

三、基于国际动向分析 研判企业参与形势

赵 阳

摘要： 本文系统地梳理了2019年中法会议、自然卫士峰会、七国集团（G7）环境、海洋与能源部长级会议、联合国"生物多样性和生态系统政府间科学–政策平台"第七次全体会议（IPBES-7）、二十国集团领导人（G20）峰会和特隆赫姆第九届生物多样性大会的发布报告（《生物多样性和生态系统服务全球评估报告》）、评估结论（《爱知生物多样性目标》）、政府公告（《中、法和联合国气候变化会议三方公报》）和领导人讲话要点，结合我国筹备举办公约第十五次缔约方大会（COP15）最新进展，以及相关科学政策因素演化分析，对"基于自然的解决方案"、企业参与、生物多样性融资和自然资本核算等发展形势进行研判，有利于企业了解相关领域的国内外进展。

1 国际动向

1.1 中法《北京倡议》

2019年11月6日，中法共同发布了《中法生物多样性保护和气候变化北京倡议》，强调利用由中法共同牵头的"基于自然的解决方案"联盟，协调一致地解决生物多样性丧失、减缓和适应气候变化以及土地和生态系统退化问题。双方致力于在气候变化与生物多样性之间的联系上共同努力，在昆明举行的《生物多样性公约》COP15推动全球有效应对气候变化和生物多样性丧失。

1.2 第九届生物多样性大会

2019年7月2—5日在挪威召开特隆赫姆第九届生物多样性大会。会议围绕保护生物多样性，制订兼具雄心与现实的2020后全球生物多样性框架，推动昆明举办《生物多样性公约》COP15等进行讨论。会上14个国家代表共同发布了《应对生物多样性丧失危机的特隆赫姆行动倡议》。我国代表在发言中表达了不

辜负国际社会期望，举办一场具有里程碑意义大会的决心。本届会上还启动了公约推动成立的"Business for Nature"联盟，通过支持企业在运营和价值链中实施和展示"基于自然的解决方案"，推动经济部门的政策对话与变化。

1.3　G20大阪峰会

2019年6月29日，二十国集团领导人（G20）大阪峰会期间，联合国秘书长、中国国务委员兼外长和法国外长举行气候变化会议并发布公报，公报称："三方同意就气候变化与生物多样性的关联开展工作，推动全球采取行动应对生物多样性丧失。法国、联合国支持中国成功举办2020年《生物多样性公约》第十五次缔约方大会。三方重申将为推进《生物多样性公约》第十四次缔约方大会发起的关于制订2020年后全球生物多样性框架的综合和参与性筹备进程做出积极贡献""三方注意到近期发布的生物多样性和生态系统服务政府间科学—政策平台（IPBES）全球评估报告和联合国政府间气候变化专门委员会（IPCC）特别报告，强调应对气候变化和生物多样性丧失的紧迫性"。

1.4　IPBES-7

2019年5月6日，在法国巴黎举行的"生物多样性和生态系统政府间科学—政策平台"第七次全体会议（IPBES-7）正式发布了《生物多样性和生态系统服务全球评估报告》，这是2005年《千年生态系统评估》后的第一份政府间报告，由132个国家政府代表审议批准。报告综合概述了《联合国可持续发展目标》《爱知生物多样性目标》和《巴黎协定》等重要目标的实施状态；研究了生物多样性丧失和生态系统退化的原因、对人类的影响和政策的选择，以及预测了如果当前形势继续下去，未来30年的演变情况，以及其他可能的情景。报告显示人类活动"现在比以往任何时候都威胁到更多物种"；数量占全球已知800万物种25%的约"近百万种物种可能在几十年内灭绝，并且灭绝速度正在加快"。导致这种后果的五大直接驱动力（direct driver）按影响程度高低排列为：土地与海洋用途改变、直接利用生物、气候变化、环境污染和外来物种入侵。报告揭示了生产和消费格局、人口动态、贸易、技术创新和全球和国家治理等背后的深层次驱动因素（underlying drivers）其实才是具有实质性的推手。最后该报告得出结论："物种和生态系统正快速消减。若要遏制这一趋势加剧，需要对已有解决方案采取革命式改变。"

2019年4月29日，IPBES-7对《爱知生物多样性目标》进行了系统评估：全部20个目标中，4个目标的部分指标取得良好进展（保护地、生产和消费、传统知识、名古屋议定书等），7个目标的部分指标取得了一定进展（知识共享、污染控制、农业和水产养殖等），6个目标的所有指标实现进展欠佳（渔业、外来物种入侵等），3个目标缺乏足够信息以做出评价（气候变化、污染和传统知识等）。最终结论是：16个倒退目标中有12个下降明显。因此，全球生物多样性丧失的趋势继续恶化。同年5月4日，IPBES-7会议结束时，《生物多样性公约》执行秘书帕尔梅总结说："IPBES全球评估报告的发布正值地球及全人类的关键时刻。2020年将于中国举办的第十五次公约缔约方大会（COP15）标志着《爱知生物多样性目标》的结束。IPBES在科学与决策之间架起桥梁，为2020年后以生态系统服务为基础的可持续发展道路提供了基于事实的基线，激励实现《生物多样性公约》2050年愿景：'与自然和谐相处'"。

1.5　七国集团（G7）环境、海洋与能源部长级会议

2019年5月6—7日，在距离IPBES-7会议所在地巴黎300千米外的法国城市梅斯与IPBES-7同一时间正在召开七国集团（G7）环境、海洋与能源部长级会议。IPBES-7发布报告所揭示物种灭绝的严重性促使G7快速地通过了《梅斯生物多样性宪章》。《宪章》写到："气候变化、生物多样性、自然灾害等全球性环境挑战是不可分割的，必须一起解决。我们承诺将促进生物多样性、生态系统及其提供的服务价值纳入到政府、商业和经济部门的主流决策中。"法国生态转型和团结部长Francois de Rugy强调："新宪章是针对《全球生物多样性和生态系统服务评估报告》采取的首批具体措施""寻求应对气候变化和生物多样性危机的最佳方式，提升国际社会对生物多样性问题的重视程度，争取2020年在中国举行的《生物多样性公约》第十五次缔约方大会上达成重大成果"。

1.6　自然卫士峰会

2019年4月24—25日首届"自然卫士峰会"在加拿大召开。加拿大总理特鲁多在开幕致辞中说："今天会议的时机很好，开在今年七国集团环境部长会议和明年在中国召开的《生物多样性公约》第十五次缔约方大会（COP15）之前。世界各国将在COP15上重新确定未来数年全球生物多样性保护的具体目标""我无须告诉你，我们是能够为气候和生物多样性采取行动的最后一代人。这两个

主题紧密相连，不能顾此失彼""气候变化正在威胁大自然、我们的房屋和生活方式。当人类破坏自然生态系统时，就会加快这个进程"。

1.7　中法联合声明

2019年中国与法国达成的联合声明中包含了37条共识，其中10条涉及生物多样性保护，第8条明确提出："两国将共同努力，推动全球采取行动，应对生物多样性丧失，迎接2020年底在中国召开的《生物多样性公约》COP15。两国将致力于推动从'沙姆沙伊赫到昆明行动议程'，动员各利益相关方提出具体建议，两国将积极致力于推动'全面参与制定2020后全球生物多样性框架'进程。"

2　科学—政策因素分析

上述国际动态透露出一些强烈信号，在其他重大会议上持续发酵，如联合国大会和世界保护大会（IUCN WCC 2020）。正如公约执秘帕尔梅在自然卫士峰会上强调："这（自然卫士峰会）是一个关键会议，但它不是一个独立的会议，而是更广泛议程和进程中的一部分。"这些舆论一是暴露出过去气候变化和生物多样性两大领域并未协同增效而导致"割裂"的严峻局面。正如《生物多样性公约》执秘帕尔梅指出："我们必须停止这样一种割裂的情况。在气候界谈论气候、在自然保护界谈论自然、在海洋界中谈海洋、在循环经济界中谈循环经济、在可持续发展目标界中谈可持续发展目标……其实这些都是殊名同归的。"以及G7《梅斯宪章》："气候变化、生物多样性、自然灾害等全球性环境挑战是不可分割的，必须一起解决。"二是围绕公约COP15频繁发声，强调"变革"："若要遏制物种灭绝的趋势加剧，需要对已有解决方案采取革命式改变"（IPBES–7报告）；"'革命性改变'指的是跨技术、经济和社会因素的整个系统范围内的重组，包括范式、目标和价值观"（IPBES主席Robert Watson）；"一定得有行动要点！即使在这场危机中，我们也可以从危机管理过渡到转型性变革"（帕尔梅），反映出国际社会对制定实施2020后生物多样性战略寄予厚望。这使得我国做好会议的预期管理更加重要。

2019年5月6日公约秘书处发布《IPBES生物多样性和生态系统服务全球评估报告政策简报》（以下简称《简报》），包含一些对科学—政策因素的分析结论，可为我国做出未来形势研判提供参考，例如，"基于自然的解决方案"
（NBS）旨在对天然或改良的生态系统进行保护、可持续管理和修复，对适应
和减缓气候变化具有积极意义，同时也有益于生物多样性"（第9页D8）；NBS
对于城市贡献SDG目标实现具有事半功倍的重要作用……致力于在全球推动
NBS（《简报》第9页D9）；"生物多样性的价值在决策中被低估；运用传统的
国内生产总值方法衡量经济增长，间接增强了生物多样性丧失的驱动因素"
（第5页）；"除了在经济指标中纳入自然资本的多元价值外，还需要计量与核
算自然带来的其他福利"（第36页）；"调动充足的金融资源"（第32页）；"通
过监测与评估，将各种价值考虑在内，推动不同行为者的有效参与，弥补知识
差距"（第36页）；"通过技术创新，引导可持续生产和消费"（28页第33点）；
"更好地应用科技，在改善粮食、水和能源安全的同时，减轻该地区的生态系
统压力（第25页）。

3   未来形势研判

3.1 "基于自然的解决方案"将作为弥合"割裂"和补救"危险"的
新统一框架

（1）在公约实施、基金机制（如绿色气候基金GCF和全球环境基金GEF）、
项目设计、治理架构和价值核算等方面，NBS有利于弥合生物多样性—气候变
化两大领域之间的空缺，促进协同增效，并使加强关联性后的联合国科学—政
策体系（IPBES）更加具有包容性
（2）受人类经济活动影响导致的物种危机有望在NBS框架下通过促进科
学—政策与私营部门资金—科技应用的紧密结合而得到缓和

3.2 "生物多样性融资"在公约资源调动中的作用和比例将有望提升

"生物多样性融资"指的是除了用于保护生物多样性的财政转移（例如
税收和补贴）外，可产生积极生态效益的商业投资，以及相关市场的交易价
值的其他产生新增资金的方式，包括市场交易、债务和债券、市场监管、风
险管理和赠款。根据UNDP的研究、总结和实践，包括生物银行、生物勘探、
保护地役权、湿地缓解银行、影响债券、生态系统绿色债券、环境影响评估

合约债券、生态系统服务付费、生物多样性友好型森林碳汇等20多种金融解决方案。融资的前提是自然资本核算，融资主体是企业，融资方式包括付费（payment），交易（trade），投资（invest）和抵偿（offset）等，融资目的则分为产生新增收入（generate）、调整当前支出（realign）、改进管理水平（improve）和避免未来投入（avoid）等几方面。融资所产生的新增资金将有助于公约资源调动议题谈判取得一定程度地突破。

3.3 "企业参与"在全球和各国的伙伴关系中的重要性将受到重视

企业参与有利于解决公约"资源调动"和"经济部门主流化"相关决议的落实。企业是依赖、影响和利用以生物多样性和生态系统服务为基础的自然资本的主体，是可用于技术创新和应用的发动机，是经济产业部门纳入生物多样性和主流化的具体实施单位，是提供生态环境保护基金的"现金奶牛"，是提供行业解决方案、实施绿色"一带一路"的抓手。公约已建立""企业与生物多样性全球伙伴关系"，发布《企业承诺书》，并促进成立 Business for Nature 国际联盟。同时，推动各国加入全球伙伴关系并建立本国的企业参与机制，在官网上提供最佳案例，价值核算、缓解和信息披露等工具，支持企业将生物多样性纳入决策和运营。企业参与（资金投入和技术应用）未被有效推动被认为是《爱知目标》失败的主要原因之一。以前在价值核算方法学上存在空缺，现在该问题已得到解决。

3.4 "价值核算"将成为关联创新融资机制、企业参与和信息披露的关键环节

价值核算是实施付费、交易和抵偿等生物多样性创新融资手段的基础。国际方法学从《生态系统和生物多样性经济学》（TEEB）到《自然资本议定书》的发展已解决了生物多样性和自然资本之间的关联性问题。同时为企业和行业识别、计量和估算对生态系统服务和生物多样性为基础的自然资本的依赖和影响的价值，包括成本和效益，相关风险和机会，提供了标准化流程和方法。

3.5 通过绿色"一带一路"我国"引领者"的国际地位有望加强

"法国、联合国赞赏中国共建绿色"一带一路"倡议的承诺。共建"一带

一路"应符合公认的有利于环境可持续性的国际规则标准";"法国、联合国将同中国加强合作,将基础设施建设相关投资同《巴黎协定》及2030年可持续发展议程相结合"(G20《三方公报》2019)。我国"一带一路"绿色发展国际联盟目前成员包括中外上百家相关环保组织、智库和企业,下设包括生物多样性、气候变化、金融投资和技术创新10个伙伴关系,现阶段正在制订绿色基础设施和投资标准,目标是利用昆明COP15的国际平台和NBS全球案例征集等机会,展示具有"中国智慧"的"行业解决方案"。

4 我国COP15筹备工作最新进展

4.1 落实国委会相关要求

根据中国生物多样性保护国家委员会审议通过的《<公约>第十五次缔约方大会筹备工作方案》要求,正在快速展开筹备和宣传工作。经国务院批准,COP15组委会和执委会成立,并建立了执委会办公室,下设综合组、成果组、财务组、宣传组、后勤组和安保组等9个专项小组。5月23—24日在南昌召开的全国自然生态保护工作会议暨"国际生物多样性日"上,《公约》执行秘书帕尔梅发来致辞视频,祝贺中国将作为东道国主办COP15。桃花源生态环保基金会,世界自然基金会和阿拉善基金会等社会组织在会上启动了"公民生物多样性保护联盟"的成立仪式,为COP15公共宣传营造社会氛围。

4.2 "2020后全球生物多样性框架"重点领域研究

(1)框架目标、结构和要素的分歧焦点

截至目前关于框架的目标、结构和DSI是否构成要素仍然未有定论,很多缔约方还未完全表达意见,或者立场态度尚不透明。最新国际争论主要包括以下三个焦点:一、框架的范畴、结构和与《生物多样性公约》的关系——例如,是否为框架设置一个类似于《气候变化框架公约》1.5~2℃的顶级目标?二、为发展中国家执行框架任务提供支持——例如,包含多少资金和哪些技术及能力建设活动?三、遗传资源数码序列信息(DSI)是否作为框架组成要素,而且如何为其实现而设立具体评估指标?首先,对框架结构意见不统一主要集中在是采用《联合国可持续发展议程2030》(SDG)的平行结构,还是类似于《国家生物多样性战略与行动方案》（NBSAP）的分层结构，还是有利于设置最高目标的特殊分层结构—金字塔形。哥伦比亚、韩国、南非和乌干达等国家支持分层结构，瑞士、哥斯达黎加等支持金字塔结构，加拿大、日本和智利等则支持平行结构。平行结构能体现生物多样性的不同层次、不同领域，有利于全面推进保护、可持续利用和惠益分享，但目标多难以记忆和厘清；分层结构可将目标分类归拢，目标间有较为清晰的逻辑关系，但会造成目标间高低之分；金字塔结构是分层结构的特殊模式，其优点是可以凝聚缔约方国家力量，为实现同一个最高目标而协同增效，但容易片面强调生物多样性某一层次而忽略其他相关领域。其次，就为资金技术的国际援助设立具体指标的谈判，发展中国家普遍赞成，但反对以相同方式解决DSI问题。发达国家则对此持相反意见。同时，还有少数国家有超出指标之外的预期仍待观察。第三，如何处理DSI问题目前还没形成广泛共识，是否以缔约方大会决议方式，还是为DSI设立单独目标尚未有定论。

（2）基于自然的解决方案（NBS）

作为2019年9月23日联合国气候峰会的9个主题之一，NBS倡议将由中国和新西兰共同牵头。今年6月根据《公约》框架不限名额工作组（Open-ended Working Group，OEWG）共同主席对李干杰部长的建议，COP15执委会综合考虑各方意见，提出NBS倡议内容包括"划定生态保护红线，减缓和适应气候变化"行动，向联合国提交"保护生物多样性，建立美丽中国""生态保护红线划定"和"社会参与保护地管理"等优秀中国案例，作为延续COP14"从沙姆沙伊赫到昆明自然与人类行动议程"的中方贡献举措。目前我国正积极沟通协调各方，争取支持，为将NBS倡议的有关内容纳入到2020后框架而努力。

（3）资金机制和资源调动

全球环境基金（Global Environmental Facility，GEF）是《公约》主要的资金机制。然而长久以来《公约》资金严重不足，因此每次都是大会谈判热点。近年来，越来越强调对发展中国家，特别是最不发达国家和小岛屿国家的资金保障，在重视调动国内财政资源的同时，也越来越关注创新融资机制的探索。当前争议焦点为2020后框架筹措资金的具体方式和途径，发展中国家认为公约资源调动战略实施不力是爱知目标失败的重要原因。发达国家则认为国家主体难以继续提高捐资水平，强调创新性的生物多样性金融解决方案。目前法国、世界银行和德国已就创新金融机制与我国积极接触，具有较大积极性。在公约方面的最新进展是COP14后组建了一个3~5人的资源调动专家小组。我国已开展资金投入现状和未来需求分析的专题，研究在依然重视各国，尤其是发达国家向GEF义务捐资基础上，多元化资金筹措机制作为有益补充的作用。

（4）遗传资源数码序列信息（DSI）

"人工牛肉"的出现预示利用遗传信息合成物质的生物科学技术日新月异。遗传资源数码序列信息（Digital Sequence Information on Genetic Resources，DSI）议题事关国家资源、生态安全和经济发展，发展中国家担心DSI议题架空《名古屋议定书》已构建的"获取与惠益分享"制度，因此在DSI与公约及其议定书的关系、获取条件、磋商机制等方面与发达国家存在重大分歧，对COP15达成务实且有雄心的目标，以及2020后框架要素组成的谈判进程构成潜在风险。COP14专门成立了临时工作组，为COP15提供如何在2020后框架内处理DSI的建议。总体而言，多数"观点相似的生物多样性大国集团"（Like Minded Mega Biodiversity Countries，LMMC）成员如巴西、马来西亚、埃塞俄比亚等国都已将DSI国内立法，在COP15推动达成DSI决议的意愿强烈；非洲集团对资金需求较大，期待DSI能带来更多资源；欧盟总体偏向发达国家，但在某些具体问题上能兼顾发展中国家诉求；我国大体上是发展中国家立场，但在DSI获取条件等具体问题上与其他多数发展中国家如非洲集团诉求不同。目前基本判断是DSI短期内难以形成全面国际共识，长期有望达成单独的决议案文，甚至补充议定书。因此，我国正在做长期谈判的技术准备，参与了《公约》秘书处组织的DSI问卷调查，组建了由法学、生物学专家组成的研究团队，并组织参加明年DSI技术会议。

4.3　研究公约谈判难点议题

我国目前已开展的议题研究涉及《爱知目标》实施效果评估与空缺分析、2020后框架要素构成，遗传资源数码序列信息（DSI）、《卡塔赫纳生物安全议定书》规定的基因驱动改性活生物体和合成生物体学等问题，以及《巴黎协定》自愿承诺和贡献的经验对《生物多样性公约》的适用性等。

4.4　参与引领"2020后框架"谈判进程

OEWG作为"2020后框架"正式的磋商机制，全体缔约方已商定共召开三次OEWG会议，旨在推动框架协商制订进程。第一次会议已于8月26日在内罗毕召开，明年2月和7月将在昆明和秘鲁分别举办第二、三次会议。我国作为OEWG-2东道国，已报批国务院完成请示，办会方案已完成。同时，做好与OEWG-3承办国家哥伦比亚的衔接与合作，积极通过外交途径协调公约谈判的重点、难点议题和关键缔约方立场。

4.5 加强国际交流与扩大共识

2019年3月份《公约》执行秘书一行6人来华考察会场及会议筹备情况。双方启动了《东道国协议》谈判进程。9月初执行秘书再次访华，双方对多项议题已达成一致意见。同时，执委会一直与OEWG共同主席针对后2020框架结构、组成要素、执行机制和保障措施保持积极沟通，开展双边/专题磋商，并派代表团对重点国家进行摸底访问。为尽量避免DSI对COP15造成不利影响，我国将积极与LMMC、非洲集团和欧盟加强协调，尤为重要的是需要综合考虑巴西和非洲集团利用DSI在框架议题上的要价。通过政治、外交、经济等渠道做好协调工作，推动DSI在COP15上达成平衡兼顾的阶段性共识。

5 建议

我国将举办《生物多样性公约》COP15，这是重大历史机遇，不但有利于实现党的十九大提出的"成为全球生态文明建设的重要参与者、贡献者、引领者"，展现我国和平崛起、美丽中国和生态文明等重大社会发展，而且对于与绿色"一带一路""南南合作"相关经济部门制订、实施生态环境和可持续发展的有效举措具有重要推动作用。下面就我国筹备和举办COP15，以及参与、引领2020后框架谈判进程，建议如下。

（1）对当前某些西方大国为首的国际社会对我国举办COP15表现出的"过分热情""过高期待"要清楚认识，不能头脑发热，盲目承诺，而是多方研究，及时预警，根据策略有步骤地在重要国际场合（如OEWG）中发声，"表明态度、管理预期"。

（2）深入研究"基于自然的解决方案"（NBS）对于通过促进协同增效弥合气候变化和生物多样性之间的"割裂"，帮助解决IPBES-7报告关于物种灭绝的全球"危险"的作用和方式，积极推动将NBS的新国际共识纳入到"2020后框架"中。

（3）注意某些科学—政策因素可能在一定程度上悄然演化，包括"生态系统和生物多样性经济学"（TEEB）在私营部门向自然资本核算，以公共财政为主的保护资金向多元化、市场化，保护责任的主体从政府向跨区域、跨部门的伙伴关系，以及通过信息披露促进企业参与为可持续利用提供资金、技术和解决方案等因素，从科研上升到政策层面，反映在国际舆论和发展动向中，并可能在未来触动形成公约决议。中国应顺势而为，实现在公约中的引领地位。

（4）谨慎防范某些可能致使COP15遭遇碌碌无为风险的技术议题，例如缔约方对"2020后框架"结构模式和要素构成，DSI、改性活生物体和合成生物体学，以及对土著人权利和性别主流化等跨领域议题。因此，我国要充分促进、扩大和利用OEWG三次会议将要达成的国际共识，在COP15召开前就要力图扫清障碍。

（5）对"资金机制"和"资源调动"等公约谈判重大议题将加大"价值核算"和"市场融资"的趋势要有清醒的认知，尽快展开国内研究。

（6）加强我国"企业与生物多样性伙伴关系"机制化建设，为企业参与提供公约推荐的国际工具、方法学、研究成果和企业案例。

（7）重视并强化"企业参与"在新增保护资金、科技创新促进可持续利用和经济部门主流化工作中的作用。

（8）在COP15宣传方案中纳入支持相关部门通过制定、实施行业标准，开发企业案例，向国际社会展示具有"中国智慧"的行业方案和一系列成功故事，为公约谈判和绿色"一带一路"提供"基于自然的解决方案"。

参考文献

［1］ http://www.xinhuanet.com/2019-11/06/c_1125199385.htm.

［2］ https://baijiahao.baidu.com/s?id=1638210960685336200&wfr=spider&for=pc.

［3］ http://www.ipbeschina.org.

［4］ 戴蓉，吴翼."爱知生物多样性目标"国家评估指标的对比研究及对策建议［J］. 生

物多样性，2017，25（11）：1161-1168.

［5］　薛达元.《生物多样性公约》履约新进展［J］.生物多样性，2017（25）：1145-1146.

［6］　耿宜佳，田瑜，李俊生，徐靖."2020年后全球生物多样性框架"进展及展望［J］.
生物多样性，2020，28（2）：238-243.

［7］　徐靖，耿宜佳，银森录，史朝中.基于可持续发展目标的"2020年后全球生物多样性
框架"要素研究［J］.环境保护，2018，46（23）：17-22.

［8］　邹玥屿，傅钰琳，杨礼荣，万夏林，王也，刘纪新.中国与COP15——负责任环境大
国的路径选择［J］.生物多样性，2017，25（11）：1169-1175.

四、跨国公司参与生物多样性新范式
——建立"环境损益账户"案例分析

赵 阳

题记:"如果你不能计量它,就无法管理。"——彼得·德鲁克

摘要:《生物多样性公约》在近年来的相关决议中,对企业参与提出越来越具体的要求和建议,包括识别、计量和估算公司对生物多样性和生态系统服务影响和依赖的价值,以及供应链可持续管理和信息披露。企业按照财务会计学方法编制"环境损益账户"(E P&L),通过将生态环境的成本和效益货币化,不但可满足公约上述要求,而且为商业决策提供可信及可操作的信息,是实现环保合规、避免运营风险和履行社会责任的创新举措,因此已在全球范围内成为企业参与生物多样性的新范式。本文选取了在《生物多样性公约》第十三次缔约方大会(COP13)上签署《企业与生物多样性承诺书》(*Business and Biodiversity Pledge*)的两个企业建立 E P&L 的实际案例,并做出详细分析。为我国企业借鉴、运用 E P&L 编制方法,以及在政府、部门和行业层面合力推动企业参与和部门主流化提出了具体建议。

任何企业都依存并影响自然资本(TEEB 2012)。这给企业和社会产生了成本和效益,以及相关风险与机会。不但可直接作用于公司绩效,而且还可能对特定利益相关方甚至整个社会都产生积极或消极影响。而如何应对这些效应则为企业创造出更多的风险和机会。相比于企业与自然资本的其他相互作用关系,例如空气排放和使用淡水等,企业对生物多样性的依存度和影响规模往往难以系统地测算与估值,因为没有单一的衡量标准或指标可用来诠释生物多样性的所有方面。

为计量和估算企业对生物多样性的影响,需要理解业务活动、生物多样性变化,以及由于影响而导致的成本和效益之间的因果关系。影响可能是直接或间接的,例如资源过度开发、栖息地丧失或修复、生态系统破碎或退化、环境

污染、外来物种入侵或加剧气候变化等。目前，衡量企业对生物多样性的影响往往侧重于物种或生态系统相对于确定基线的分布变化，例如世界自然保护联盟（IUCN）红色名录，关键生物多样性区域（KBA），高保护价值（HCV），平均物种丰度，以及《国际金融公司环境和社会可持续性绩效标准》绩效标准6："生物多样性的保护和可持续自然资源的管理"（IFC 2012）等，都规定了当商业开发和运营可能影响自然或"重要栖息地"时须满足的某些条件。

为计量和估算企业对生物多样性的依存度，需要理解业务活动依赖生物多样性的哪些方面，以及外部因素如何施加影响。在某些行业中，可清楚地观察到生物多样性为企业所提供的价值，例如制药和生物科技，这些行业仰仗野生动植物包含的遗传信息研发新产品。另一个例子是农业部门依靠野生或区域特定品种的多样性来维持农作物的抗病性和恢复力。估算企业对生物多样性依存度的方法随着依赖的类型和背景而变化。譬如，生产函数法（production-function approach）用于评估商品化过程中的生物多样性价值，如作物授粉。再譬如，替代成本法（replacement cost approach）用于评估生物多样性提高生态系统稳定性及其对冲击抵御能力的价值。例如，建造基础设施防护洪涝的功能可被天然湿地所替代。

私营部门在推动自然资本核算中表现出少有的积极性。原因在于，伴随自然资源及生物多样性的减少，一些依赖于自然资源的企业和金融机构开始意识到经营风险及金融投资风险在日益增加；在生态资源丰富且敏感地区运营的产业或自然资源依赖型产业，很容易受生物多样性下降和生态系统退化的影响；而且对自然资源的过度开发也会给企业带来名誉风险，使其股价下滑。

1　什么是"环境损益账户"？

2016年11月《生物多样性公约》秘书处在COP13上发布了《企业承诺书》，要求"识别、计量和估算对生物多样性和生态系统服务的影响和依赖，并定期报告"。环境损益账户（Environmental Profit & Loss，E P&L）是企业按照财务会计学方法，将直接运营及供应链对生态系统服务的依赖和影响进行计量和货币化估值后，核算相关成本与收益，并纳入公司财务分析和商业决策的具体应用。账户中的数值并不是商品价格，而是企业从自然中获得收益所等同的价值或相对重要性。货币化有助于提高生物多样性保护和可持续利用的意识，激励通过技术创新或增加投入降低生态影响和自然物料的消耗。E P&L可灵活应用于从单一原材料投入或产品到整个业务部门或集团公司，通常通过下述识别（identify）、计量（measure）和估值（value）3个连续步骤实施。

（1）识别并计量企业从自然界获取的生产资料（依赖），以及各种排放（影响）的数量。

● 依赖包括从自然获得的关键生产要素，如土地、原材料、水和能源等，以及对生态系统调节服务的依赖，例如水的自然过滤净化、废物的吸收同化、洪水和风暴等自然灾害的防护等。很多企业还依赖着生态系统提供的文化服务，如旅游和娱乐产业。

● 影响指的是企业活动对自然造成的消极或积极影响，例如温室气体排放加剧气候变化或投资农田水利基础设施建设。可发生在价值链的任何环节，包括原材料勘探和开采、中间加工、成品生产、分销、消费和处理回收。

（2）计量企业对自然资本的依赖和影响（步骤1）导致生态系统服务数量（如"渔获量"）和质量（如"一类水"）的变化。

（3）估算生态系统服务变化（步骤2）造成环境成本（如生态修复投入）和社会成本（如健康和收入损失）的货币价值（见表1-1）。

表1-1　企业计量与估算对生态环境影响和依赖的步骤

影响和依赖	步骤1：计量环境排放和资源消耗	步骤2：计量生态系统服务的变化	步骤3：货币化估算社会成本
空气污染（影响）	以千克计的污染物排放（$PM_{2.5}$、PM_{10}、NO_x、SO_x、$VOCs$、NH_3）	大气中污染物浓度增加	呼吸系统疾病、农业损失、能见度降低
温室气体排放（影响）	以千克计的温室气体排放（CO_2、N_2O、CH_4、CFC等）	气候变化加剧	健康影响、经济损失、自然环境变化致使生物多样性丧失
土地使用（依赖）	以公顷计的热带森林、温带森林、内陆湿地面积	动植物栖息地面积减少和生态环境破碎化	健康影响、经济损失、休闲和文化效益降低

（续表）

影响和依赖	步骤1：计量环境排放和资源消耗	步骤2：计量生态系统服务的变化	步骤3：货币化估算社会成本
固废污染（影响）	以千克计的有害和非有害废物	土壤污染物浓度增加、焚烧废物引发空气污染	生态修复投入增加
淡水使用（依赖）	以平方米计的水资源消耗	水资源短缺	城市发展受限、居民用水困难、水价上涨、生活成本增加
水体污染（影响）	以千克计的特定重金属、营养物、有毒化合物排放	水质降低、水体富营养化	水质降低造成健康受损、工作效率降低、家庭收入减少

来源：《自然资本议定书》第37页。

　　E P&L通常从定性开始，然后定量，最后估算企业对自然依赖和对社会影响的货币价值，循序渐进，下一步以前一步作为基础。以企业生产影响周围湖泊的渔业生产力导致生态补偿为例，首先定性估量影响的相对规模或程度——4个村庄的渔民家庭生计受到影响，通过签订《补偿协议》化解对企业的风险，因此定性为"中等"；其次量化企业影响导致生态系统服务数量发生的变化（经统计，4个村庄共40位渔民每年的渔获总量将下降25%；最后将定量结果转化为货币）25%意味着5万美元的经济收入损失。

2　企业案例

2.1　法国开云集团 E P&L

　　法国开云集团（Kering）是世界三大奢侈品公司之一。为深入了解产业链各个环节对自然资源使用和生态环境的影响状况，总部运用《自然资本议定书》将直接运营（0级）和供应链（分为1—4级）对自然资本和生态系统服务的主要依赖（土地使用、淡水使用）和影响（大气污染物、温室气体、固废和水体污染）的"足迹"，用分布表显示出来（表1-2），并计算出每一项环境损害成本的"货币价值"。

表1-2　法国开云集团产业链的环境"足迹"分布

供应链排放	0级：店铺、仓库、办公室	1级：装配	2级：制造	3级：原材料加工	4级：原材料生产	总计/欧元
大气污染物	⬭	⬭	⬭	⬭	⬭	7650万，占比9%
温室气体	⬭	⬭	⬭	⬭	⬭	3.076亿，占比36%
土地使用	·	⬭	·	·	⬛	2.383亿，占比28%
固废	·	⬭	⬭	·	·	4310万，占比5%
淡水消耗	⬭	⬛	·	⬭	⬭	9750万，占比11%
水体污染	·	⬭		⬛	⬛	9490万，占比11%
总计/100万欧元	6130万，占比7%	1.34亿，占比16%	4470万，占比5%	1.888亿，占比22%	4.291亿，占比50%	8.579亿，100%

来源：开云集团《2017可持续发展进展报告》。

　　一般来说，产业链中消耗材料越多的环节，往往生态足迹相应地变得较大，但不一定成正比，而且有些环节的环境影响可能呈几何倍数增长，这给企业带来潜在风险。通过分析可确定，开云集团最重大的环境影响来自供应链（93%），尤其是原材料生产和加工，共占全部环境影响的72%，其中土地使用是最大驱动力，这主要是为获取皮革和动物纤维的圈养动物占地造成的。而集团公司的直接运营（0级：店铺、仓库和办公室）仅占总体影响的7%，主要是温室气体排放。此类型的环境污染出现在所有0~4级的产业链环节中，共造成占全部36%的环境成本，估值达3.076亿欧元。为确定不同种类的原材料消耗数量与环境影响之间的对应关系，需要进一步对依赖（原材料获取与消耗）

和生态影响进行货币化估值。

在供应链中，皮革作为原材料，耗用量最大（约6000万千克）。为圈养牲畜以获取皮毛占用了大量土地。同时，温室气体排放（牲畜反刍、打嗝、放屁）也是生态影响的主要驱动因素。经核算，土地使用（1.3亿欧元）、温室气体排放（0.9亿欧元）、大气排放（500万欧元）及淡水消耗（300万欧元）共计产生约2.3亿欧元的社会成本。其次为纺织品，需要大量使用植物、动物与合成纤维，因此对环境生态影响也较为显著，尤其是在淡水消耗方面（植物种植）。人造宝石和金属虽然使用量比较小，但造成的环境影响呈几何倍数增长。以金属为例，用量约为200万千克，但水体污染的成本约7000万欧元；比较之下，纸张、橡胶用量虽然较大，但由于回收利用的措施得当，因此生态足迹相对较小。基于上述E P&L所提供的直观数值，企业做出了优化产品设计、采购标准和制造工艺，改变土地用途并采取碳中和、水足迹核查等措施，保证了供应链的稳定与可持续性。

2.2　诺和诺德E P&L

诺和诺德（Novo Nordisk）集团是全球最大生物医药企业之一，总部位于丹麦哥本哈根。公司通过实施以下7个步骤建立E P&L。

步骤1：确定账户内容

E P&L将包含直接和间接用于生产的全部支出。直接支出指的是与企业产品生产直接相关的支出，主要包括产品设计研发和生产加工过程；间接支出则涵盖了所有非最终消费品的产品和服务，比如对于提供原料的供应商、公司直接运营中的IT服务和办公设施水电用品等能源支出。

步骤2：界定分析范围

账户范围纳入了诺和诺德在全球共14个生产基地的全部产品线，以及覆盖整个供应链的价值链。价值链分为四个层级：最上游是未经加工的原材料生产（层级3），以胰岛素生产为例，在该阶段主要涉及玉米的种植过程，其中玉米灌溉会消耗大量的水资源，施肥（化肥生产）和收割会产生空气污染和温室气体排放。除此以外，该阶段还涉及用于生产药品包装及塑料的石油，会带来能源和水的消耗。原材料加工（层级2）主要是指对层级1中原材料的加工流程，比如从原料塑料到药用胶囊、从玉米到葡萄糖、从淀粉到药用糖浆的过程。产品制造（层级1）主要包括了对层级2已加工的原料进一步处理得到产成品的过程，该阶段涵盖了产品装备、临床实验服务、运输服务、IT技术和办公室服务等，药品生产过程及产品运输过程都会产生大量的温室气体和其他空气污染。直接运营（层级0）主要涉及企业管理对资源使用和对环境影响，如办公室能源效率，商务活动中的温室气体排放等。

步骤3：定性评估影响

通过访谈了解各企业部门产生各项支出的总体情况，共梳理出74类直接支出和150多类间接支出，对每一类支出的环境影响的性质、程度、规模和相对重要性开展定性评估，其中在直接支出中还选取了最大的五类进行详细分析。

步骤4：收集计量数据

确定四类需要收集的环境数据，采用统一的计量单位：直接支出（以重量单位千克计量）、间接支出（以货币单位欧元计量）、产品运输（以距离单位千米计量）、能源（以电力单位千瓦时计量）和用水量（以水的体积立方米计量）。

步骤5：填补数据缺口

数据收集过程中存在着部分信息难以获取的困难，公司采用了"物料平衡模型""环境扩展的经济投入产出模型"（EEIO）、生产函数法、替代成本法和条件估值法等技术手段，有效地填补了缺口。

步骤6：量化环境变化

选取"二氧化碳当量""空气污染物"和"耗水量"三个最关键的绩效指标，分别在价值链四个层级上定量评估企业对生态系统提供服务质量和数量变化的影响，其中温室气体主要源于农业初级产品的生产（例如玉米耕种）、获取（物流和储运）和原材料加工；空气污染物主要产生于施肥、原料提取（如葡萄糖）和加工（如淀粉）；耗水量则主要在农业生产和药品制造。

步骤7：建立环境账户

根据数据、系数和公式，对账户中的各项环境影响进行货币化赋值。在估算过程中，根据不同地区的生物多样性和自然资源禀赋，生态影响的估值会有所调整（例如在缺水地区企业采水的影响权重会调大）。针对世界影响可采用全球均价，对于特定国家和地区则使用了当地的实际价格。

诺和诺德 E P&L 的重点是强调为环境影响所付出的实际成本，而不是收益。如表1-3所示：公司直接运营的环境支出2900万欧元，供应链支出则高达1.94亿欧元，总计2.23亿欧元。其中间接成本占70%，直接成本占30%。温室气体排放和用水量分别达到了1.71亿欧元和3400万欧元，分别占总体环境影响77%和15%；其他空气污染损失达到了1800万欧元，占比8%。

表1-3 诺和诺德环境损益账户分析结果

欧元(百万)	用水量	温室气体	空气污染	总计	百分比
	15%	77%	8%	100%	
层级0（运营管理）	7	21	1	29	13%
层级1（产品制造）	10	58	12	80	36%
层级2（原料加工）	3	23	1	27	12%
层级3（农业生产）	14	69	4	87	39%
总计	34	171	18	223	100%

深入解读 E P&L 为公司可持续供应链管理提供了更多决策信息：产业链最上游的未经加工的原材料阶段（层级3），由于农业初级生产占用大量耕地、灌溉和耕种产生温室气体，导致环境损失较大，达8700万欧元，占比39%；加工原材料阶段（层级2）主要是对层级3的原料进行初步加工，产生的影响最小，为2700万元，占比12%；完成产品和服务阶段（层级1）由于包括了产品装备、临床实验、以及各种服务产生的消耗等，用水量较高，加之制造药品和产品运输过程会产生大量温室气体，使得其整体的环境损失比较高，达8000万，占比36%；诺和诺德运营管理（层级0）的温室气体排放量较高，损失达2900万元，占比13%。

3 对我国企业参与生物多样性的启示

就方法学而言，从计量、估值到核算是一个逐渐细化和精确的评估过程，这需要不同估值技术（如生命周期评估 LCA、实质性分析、投入产出 IO、调查问卷、专家审议和建模）和方法（价值转移法、替代成本法、生产函数法和陈述偏好法等）的组合，以及一手数据（专门为本次评估所收集的数据）和二手数据（采用以前类似评估的信息或相关历史文献的适用数据）的可获得性。为解决企业运用估值方法能力不足的问题，IPBES政策简报指出："通过监测与评估，将各种价值考虑在内，推动不同行为者的有效参与，弥补知识差距"，并通过《生物多样性公约》官网推介《自然资本议定书》等标准化流程方法学。环境损益账户（E P&L）帮助企业识别、计量和估算对自然的依赖（获取原材料）和对环境（排放污染）、社会的影响（健康和收入下降、生物多样性丧失等其他成本）的货币价值，提高企业家、股东和多利益相关方理解其所依赖生态系统服务的保护意识和管理能力。目前已成为各国促进企业参与和生产部门主流化的有效途径，可为我国"部门主流化"深入开展提供具有如下建设性的启发意见。

（1）在政府层面，应注意到"环境损益账户"的国际实践已成为企业参与生物多样性的新范式，以及对《公约》一些重大科学—政策因素的推动作用，包括在企业应用上《生态系统和生物多样性经济学》（TEEB）向《自然资本议定书》升级、以公共财政为主的生态保护资金向市场多元化转变、保护责任主体从政府向跨部门伙伴关系演变等，因此加强我国"企业与生物多样性伙伴关系"机制化建设，尽快展开国内研究，重视企业参与在生物多样性融资、科技创新和经济部门主流化中的作用。

（2）在部门层面，尤其在森林、水、农业、食品和渔业等以自然资源为主的领域，政府机构在开展"自然资源资产负债表"编制、"生态系统生产总值"（GEP）和绿色GDP等国家综合财富核算体系试点实施和示范过程中，可借鉴E P&L在数据收集和自然资本估值的步骤和方法。有利于我国进一步探索生物多样性创新融资机制，促进企业采取湿地银行、生物银行、绿色债券、生物勘探和生物多样性友好型森林碳汇等生态系统服务付费、抵偿和交易模式，并披露信息，实现"生物多样性零净损失"目标。

（3）在行业层面，通过与行业协会合作，促进在部门规划及行业指引中纳入生物多样性并提出关于识别（环境影响）、计量（自然资本变化）和估值（社会成本）的有关要求及指标，运用《公约》推荐的技术工具、认证认可标准、方法学、研究成果和案例研究等，为企业提供培训。

（4）在企业层面，E P&L有利于企业深入理解、践行"绿水青山就是金山银山"的生态保护理念，履行社会责任，规避运营风险，促进产业绿色转型和可持续发展。

参考文献

［1］　赵阳.国外企业参与生物多样性新范式：建立"环境损益账户"案例分析和对我国启示［J］.环境保护，2020，48（06）:70-74.

［2］　https://www.cbd.int.

［3］　https://www.cbd.int/business/pledges.shtml.

［4］　自然资本联盟.自然资本议定书［M］.赵阳，译.北京：中国环境出版社，2019.

［5］　开云集团《2017可持续发展进展报告》.https://www.kering.com/cn/sustainability/reporting-and-ranking/reporting-and-indicators.

［6］　赵阳，王影.企业为什么需要考量自然资本［J］.WTO经济导刊，2018（9）：48-50.

［7］　张风春，方菁，殷格非.企业参与生物多样性的问题、现状与路径［J］.WTO经济导刊，2014（11）：71-75.

五、"情景分析法"在企业核算生物多样性价值中的应用研究

赵 阳

摘要:《生物多样性公约》在近年来的相关决议中，对企业参与生物多样性提出越来越具体的要求，包括识别、计量与估算企业对以生物多样性（存量）和生态系统服务（流量）为基础的自然资本影响和依赖的成本及效益，以及潜在风险和机会。"情景分析"方法帮助企业预测可能事件的发生过程和探讨不确定未来的不同选择。在比较备选方案、描述事物特征、预估发展态势和几率、预测风险与机会等方面具有广泛应用。本文首先深入研究《自然资本议定书》提供的企业在估算生物多样性价值过程中应用情景分析法的案例，进而与"环境损益账户"比较，探讨二者之间的异同点。最后为我国在促进企业参与工作中，引进更多《生物多样性公约》推荐的方法学和案例研究提出具体建议，包括加强翻译的系统化、推动行业在指引中提出要求，提供企业培训、支持企业试点实施价值评估、鼓励宣传最佳实践，加快我国参与国际重大方法学制定的进程等。

《生物多样性公约》（以下简称《公约》）近年来通过多个决议，要求"编辑最佳实践的案例，促进企业界参与采用这些做法""改进各种机制和工具，帮助企业界理解、评估和采取管理生物多样性风险的解决方案"；成立"为国家和区域提供分享和对话的平台，为企业在决策和运营中纳入生物多样性提供信息、知识、资源和解决方案，促进私营部门主流化"；强调"鼓励工商界分析企业决策和运营对生物多样性和生态系统功能和服务的影响，并编制将生物多样性纳入其运营的行动计划"。2014年《公约》建立"企业与生物多样性全球伙伴关系"机制，向缔约方提供促进企业应用的方法学、工具和最佳实践案例。除了通过建立"环境损益账户"帮助企业在参与生物多样性中进行价值评估，本文将介绍《公约》推介的另一种主流方法——通过与"基线"比较不同决策（例如，投资新项目、采取新工艺、选择新厂址或物流路线）导致对生物多样性影响和依赖发生性质及规模变化的多种情景，核算每

一种情景的直接（如生态修复或损害赔偿）和间接的成本与效益（例如，排放导致居民健康或收入损失的社会后果），分析相关潜在的风险和机会，从而支持企业做出生态友好型或者基于平衡发展与保护综合考量的权衡（trade-off）决策。

1　什么是"情景分析"？

情景分析（scenario analysis）是企业管理常用的重要方法，用来预测可能事件的发生过程和探讨有关不确定未来的不同选择，例如：替代方案、经营惯例和所期望的愿景。情景在我国也被翻译为"情境""场景""故事线"或"脚本"。在比较备选方案、描述事物特征、预估发展态势和几率、预测风险与机会等方面具有广泛应用。分析应该至少包括"未来推测"情景和"基线"情景，用以比较相对于基准水平将会发生哪些变化，导致何种性质及多大后果的影响。

未来推测（future projection）情景通常包括以下几种类型。

介入式情景（intervention scenario）指的是正在计划中的，用以取代企业现有模式的替代方案（alternative option）。例如，新材料、生产工艺或项目地。

探索式情景（exploratory scenario）可以评估不可预期的未来和意外情况。该场景有时可用于评估风险的可接受程度。

愿景式情景（vision scenario）用来明确描述未来令人满意或不受欢迎的情况。该场景既适用于风险和战略评估，也可为企业经营惯例的决策提供支持，即经过比较后发现既有模式是最优情景。

反事实情景（counter-factual scenario）是一种对已发生的事实做出相反假设的场景模式。用来描述假定企业从未运营情境下的场地状态和环境条件。为解释来自利益相关方或专家的不同观点，往往需要考虑不只一个反事实条件。

基线情景（baseline scenario）指的是起始数据和信息的综合情况。基线用来比较生物多样性（存量）和生态系统服务（流量）变化的起点或基准，对于绝大多数关于自然价值和相关成本效益的评估，需要明确基线才能得出有意义的结论。基线的类型根据评估的性质而有所差别。例如：特定时期内的历史情况，如今年排放量与去年比较；某个时间点的自然资本状态，例如项目开始前的状态；自然资本影响和依赖在整个部门或整个经济体的平均水平（即行业基准）。

在进行涵盖较长时期的评估时（例如，评价项目20年后的影响），则需要考虑基线在同一时期内可能发生的变化情况。例如，即使企业没有实施任何项目，生物多样性和自然资本也可能因其他压力（例如，人口流入、气候变化或其他公司的业务影响）而发生改变。与项目无关的变化有时被称为"一切照旧"（business as usual）或"未来推测"情景（即预计将来无论如何终归会发生）。只有考虑到以上这些情况，才能以有意义的方式比较有无"企业介入"的不同情景，以下面为例。

陶氏化学（Dow）长久以来一直使用设备和工程等常规手段处理生产基地内部污水。2015年公司总部学习和研究在决策过程中纳入对以生态系统服务为基础的自然资本价值的考量，例如，比较工艺流程的替代方案。陶氏化学位于美国德克萨斯州的Seadrift工厂尝试利用厂区周边地理优势带来的便利条件，建造和定制用于该厂工业废水处理、循环和过滤的人工湿地。通过泥土搬运、水源涵养以及一系列对人工介质、植物和微生物的物化处理，投入使用后经过定性、定量和货币化的自然资本估值，发现通过依赖自然生态系统的功能不但能够完全实现同等功效，而且造价比人工基础设施建设和运维成本低3900万美元。预计到2020年，将累计实现综合效益2.82亿美元，包括财务绩效、生态系统服务的价值以及更广泛的社会效应。同时，该举措促进改进了该工厂管理运营风险、社区融合、利益相关方沟通以及企业美誉度等其他可持续发展议题。这个案例很好地诠释了联合国最新提出的"基于自然的解决方案"（Nature Based Solutions，NBS）。同时，企业实践维护湿地生态系统对履行《联合国可持续发展目标》（*Sustainable Development Goals*，SDG）中第13项（气候行动）、第14项（水下生物）和第15项（陆地生物）做出了实质性支持。

2 企业案例

2.1 威立雅商业方案权衡分析

威立雅环境集团（Veolia Environment）是全球领先的环境服务供应商。帮助世界上许多城市和企业管理、优化和可持续利用资源，提供包括与水务、能源及材料相关的一系列解决方案。

（1）背景介绍

作为威立雅水务业务的一家子公司Berliner Wasserbetriebe（BWB）是德国柏林市的主要供水和污水处理企业。BWB在柏林西郊的Karolinenhöhe有一片面积达到290公顷的湿地。该片湿地位于哈弗尔河西岸，在距离其东北方向几千米远处，有一座属于BWB的Ruhleben污染处理厂，其处理的污水经过环境达标后通过Karolinenhöhe湿地直接汇入哈弗尔河。1987年，该湿地成为了城市自然保护区，主要用来供市民休闲娱乐、同时也供本地少数农民种植用于动物养殖的饲料作物。

1994年之前，柏林的工业和生活污水直接经由湿地排放到哈弗尔河中。由于污水中含有超标的有毒重金属，因此曾经引起过严重的水污染问题，从而引发经济赔偿和法律诉讼。1994年以后，随着企业建成和运营污染处理厂，仅在夏季丰水期时按照标准经由湿地向河水中排放少量处理达标的污水（约1万立方米/天，仍然含有少量达标的重金属）。该举措不但支持满足了附近区域所需灌溉和池塘用水需求，而且使得湿地保护区的生物多样性状况得到改善，自然风光也越来越好。

2010年，当地政府提出要求污染处理厂采用新型处理技术和设备，将城市污水净化后不通过湿地而全部直接排放到哈弗尔河。然而，这将导致该湿地失去灌溉它的水源而面临面积萎缩和生态系统服务功能退化的窘境。考虑到未来可能恶化的生态环境，污染处理厂向政府提出建议，希望能继续为这片湿地提供水质达标的补充水源，并与某能源公司合作使用这片湿地的一部分土地，用来种植速生的能源作物，其余面积继续供当地农民种植作物和市民休闲使用。因此，为了向政府提供关于湿地保护和可持续利用的建议方案和支持论据及数据，威立雅公司在2009—2010年开展了相关研究，应用自然资本综合价值核算的理论方法分析这片湿地未来潜在用途的不同模式，以期望与当地政府、社区和能源公司共同开发利用这片湿地，旨在取得最优化的社会经济收益和多赢局面。同时，也帮助威立雅环境集团积累相关经验，对生态系统服务价值评估的实际方法进行探索。

（2）估值分析

步骤一：设定情景

研究人员共设定了5种可能的情景，其中有一种情景是"一切照旧"——继续按照现状，使用经处理的城市污水长期灌溉该湿地，但经确认，由于政府严格管制，这种方案根本不可能实现，故最终确定了以下4种情景：

情景1：做最少事，投入最少。按政府指令，停止向湿地排放处理过的城市污水。同时，大幅度缩减对湿地灌溉和补水设施及设备的管理维护投入。

情景2：种植单一能源作物。与生物质能源公司合作，占用部分湿地种植一种快速生长型的能源作物，以替代现有用于动物饲料的农业作物，打一口新机井抽取地下水来灌溉这些作物。

情景3：种植两种能源作物。种植两种能源作物而非一种。其他情况与情景2相同，包括打一口新机井抽取地下水来灌溉这两种速生作物。

情景4：有限灌溉能源作物。使用现有的水利灌溉设施，用经处理的污水灌溉种植的两种能源作物，而不打井抽取地下水。但由于水量有限，只能采取限量限时灌溉的策略。3年之后按政府要求停止灌溉。

评估过程中并未考虑水体自身的价值，而是重点分析了水供应量变化对生态系统服务影响的价值。对于情景1，湿地将失去赖以维持生态系统服务的水源供应。同时，本地社区居民的休闲和农民用于生计的农作物种植将遭到巨大影响；在情景2和3的条件下，企业出资打井抽取地下水为湿地续接生命之源，维持生物多样性、社区生计和文化娱乐功能；对于情景4，建立在政府允许污染处理厂继续使用处理过的城市污水限量限时灌溉能源作物的前提下，为期三年。研究人员将评估这四种不同情况水资源供应量变化将导致的多种影响，包括原来农作物产量和替代能源作物产量，湿地提供休憩娱乐的"文化"价值与一般公共非使用价值（如降温降噪和过滤污染物）；能源作物生产的生物质能替代化石燃料引起的碳减排，机井抽水时增加的碳排放，建设基础设施所投入的成本、运营维护相关成本和土地税等。

步骤二：价值评估

评估工作根据《企业生态系统价值评估》（CEV）方法学（《自然资本（核算）议定书》的前身）进行。工作被分为两个主要阶段。第一阶段初步确定以25年时间为期限，4种情景下生态系统服务受影响程度和变化趋势，如表1-4所示。

表1-4 不同情景下生态系统服务受影响程度和变化趋势

生态系统	生态系统服务		基准线情景	情景1:做最少事,投入最少	情景2:种植单一能源作物	情景3:种植混合能源作物	情景4:低灌溉能源作物
作物/休耕地	P	干草/饲料作物	+++	+	+++	+++	+
能源作物	P	能源作物	不适用	不适用	+++++	+++	++
林地/数目	P	水果	++	+	++	++	+
上述两种生态系统加上天然草地及湿地	R	碳封存	–	+	+++	+++	++
	R	地区气候调节	+	+	++	++	++
	R	植被的废弃物同化	+	+	++	++	++
	C	非正式的休闲旅游	+++	+	++	+++	+
	C	非利用价值(景观价值)	+++++	++	++	+++++	+++
地下水	P	饮用水供应	—————	–	+++	+++	+++

注:P代表"供给服务",R代表"调节服务",C代表"文化服务"

+和–代表每个情景在25年期间,其生态系统服务可提供的水平

(–)代表轻微负值;(–––)中度负值;(–––––)重度负值

(+)代表轻微正值;(+++)中度正值;(+++++)重度正值

来源:《自然资本议定书》。

经分析可知,情景1与当前状况(基线)比较,由于失去企业污水处理厂的持续供水,湿地生态系统除了固碳(碳封存),在供给、调节和文化服务方面基本处于不断减少、逐渐面临枯竭的状态,尤其在提供农作物产品方面。如果此时湿地不加补水而是对外供应淡水,则会加速该湿地的退化和萎缩。比较

情景2和3，在供水量相同时，单一能源作物产量更高，而混合作物种植更有利于景观优化，文化休憩价值更大。二者碳封存的效益基本相同，创造的其他收益也不分伯仲，与基线相比都有大幅增长，尤其是在饮用淡水供应、农产品销售带来经济收益和固碳抵御气候变化等方面。对于情景4，即使在有限灌溉（仅用于作物限时限量，而不是针对整个湿地）的情况下，种植速生能源作物与传统用于饲料的农作物相比，仍然创造出（相比基线）较多的生态效益，但不及供水充足的情景2和3。上述所有这些效益和价值的实现有时需要企业额外投资（例如情景2和3）运营机井和基础设施、治理温室气体排放和污染物等。这些资金和环境成本也要计算在内。

因此，研究的第二阶段主要是对生态系统服务进行货币化估值的过程，比较公司内部（财务）和外部（社会）成本和收益，并进行敏感性分析。同时，分别在两个阶段采用数据收集、文献审阅、电话访谈、现场考察和访谈会议等多种工作形式。另外，还组织了两次小范围的利益相关方问卷调查活动。在该研究中，使用了"条件价值评估法"（CVM），这是一种典型的陈述偏好法，通过直接调查和询问人们对某一环境改善或资源保护措施的支付意愿（WTP）或对环境或资源质量损失的接受赔偿意愿（WTA），进而比较支付和赔偿意愿，预估环境改善或环境质量损失的经济价值。该研究中进行的两次小范围的利益相关方问卷调查中便使用了这种方法，第一次是针对在那里休闲娱乐的游客（124人），第二次是针对随机选取的柏林市民（83人）。由此确定了生态系统服务的价值，尤其是湿地生态系统提供的景观娱乐等非利用价值。

步骤三：结果分析

研究确定了上述4种情景在25年期间内的各种企业内部财务，以及外部社会的成本收益率（Benefit& Cost Ratio，BCR）。财务成本收益率采用了5.5%的贴现率，社会成本收益率则采用3.5%的贴现率来计算。财务分析仅从污染处理厂和与其合作的生物质能源公司的财务角度考量。分析结果显示，情景2、3和4种植能源作物与情景1相比较，可以为工厂节约出相当一部分成本（情景2、3大约可节约390万欧元，情景4大约可节约320万欧元）。这主要是因为通过种植能源作物可以将现有土地的使用状态由现在松散的小农菜园状态变更为规模农业用地，从而大幅减少了土地税。对于合作的生物质能源企业来说，如果无需对机井建设的成本付费，在情景2和3中都可以实现盈利，BCR分别是1.7和1.3，但在情景4中将会少量亏损，BCR值为0.9，接近收支平衡。

同时，在本次研究中还考虑了其他社会经济因素的成本及收益的价值，主要包括当地农民收获饲料作物、旅游观光休闲娱乐和温室气体减排，以及其他能够带给当地社区居民的非使用价值。调查问卷结果显示，大多数人倾向于种植能源作物而非"做最少事，投入最少"，而且人们更倾向于在湿地上种两种能源作物。与情景1相比，对情景3，游客平均愿意支付的WTP为1.9 ~ 7.8欧元/人·年。人们认为其他带给当地公众的非使用价值主要是人们在湿地中可以见到如此繁多的生物种类，从而得到某种精神满足和美学享受。基于选择实验法（choice experiment）的陈述性偏好调查显示，原东柏林人和西柏林人对此价值的平均预期分别是0.6和3.8欧元/人·年。另外，研究人员发现游客获得的旅游观光休闲娱乐的价值和生物多样性带给公众的非使用价值在整个社会经济分析中占有很大的比重。综合起来看，情景3（种植两种能源作物）的BCR值达到了17.4，名列第一，排在后面的依次是情景4和情景2。

（3）案例总结

通过使用自然资本价值估算的方法进行分析，情景3（种植两种能源作物）是比较相对合适的选择。威立雅环境集团将本研究的过程和结论与当地政府、农民、合作的生物质能源企业进行了分享。同时，用本研究成果与当地政府和监管机构进行协商，在经济上申请一些补偿，比如，抽取地下水的执照批准、收费减免和税费优惠。在运营上获取一些支持，例如许可证。

2.2　先正达媒介授粉价值评估

先正达（Syngenta）是全球农业产业的领导企业之一，致力于为可持续农业、植物保护与环境卫生提供全面的解决方案。

（1）背景介绍

授粉是一种生态系统服务，主要由昆虫提供，有时也由某些鸟类和蝙蝠承担。全球约70%的人类消费作物的传粉直接依赖于昆虫，尤其是蜜蜂。授粉昆虫每年对全球农业提供的服务价值据估计约为1890亿美元。对美国而言，在具有规模经济的商业性农业生产的许多方面，从蔬菜种植到水果生产，授粉都是一项由野生昆虫、人工授粉以及企业管理的蜜蜂种群共同完成的重要生产活动，给美国农业产业每年带来的价值达到180亿美元，同时还具有很多未能货币化赋值和计算在内的生态环境效益。授粉昆虫数量是生物多样性和生态系统服务的重要指示性指标，但是野生授粉昆虫的数量近几年却下降得非常显著。为应对这一问题，2009年先正达发起了"授粉昆虫保护项目"（Operation Pollinator），致力于在全球范围内促进恢复它们的栖息地，并在加利福尼亚、佛罗里达和密歇根三地进行为期五年的研究。旨在对经济和生态两方面进行综合收益及风险评估的基础上，开发蓝莓传粉示范区，用以验证为授粉保护昆虫种群所采取措施的投入产出比和效果，从而将授粉这一生态系统服务的价值予以货币化，最终证明保护蜂类种群的投资可以取得正回报。

（2）估值分析

步骤一：评估授粉昆虫种群保护的3种情景

设定以下3种情景，分别评估美国密歇根蓝莓产地示范区的授粉昆虫栖息地恢复状况及经济效益。

情景1：正常经营。示范区内使用传统的农业产业基础设施与现有的土地管理方法进行蓝莓种植生产。

情景2：加入美国农业部"土地休耕计划（CRP）"。种植过程中在示范区内实施增加授粉昆虫种群的活动。这样农户不但可以享受农业部给予的激励补贴，而且项目也将以最小的投入取得一定的环境效益。

情景3：大幅增加对CRP的参与力度和对保护的投入程度。虽然企业需要更大的项目投资，但农户既可通过联邦计划分享到更多国家补贴，同时项目又能取得更显著的环境效益。这种情景更加关注促进整个示范区的生物多样性和生态系统服务，考虑授粉昆虫在觅食和筑巢时所需的栖息地特征，包括花蜜和花粉的可用性、本地植物多样性和寿命范围、益虫和害虫种群数量、到蜂巢和水源的距离等，同时采取减少土壤退化和提高水质的多种措施。

步骤二：开发概念性模型

该步骤的主要目的是建立一套适用的概念性模型来评估天然授粉这种生态系统服务的价值。模型需要考虑生态系统的各种成分、过程和各成分的相互关系。

首先，对相关涉及历史与现状的资源文献以及数据进行检索、收集和调查整理，包括密歇根州立大学昆虫学院、美国农业服务机构授粉恢复项目、美国农业部"农业保护计划"和国家农业统计服务等多个来源，了解人工筛选的授粉昆虫与野生授粉昆虫的情况，初步分析出对于大规模蓝莓种植来说，哪些授粉者将是最佳选择。之后，研究人员对当时可以使用的环境基准模型、生态系统估值工具和种群持续性模型（包括InVEST、ARIES、ECOMETRIX、SimBee和BeePop等）进行了分析。包括对每种模型的输入、输出、优势、劣势、局限性和空间等方面都进行了综合考量。

步骤三：确定投资回报率（ROI）

针对步骤一的3种情景，使用步骤二中确定的模型，对3种情景下的授粉昆虫种群保护措施的投资回报率进行分析。在计算成本时，使用了当时投入市场公开成本价（如劳动力成本、收获成本等）以及收获蓝莓的市场价值。

（3）主要结论

通过查阅文献和资料，得知美国密歇根州依赖于传粉的主要水果、蔬菜的价值每年约3亿美元。2008年，该州蓝莓产量约占全美总产量（1.1亿磅）的31.5%。目前，大约90%的蓝莓由人工管理的蜜蜂进行授粉，其余10%由野生蜂授粉。基于以上粗略的估计，按照步骤一至步骤三的方法，初步估计出密歇根州由人工管理的蜜蜂授粉的价值约为1.12亿美元，野生蜂授粉的价值约为0.12亿美元。除此之外，该研究还考虑了一些间接或潜在的收益和回报。参与美国联邦农业部计划的农民可以享受来自政府的补贴，政府提供给农民授粉昆虫栖息地建设（包括土地租金和维护支出）90%的成本补贴。即参与项目的农民可以在第一年获得种子采购和农场建设的1363美元/公顷的补助，以及额外100美元的签约奖金。在接下来的年份里，这些农民将会获得10年合约中21~116美元土地租金补贴（取决于土地位置）和额外250美元/公顷的一般土地补贴（即每年每公顷25美元）。从长期来看，经过几年的培养，当人工培养出的授粉昆虫与其所生活的蓝莓果园能很好地协调生存，即一个蓝莓种植园生态系统稳定运行后，经过模型的推算，每公顷能使投入产出比（ROI）至少增加100美元。这主要得益于蓝莓产量和果品质量的不断提升。当然，目前这些推算还缺乏足够的实践和数据支持，还需要通过进一步的工作来证实这些预测。

（4）案例启示

先正达公司的这项研究在转变蓝莓果农行为、推动土地管理升级、培育授粉昆虫栖息地的同时，对实现经济利益的最大化来说至关重要。同时，该项目获取的研究成果对政策制定者和其他政府机构强化利用农用土地为授粉昆虫建立保护和缓冲区的相关政策的制定具有很好的指导意义。先正达公司相信农业的未来最终取决于对环境的保护和对农户经营状况的关注。同时，公司认为对自然价值进行定性、定量和货币化估值的方法是帮助公司以及供应链上的种植农户提高农业生产长期效益的重要措施，同时也将为社会提供更多经济价值和社会效益。

3 分析与建议

3.1 "情景分析"与"环境损益账户"

在《公约》推介的价值评估工具和案例中，"情景分析"不同于"环境损益账户"（E P&L）——后者是企业按照财务会计学方法，将直接运营及供应链对生态系统服务的影响和依赖进行计量和货币化估值后，核算相关成本与收益，并纳入公司财务分析和商业决策的具体应用。可灵活应用于从单一原材料投入或产品到整个业务部门或集团公司。情景分析则是基于基线比较备选方案的实现技术，通过揭示可能事件的发生过程和探讨不确定未来的不同选择，支持企业"预测"自然因素和人为行为引起生物多样性和生态系统服务变化，导致自然资本价值发生改变后的潜在生态风险和社会后果，从而更好地决策。除了上述不同，两种技术有着更多的如下相同之处。

一是货币化核算有助于提高企业生物多样性保护和可持续利用的意识，激励通过技术、工艺和材料创新，或者增加投入来降低生态影响和物料消耗；二是在计算"成本收益率"（BCR）时纳入"未计价"或"被忽略"的自然价值考量；三是核算出来的相关数值并不是市场商品价格，而是企业从自然中获得收益所等同的价值或相对重要性；四是通过识别、计量和估值3个主要步骤实施，估值过程通常从定性开始，然后定量，最后估算企业对自然依赖和对社会影响的货币价值，循序渐进，下一步以前一步作为基础。

3.2 促进国内企业参与生物多样性价值评估的建议

2015年经原环境保护部批准，我国正式加入《公约》"企业与生物多样性全球伙伴关系"国际机制，系统地向国内翻译和引入《公约》推介的工具、方法和案例。不但有利于提高企业的生物多样性意识和参与能力水平，而且适用于相关行业协会和监管部门在相关指引规划、意见办法、导则指南或评估标准中提出较为具体的要求和指标，使之更符合《联合国2030年可持续发展议程》目标，而且更具有实际操作性，从而切实推动《公约》要求的"部门主流化"工作进展。具体建议如下。

一是系统地向国内翻译、引进《公约》推荐的企业案例和行业分析（包括减缓、评估、核算、信息披露、认证认可、生态标签、特定行业和跨部门综合分析等），只有采取这种"基于工具应用"的深入研究方式，才能真正有利于国内公司学习借鉴国际最佳实践。二是支持相关行业协会在指引或规划中纳入生物多样性指标，对企业提出明确要求，这些行业涵盖以生态友好型方式生产商品，如生产农林牧副渔、食品饮料、纺织成衣和保健品等行业，或者可持续利用生态系统，如生物医药、生态旅游、采掘业和化妆品行业等。三是在行业协会支持下，为其会员企业提供培训，帮助识别、计量和估算以生态系统服务为基础的自然资本影响和依赖，相关成本及效益，以及潜在的风险与机会，支持企业更好地决策，满足法律合规、行业要求，做好供应链风险管理、切实履行好社会责任。四是在企业培训的基础上，筛选少数先进公司作为试点企业，支持实施《自然资本（核算）议定书》的标准化流程，开发案例，用于行业价值链研究和后期宣传。五是评估在行业与企业的实施效果，利用《公约》缔约方会议（例如即将在昆明举办的COP15生物多样性大会）、《公约》秘书处每两年举办的"企业与生物多样性全球论坛"等国内外平台以及"5·22国际生物多样性纪念日"重要时间节点进行传播，使企业参与成为我国履约的重要组成部分。六是通过推荐国内企业和中方专家参加国际项目试点，以及支持相关研讨会在华召开或提供启动资金等方式，加快我国参与国际重大方法学制定的进程。

参考文献

［1］　赵阳.情景分析法在企业核算生物多样性价值中的应用研究与建议［J］.环境保护，2020，48（08）:54-59.

［2］　《X/21企业界的参与》. https://www.cbd.int/decisions/cop/?m=cop-10.

［3］ 《XI/7 企业界与生物多样性》. https://www.cbd.int/decisions/cop/?m=cop-11.

［4］ 《XII/10 企业界的参与》. https://www.cbd.int/decisions/cop/?m=cop-12.

［5］ https://www.cbd.int/business/gp.shtml.

［6］ https://wiki.mbalib.com/wiki/%E6%83%85%E6%99%AF%E5%88%86%E6%9E%90.

［7］ Guide of Corporate Ecosystem valuation，CEV. https://www.veolia.cn/zh/%E5%85%85%B3%
E4%BA%8E%E6%88%91%E4%BB%AC/%E9%9B%86%E5%9B%A2%E6%A6%82%E
5%86%B5.

［8］ 自然资本联盟. 自然资本议定书［M］. 赵阳，译. 北京：中国环境出版社，2019.

［9］ 赵阳. 国外企业参与生物多样性新范式：建立"环境损益账户"案例分析和对我国启
示［J］. 环境保护，2020，48（06）：70-74.

［10］ https://www.cbd.int/business.

［11］ http://env.people.com.cn/GB/n1/2020/0522/c1010-31719346.html.

六、"基于自然的解决方案"联合国倡议
——促进生物多样性与气候变化协同增效

赵　阳　邹玥屿

2019年5月6日联合国"生物多样性和生态系统政府间科学—政策平台"第七次全体会议（IPBES-7）发布《生物多样性和生态系统服务全球评估报告》指出："人类活动和气候变化是造成全球生物多样性丧失的主要原因"。呼吁"对已有解决方案采取革命式改变"。5月7日七国集团（G7）峰会通过了《梅斯生物多样性宪章》："气候变化、生物多样性、自然灾害等全球性环境挑战是不可分割的，必须一起解决。"6月29日二十国集团（G20）峰会中国、法国和联合国共同发布公报："三方注意到近期发布的IPBES-7和IPCC报告，强调应对气候变化和生物多样性丧失的紧迫性"；"基于'自然的解决方案……对适应和减缓气候变化具有积极意义，同时也有益于生物多样性"；"联合国赞赏中国和法国分别作为'自然的解决方案'和'气候融资和碳价'领域联合牵头方的努力"；"三方同意就气候变化与生物多样性的关联开展工作。法国、联合国支持中国举办2020年《生物多样性公约》第十五次缔约方大会"。

"基于自然的解决方案"（Nature Based Solutions，NBS）正是在此国际背景下应运而生，作为对IPBES-7报告结论的回应"若要遏制物种和生态系统正在快速消减的加剧趋势，需要对已有解决方案采取革命式改变"，旨在促进《生物多样性公约》和《联合国气候变化框架公约》协同增效。关于"革命性改变"，IPBES主席Robert Watson指出："'革命性改变'是跨技术、经济和社会因素的整个系统范围内的重组，包括范式、目标和价值观"。这对NBS的目标标准和范围做了的诠释。关于"协同增效"，《生物多样性公约》执行秘书帕尔梅说："我们需要停止这样一种割裂的情况：在气候界谈论气候、在自然保护界谈论自然、在海洋界中谈海洋、在循环经济界中谈循环经济、在可持续发展目标界中谈可持续发展目标……其实这些都是殊名同归的。"

中国被联合国确定为NBS行动领域的牵头国家。2019年9月23日联合国气候峰会召开，作为9个主题之一的NBS，由中国和新西兰联合负责在全球层

面推动倡议与行动，包括搜集各国可用于NBS示范的最佳实践，组建NBS国际联盟等。我国已在积极着手准备NBS倡议启动。2019年6月初杭州国合会年会期间，生态环境部部长李干杰与《生物多样性公约》"不限名额工作组"（OEWG）共同主席Basile Van Havre交谈时，向对方咨询关于中国向NBS贡献在全球具有示范意义案例的建议，对方提出我方可考虑土地利用规划方面的举措。目前，"保护生物多样性，建立建设美丽中国""生态保护红线划定"和"社会参与保护地管理"等国内成功实践已经气候司汇总后提交联合国。6月30日，解振华特别代表参加联合国气候行动峰会阿布扎比筹备会发言："希望各方在联合国气候峰会上能够在以下几个方面取得突破性和变革性进展：一是将NBS纳入国家自主贡献、国家适应计划和总体发展战略与规划中；二是动员政府金融机构，慈善基金工商界等对NBS加入投入，包括资金，人力政策等，三是提高关键领域的行动力度，特别是加强自然在发展进程中的系统性作用，包括绿色基础设施，森林和陆地生态系统保护及可持续管理，土地和海洋生态系统恢复可持续农业和粮食系统等"；"已收到了各国提交的倡议和行动，涉及NBS的各个领域……希望听到更多好主意"；"中国作为主席国的昆明《生物多样性公约》缔约方大会继续努力加强与'NBS联盟'的合作"。

我国在生态文明建设过程中涌现出一批创新解决方案。下面分政府、部门、行业和企业层面，对4个案例分别阐述和建议，包括：1）企业科技创新开发无稀土压缩机；2）基础设施行业绿色发展指南；3）森林部门碳汇标准纳入生物多样性应对气候变化价值；4）地方政府采用"生态系统生产总值"（GEP）核算体系。这些创新展示了"中国智慧"，利用昆明COP15契机宣传推广，不但为国际社会提供了促进生物多样性和气候变化协同增效的"解决方案"，而且有利于我国绿色"一带一路"的落地实施，贡献于十九大提出在全球治理和国际事务中从参与者向倡导者、引领者转变的目标实现。

1　企业科技创新避免使用稀土

通过技术创新，引导可持续生产和消费；更好地应用科技，在改善粮食、水和能源安全的同时，减轻该地区的生态系统压力。

——《IPBES政策简报》

　　我国拥有世界上最大的稀土储量，但由于世界需求总量巨大而消耗严重，全球占比从80%降至23%（2012年数据）。稀土不但是我国重要的自然资源资产，而且已成为我国与西方工业化国家博弈权衡的棋子，具有无可估量的战略意义。从空调行业发展的国际态势来看，变频是大势所趋。受传统技术限制，目前世界各国变频空调通用的永磁同步电机技术都需要使用数量较多的稀土。因此，变频空调普及受制于稀土资源的开采和利用。

　　中国格力电器集团作为全球最大集研发、生产、销售、服务于一体的专业化空调企业，经过多年技术积累和资金投入，自主研发出"新型高效无稀土磁阻压缩机"，具有无须使用稀土材料、应用功率范围和能效高的优势。经行业协会评测，与安装传统稀土压缩机的国际著名空调品牌相比，采用该技术的空调能效提升3.1%～7.3%。经在格力集团内部产品线推广，技术应用已覆盖窗机、壁挂机、柜机、多联机共45个系列，135种型号的空调，并推广应用到热泵热水器产品。2011—2013年累计销售采用新型磁阻电机的变频空调2455.8万台，收入711.5亿元，利润58.2亿元，纳税40.3亿元；2014年销售收入超过500亿元。现已推广2455.8万台新型无稀土磁阻压缩机，节省稀土永磁体2964.15吨，稀土资源889.24吨；以我国2013年生产的1.12亿台空调器计算，若全部应用本技术，则可节省稀土永磁体13500吨，约占全国稀土年开采量的13%（数据来源：格力公司2016年企业社会责任年报）。该技术经格力授权，已推广应用至国内多家企业，通过改善长期以来对稀土资源的依赖局面，提高了我国空调行业绿色化升级和可持续发展的整体能力，增强了在国际市场中的"责任竞争力"。

　　格力秉承科技创新避免了稀土开矿和一系列包括生态修复和补偿的环境和社会问题，间接地保护了生物生物多样性，同时缓解了气候变化，为NBS贡献了展示"中国智慧"企业最佳实践案例，为全球变频空调产业可持续发展提供了"行业解决方案"，为《IPBES政策简报》提出的"技术创新引导可持续生产和消费"和"应用科技减轻地区的生态系统压力"做出了最好诠释。重要的是，还可作为我国外交战略用于回应工业化国家诘责我国限制稀土开采的重要筹码。为进一步促进企业创新的可持续性，在此建议：1）应用《自然资本议定书》对格力无稀土技术创新降低生物多样性和减缓气候变化的价值进行综合货币化核算；2）利用NBS和昆明COP15平台宣传，扩大国际影响；3）将生物多样性免于丧失的价值开发成环境金融衍生品——"信用"（credit），用于在环境交易所平台上企业交易以"抵偿"（offset）生态足迹；4）将上述交易模式通过"生态系统服务付费"（PES）市场机制固定下来，作为"生物多样性融资"的创新解决方案。

2 基础设施行业绿色环境指南

> 要提高关键部门的行动力度，包括绿色基础设施，森林和陆地生态系统保护及可持续管理，土地和海洋生态系统恢复可持续农业和粮食系统等。
>
> ——解振华，阿布扎比讲话

从行业发展态势来看，已经从单一的承包工程向"投资、规划、设计、建设、运营"为一体的"建营一体化"模式转变，必然伴随资金投入的扩大和海外经营风险的增长，为指导"走出去"企业，商务部下属中国对外承包工程商会相继开发了《中国对外承包工程行业社会责任指引》《中国可持续基础设施项目案例集》《促进亚太地区环境可持续基础设施投资研究报告》和《中国境外企业可持续基础设施项目指引》，包括经济、环境、社会和治理等方面内容，其中在最新的项目指引中的"环境"章节里纳入了温室气体减排、污染防治、物种保护、生态系统管理、海洋环境保护、资源可持续利用和保护等相关重要议题、缓解措施建议和核心评估指标。然而几大国际公约尤其是《生物多样性公约》和"巴黎协定"的发展，IPBES-7全球报告对人类经济活动导致第六次物种大灭绝的警告，尽快启动"基于自然的解决方案"倡议结束气候变化与生物多样性"割裂"并促进协同增效的最新国际共识，使"绿色基础设施"成为解决方案目录中的首要选项。然而，这与我国实施绿色一带一路的政治和经济诉求是契合的。因此建议在已有工作基础上，进一步开发《中国绿色基础设施海外投资和运营环境指南》，考虑以下方面。

（1）基于深入研究发掘以前忽略的，自然在基础设施等人工资本中的系统性作用，例如生物多样性提供的"生态韧性"具有边际效应、阈值范围和减缓气候变化的价值；（2）侧重项目对包括生态系统服务的自然资本综合影响的定性、定量和货币化估值，以支持碳、水和生物多样性足迹中和，实现项目的"净正面影响"，作为"绿色标准"的最高社会目标；（3）为海外工程实施提供增加理解、识别和评估项目潜在风险（如遭到社区抗议）和机会（如获得国外投资），以及相关成本（如生态修复）和效益（如发行绿色债券）的工具或资源；（4）提供东道国和国内可支持减缓、修复和抵偿的具体措施，支持工程实现"生物多样性零净损失"，作为"绿色标准"最高生态环境目标；（5）指导项目采用联合国"生物多样性金融倡议"提出的生物银行、湿地缓解银行、栖息地银行和生态系统服务付费（PES）等方案，用于生态修复和生态补偿的具体工作；（6）指导项目采用"联合国可持续发展融资方案"提出的发展影响债券、保护债券、林业碳汇、保护地役权等方案，吸引海外投资机构，多元化筹集项目资金；（7）提供项目披露生态环境信息的标准化流程、步骤和方法。

　　总之，该指南通过NBS向外传播，有利于打破欧美多年来在基础设施行业的环境领域营造和控制的话语体系，帮助我国对外承包工程商会增强在海外的"责任竞争力"和"软实力"，体现我国"走出去"企业"担责""透明"和"治理"的形象，为绿色"一带一路"提供"行业解决方案"和具体的企业实践案例。

3　森林部门碳汇核算标准

> 强调对森林进行可持续管理的重要性。森林作为碳汇，对全球生物多样性保护发挥着重要作用。
>
> ——G20《中国、法国和联合国气候会议三方公报》

　　2016年生态环境部对外合作与交流中心（FECO）与北京环境交易所以仙居国家公园森林资源为研究试点，合作制定了《生物多样性友好型森林碳汇标准》，在传统核算方法（如GHG Protocol）基础上，纳入了《生物多样性公约》主张的更多指标，包括生物多样性缓解和适应气候变化的价值，为社区提供物质产品和文化产品，以及其他需结合当地环境的特定生态系统服务，例如少数民族生计和传统知识等。"仙居县生物多样性碳汇项目"通过浙江省发改委审批，在我国自愿核证减排（CCER）市场交易，吸引了企业认购并实现了"溢价"。该标准实施有利于避免为片面追求固碳经济利益进行人工林种植所导致的"绿色沙漠化"。国外在森林碳汇可持续标准制定领域已有类似行动。气候、社区生物多样性联盟（Climate, Community and Biodiversity Alliance-CCBA）提供CCB金牌认证。2013年作为企业在华碳足迹中和的举措，"诺华川西南林业碳汇项目"使用该标准造林1000多万株乡土树种，经核算在30年管护期间将吸收共约105万吨二氧化碳。

上述我国与CCB标准由于制定时间较早，因此并未基于《生物多样性公约》《名古屋议定书》、联合国可持续发展议程2030、《巴黎协定》和《自然资本议定书》等最新重大国际共识的进展而纳入相关指标。同时，前些年的国际发展也并没有对环境经济综合核算、信息披露和企业社会责任提出像现在这样具体要求，更重要的是，没有处于IPBES-7报告警告"地球第六次生物大灭绝"重大人类时间节点的紧迫性。因此联合国最新提出的"基于自然的解决方案"倡议为森林部门碳汇核算的新标准制定创造出很大的创新空间，建议可从以下方面考虑：（1）在价值核算方法上，使用在气候变化和生物多样性两大领域都通用，并已经形成国际广泛共识的"自然资本"标准化流程框架；（2）在效益分析上，打破"森林碳汇"局限，对生物多样性（存量）和生态系统服务（流量）进行计量与估值；（3）在指标设定上，纳入关于协同增效的定性、定量和货币化指标；（4）在可持续性考量上，纳入获取与惠益分享、替代生计、传统知识、妇女和少数民族权益等议题；（5）在标准应用上，采取人工造林恢复退化土地的举措，使气候、荒漠化、生物多样性三方面关联起来，形成多重效益；（6）在市场营销上，通过宣传标准具备的生物多样性友好和社会公平等特点，有助于企业溢价认购；（7）在国际推广上，可利用NBS平台，向其他国家保护地森林管理体系中推荐采用新标准；同时结合联合国REDD+项目，支持发展中国家在退化土地上造林，将碳汇出售给发达国家获得补偿。

4　地方政府财富综合指标体系

> 生物多样性的价值在决策中被低估；运用传统的国内生产总值（GDP）方法衡量经济增长间接增强了生物多样性丧失的驱动因素。
>
> ——《IPBES政策简报》

我国多年来致力于建立一套与GDP相对应和协调的、能够衡量生态价值和生态资产的统计与综合核算体系，用来反映可持续发展的"多重效益"。生态系统生产总值（Gross Ecosystem Product, GEP）是中国自主创新，国内实施效果良好，国外影响和反响积极的政府举措，由IUCN中国代表处和中科院合作在多地试点实施。GEP是指一定区域在一定时间内生态系统提供的最终产品和服务价值的总和——即生态系统为人类福祉提供的产品和服务及其经济价值总量，通常以一年为期。GEP通过计算作为"生态资产"的自然生态系统（如森林、海洋和湿地）、自然为基础的人工生态系统（如农田、牧场、水产养殖场）和物种资源在供给、调节和文化服务三个维度上的生产总值，同时纳入资源消耗、环境损耗和生态效益等指标，以货币化方式展示生态系统的价值。GEP具有灵活和适用范围广的特点。2016年贵阳生态论坛发布了当年贵州省生态系统生产总值（GEP）约为17578.96亿元，贵州习水县GEP约为253.47亿元。2018年云南丽水试点项目发布了大田村村级：生态系统生产总值（GEP）为1.6亿元，其中生态系统调节服务总价值最高，为1.27亿元，占79.61%；其次是生态系统物质产品，总价值为0.25亿元，占15.32%；生态系统文化服务总价值为0.08亿元，占5.07%。目前GEP已纳入生态环境部和国家林草局等多个部委的研究立项规划。

2019年1月31日《推动我国生态文明建设迈上新台阶》一文提出自然资本增值概念："绿水青山既是自然财富、生态财富，又是社会财富、经济财富。保护生态环境就是保护自然价值和增值自然资本，就是保护经济社会发展潜力和后劲，使绿水青山持续发挥生态效益和经济社会效益。"GEP既可作为衡量"绿水青山就是金山银山"经济价值的指标，纳入生态文明核算体系，展示可持续发展的国家总体进展，又可在地方层面为重点生态功能区县政府生态绩效考核、领导干部离任审计和生态补偿机制提供量化依据，但仍须继续完善、增强国内外认可度。因此建议GEP：（1）纳入自然资本框架以填补自然资源与生态资产之间的理论缺环；（2）进一步阐明了自然资源、生物多样性、生态系统服务、生态资产与自然资本之间的内在所属关系；（3）与不同层面进行的多个核算体系和估值标准（例如自然资源资产负债表、TEEB和绿色GDP等）开展协同增效的工作；（4）开发关于契合NBS和《生物多样性公约》的成功故事和实践案例，利用NBS国际联盟和昆明COP15平台进行宣传，获得更高的国际认可和知名度。

"基于自然的解决方案"（NBS）作为协同气候和生物多样性两大领域、公约和基金的国际框架和联盟，是联合国最新推出的重大举措，我国作为NBS全球牵头方，正面临重大国际机遇，有利于在全球治理等重大国际事务中加快角色转变。最后，为上述四个案例的后续工作做总结式建议：

首先，在标准和指南的制定方法上，要注意沿用国际已成型的术语、概念和语境，结合公约和SDG等最新国际共识的要求，以求创新。

其次，在开发过程中，与相关领域内权威的国际组织形成伙伴关系，有利于方法学的科学性获得多利益相关方的信任和认可。

第三，在扩大共识上，应抓住作为牵头方和作为《生物多样性公约》COP15东道国的机会，将NBS纳入到《公约》"后2020全球生物多样性框架"中，并在COP15上开设专门议题通道。

最后，利用NBS为我国绿色"一带一路"和"南南合作"等重大海外举措，增加"软实力"和可持续发展底色，开创新话语体系和国际格局的新局面[10]。

参考文献

［1］　https://www.cbd.int/kb/record/pressRelease/120943?FreeText=IPBES.

［2］　http://news.sina.com.cn/w/2019-05-07/doc-ihvhiews0355174.shtml.

［3］　https://www.zujuan.com/question/detail-13895946.shtml.

［4］　吕一河，陈利顶，傅伯杰.生物多样性资源：利用、保护与管理［J］.生物多样性，2001，09（4）：422-429.

［5］　https://www.cbd.int/kb/record/meeting/5956?FreeText=IPBES.

［6］　http://www.gov.cn/zhuanti/2012-09/28/content_2596972.htm.

［7］　https://www.chinca.org/hdhm/news_detail_3962.html.

［8］　https://www.cbd.int/abs.

［9］　http://www.qstheory.cn/dukan/qs/2019-01/31/c_1124054331.htm.

［10］　杨锐，彭钦一，曹越，钟乐，侯姝彧，赵智聪，黄澄.中国生物多样性保护的变革性转变及路径［J］.生物多样性，2019，27（9）：1032-1040.

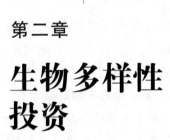

第二章

生物多样性
投资

一、生物多样性融资：服务付费、信用抵偿、债券投资和市场交易

赵 阳 王 也

摘要： 根据国际研究与实践，现在已有生态系统服务付费（PES）、湿地缓解银行、生物银行、生物勘探、土地信托、保护地役权、影响债券、生态系统绿色债券、环境影响评估合约债券、碳市场、水基金、生态友好型森林碳汇等20多种市场化、多元化的金融解决方案。涉及信用抵偿、服务付费、市场交易和债权投资。融资主体为企业，基于"许可证"和配额交易，或者通过自愿性标准开展自然资本核算，促进企业采取缓解和抵偿的进一步行动。为国家及地方实施生态修复、惠益分享、生态补偿和赔偿等政策提供了资金与技术。

1 国际动态

纵观2019全年的国际态势，生物多样性和气候变化已成为主旋律：中法联合声明（3月25日）、自然卫士峰会（4月25日）、G7部长级会议（5月6日）发布《梅斯生物多样性宪章》、"生物多样性和生态系统政府间科学—政策平台"第七次全体会议（IPBES-7）发布《生物多样性和生态系统服务全球评估报告》（5月6日）、G20大阪峰会中、法和联合国宣布《三方公报》（6月29日）、特隆赫姆第九届生物多样性大会（7月2日）和中法颁布《北京倡议》（11月6日）以及正进行的联合国气候峰会（12月2日），一是暴露过去气候变化和生物多样性两大领域并未协同增效而导致"割裂"和"百万物种趋于灭绝"危险——"气候变化、生物多样性、自然灾害等全球性环境挑战是不可分割的，必须一起解决"（G7《梅斯宪章》）；二是彰显亟需变革的全球共识——"若要遏制物种灭绝的趋势加剧，需要对已有解决方案采取革命式改变"（IPBES-7报告）；"'革命性改变'指的是跨技术、经济和社会因素的整个系统范围内的重组，包括范式、目标和价值观"（IPBES主席 Robert Watson）。基于对上述会议所发布文件内容研究，发现国际舆情信号背后隐含着科学—政策因素的演化脉络，可

为未来形势研判提供注脚：

1.1　基于自然的解决方案：将作为弥合"割裂"、应对"灭绝"的新全球框架

（1）"基于自然的解决方案主要指对天然或改良的生态系统进行保护、可持续管理和修复，对适应和减缓气候变化具有积极意义，同时也有益于生物多样性"；"联合国赞赏中国和法国分别作为"基于自然的解决方案"和"气候融资和碳价"领域联合牵头方的努力"；"三方强调为基于自然的解决方案"提供更多资金的重要性"。（G20《三方公报》）

（2）"把自然放在首位，是当今和未来各国政府、经济部门和公民们的一个成功经济战略。"（自然卫士峰会）

1.2　基于价值核算：将成为生物多样性融资的关键环节

（1）"我们承诺将促进生物多样性、生态系统及其提供的服务价值纳入到政府、商业和经济部门的主流决策中。"（G7《梅斯宪章》）

（2）"生物多样性价值在决策中被低估；运用传统的国内生产总值（GDP）方法衡量经济增长，间接增强了生物多样性丧失的驱动因素"；"除了在经济指标中纳入自然资本的多元价值外，还需要计量与核算自然带来的其他福利"；"通过监测与评估，将各种价值考虑在内，推动不同行为者的有效参与，弥补知识差距"。（最新《IPBES政策简报》）

（3）"保持融资的必要速度和规模，对提升气候行动、生物多样性保护和可持续发展的雄心水平至关重要。"（G20《三方公报》）

（4）"加拿大政府承诺拿出5亿美元，跟私营部门合作，建立一个自然基金。"（自然卫士峰会）

1.3　基于伙伴关系：企业参与贡献资金、技术和行业解决方案将更受重视

（1）"生产部门将生物多样性保护和可持续利用纳入主流"；"更好地应用科技，在改善粮食、水和能源安全的同时，减轻该地区的生态系统压力"；"通过技术创新，引导可持续生产和消费"。（《IPBES政策简报》）

（2）"利用跨部门的伙伴关系和在国际层面签订双边和多边协议促进合

作。"(《IPBES政策简报》)

（3）"需要建立一个雄心勃勃的自然保护倡导者联盟，加快保护自然，促进新的解决方案，并激励全球自然保护的进一步综合行动。"（加拿大环境与气候部长麦肯娜）

2 生物多样性融资

《生物多样性公约》秘书处统计，生物多样性在每年提供24万亿美元经济价值的同时，全球保护资金需求总量达1300亿~4400亿美元。然而，世界各国公共财政预算（256亿美元）、可持续农业补贴（73亿美元）、绿色产品认证（66亿美元）、海外发展援助（63亿美元）和绿色债券（1亿美元），以及其他多种类型的混合资金（38亿美元）总计仅维持在约520亿美元/每年的水平。因此，"资源调动"和"资金机制"不但是公约履约的全球挑战，也是国际谈判的长期难点。根据国际主流研究与实践，目前已有包括生态系统服务付费、湿地缓解银行、生物银行、生物勘探、保护地役权、影响债券、生态系统绿色债券、环境影响评估合约债券、碳市场、水基金、生态友好型森林碳汇标准等多种市场化、多元化的生态补偿方案。联合国开发计划署（UNDP）在36个国家实施了"生物多样性金融倡议项目"（Biodiversity Finance Imitative，Boifin），深入分析各国的资金筹措机制和需求敞口，提出除了用于保护的财政转移支付（例如税收、补贴），可产生积极生态效益的商业投资和相关市场交易价值的其他产生新增资金方式，包括市场交易、债务和债券、监管、风险管理和赠款。生物多样性融资主体为企业，方法是通过货币化估算对自然资本的影响和依赖，融资方式包括抵偿（offset）、付费（payment）、交易（trade）和投资（invest）的混合组合（blended portfolio）。融资所产生的新增资金将有助于包括"资源调动"的多个公约关联议题谈判取得突破，促进"企业参与"和"部门主流化"，实现公约倡导的"生物多样性零净损失"（Biodiversity Zero Net Loss）。

2.1 定义

UNDP-Biofin将"生物多样性金融"定义为："筹集和经营资本，并利用金融激励措施促进可持续生物多样性管理的做法。包括用于保护生物多样性的私人和公共财政资源，以及对产生积极生物多样性效益的商业活动（如生态系服务付费），或者对相关市场的交易价值（如致力于栖息地保护的绿色债券）所进行的投资"。根据预期结果，服务于以下4类金融目标。

2.2 目标

（1）调整当前支出

调整流向生物多样性保护的现有资金或重新定位的措施。例如降低有害于生物多样性的农业补贴，或调整化石能源相关补贴，用于投资绿色基础设施或可再生能源（如生物质）。

案例1：某地方政府原计划将一片退化的湿地填平，用于建造人工防洪堤坝。通过货币化核算湿地作为自然基础设施具备同等规模功用所需修复的投入，以及湿地提供除调蓄洪水以外的其他生态系统服务的价值，如极端灾害缓解、净化水源、工业和生活污水处理、作为栖息地、调节气候（降温降噪、湿润空气）、碳封存和休闲娱乐，为政府决策将投资用于重建恢复湿地提供了技术支持。此类投资决策的权衡也同样适用于农田、森林、红树林、草原、漫滩和海洋珊瑚礁等多种生态系统。

案例2：美国得克萨斯州Seadrift化工厂首次尝试人工湿地处理工业废水，通过泥土搬运、水源涵养以及一系列对人工介质、植物和微生物的物化处理，投入使用后发现与人工基础设施相比，不但实现了同等功效，而且造价要低3900万美元。经过自然资本核算综合价值，已累计实现包括财务绩效、生态系统服务价值和更广泛的社会效益（休闲娱乐、美学享受、员工忠诚度和企业美誉度）达2.82亿美元。

（2）产生新增收入

通过创新机制或工具，产生或扩大用于生物多样性的额外财务资源，例如湿地银行、生物银行、生态系统服务付费和配额交易等。

案例3：在案例1中，当地政府通过核算投入产出比，成本和效益，制定发行政府绿色债券的计划，作为致力于兼顾生态效益和人们福祉的绿色基础设施"影响债券"（Conservation Bond），通过更低的利率从社会和企业融资，这是"环境信托"模式，与影响债券（侧重生态和栖息地）和绿色债券（侧重可再生能源和碳排放）均为生多样性金融领域的市场解决方案。

案例4：生态环境部对外合作与交流中心和北京环境交易所2015年共同制定了《生物多样性友好型森林碳汇标准》并应用于仙居县的森林碳汇核算，通过了浙江发改委可核证减排CCER审核。该自愿性标准有利于在森林再造和经营中考虑生多、地方社区权益、气候变化应对和自然基础设施所具有的综合价值（以前的标准并未考虑），从而在企业碳中和交易中实现"溢价"。

案例5：某企业为创新性地履行社会责任，决定中和某土地开发项目的生态足迹。可通过制定自然资本影响核算（accounting）、缓解（mitigation）和抵偿（offset）方案，实现《公约》主张的"生物多样性零净损失"（zero net loss）。

（3）避免未来开支

通过采取修改或取消现有适得其反的政策和预算等措施，防止或减少未来的生物多样性投资需求。例如对生态系统造成危害的外来物种入侵进行罚款。

案例6：以珊瑚礁这种高价值但脆弱的生态系统为例，弹性恢复的临界点很低，一旦突破阈值则丧失速度是压倒性且不可逆转的。生物多样性丰富地区的政府部门可通过建立当地生态资产账户，促进当地经济向生态旅游、可持续农林牧渔业发展，投资于"自然基础设施"所支持的就业、生计、收入、生活便利和福祉的"服务型产业"。黄山市作为为东部地区提供淡水的"重点水源区"，GDP不再作为政府考核内容，享受财政补贴。

案例7：宝兴县的宝兴河是长江源头之一，同时也是大熊猫国家公园。超过90%的县域被划入生态红线和国家公园核心区后，面临传统产业（汉白玉大理石和水电站）全面禁止的困境。当地政府努力探索采矿和水电产业退出补偿机制、生态友好型农业（猕猴桃、蒙顶山绿茶）和旅游（大熊猫发现地博物馆、红军长征首座雪山）可持续发展。

（4）改进管理和服务

通过法律法规或使用市场激励措施强加某种行为，或提高资源分配的公正性和预算执行的成本及效率。例如建立生态保护基金、实施可持续公共采购、推动在环境影响评价（EIA）和绿色金融政策中纳入生物多样性指标等。

案例8：绿色"一带一路"主要实施部门是基础设施建设与投资。我国海外"走出去"企业具备资金和技术的"硬实力"，但由于处于欧美日制定和主导多年的"环境标准"和话语体系中受到牵制。目前，为提高海外业务的"责任竞争力"，可考虑借鉴《公约》多年来已经形成的国际共识，借机COP15，通过制定、实施侧重生态系统服务影响价值评估的海外可持续标准，编制在带路试点实施的"环境损益账户"（Environmental Profit & Loss），增大话语权和国际影响力。

案例9：大自然保护协会（TNC）3运用"土地托管"和"保护地役权"两种金融手段，在美国管理着数量庞大的保护地。我国有很多三级、四级政府无技术能力和资金用于所辖土地的生态修复或保护地管理。国内桃花源基金会结合"蚂蚁森林"和"绿色产品""农家乐"等商业开发模式，受政府委托已代为管理着十几处地方保护区。可支持地方核算保护地效益和价值，吸引外部投资（企业基金会或国外金融机构）以创新方式（例如税费减免、补贴、生态旅游投资、生态系统服务付费）实现保护资金多元化投入。华侨城受深圳市政府委托，管理68.5万平方米的公共海岸滩涂，多年共计投入近2亿元修复成为生态功能完善的湿地，惠益了周边百姓。仙居县国家公园由于具有发展生态旅游的前景，申请到法国开发署7500万欧元的国际贷款，严格遵照生物多样性"净正面影响"原则并在"生态韧性"弹性恢复的阈值内进行开发活动，实现了经济、环境和社会综合效益。

案例10：2019年发布的《推动我国生态文明建设迈上新台阶》指出："保护生态环境就是保护自然价值和增值自然资本，就是保护经济社会发展潜力和后劲，使绿水青山持续发挥生态效益和经济社会效益"。自然资本增值与"净增长交易"（trade of extra gains）的国际经验异曲同工。可研究、尝试托管国内地方保护地，通过投入恢复、重建生态系统和生态资产、增加生物多样性价值和自然基础设施的效益，经定性、定量和货币化核算后，作为生态系统服务付费的"交易量"，通过环境交易所的交易平台，为履行社会责任的企业"中和"生态足迹，提供环境金融衍生品。

2.3　解决方案

UNDP-Biofin将生物多样性金融分为财政（Fiscal）、市场（Market）、监管（Regulatory）、债务和债权（Debt/ Equity）、风险管理（Risk Management）和赠款（Grant）6个类别共20多种解决方案，通过构建增强生物多样性干预措施影响的金融产品，撬动来自多种不同来源的公共或私营部门资金。这些方案既可单独使用，又可组合实施，相互融合交叉，在不同具体情况下互为主辅，例如绿色债券既是债权也是市场手段，监管则包含了基本所有财政和市场方案，以及行政手段，例如生产、销售和排放配额，许可证和特许经营（权）。

（1）财政方案

① 生态转移支付。一般指公共财政拨款，我国的生态补偿政策，如退耕还林、退牧还草、退田还湖、天然林保护和矿区修复等都属于此类。例如沈阳大伙房水库周边小农户生计和企业搬迁赔偿每年财政补贴2.3亿元；苏州市政府对水稻田作为人工湿地给予财政补偿，对连片1000~10000亩的水稻田，按200元每亩（667平方米）；连片10000亩以上，400元每亩（667平方米）。

② 税、费、罚款、赔偿、配额管制和公共采购等。例如为减少对栖息地不利影响征收农药和化肥税；增加有利于生物多样性的补贴（生态旅游，有机农业，非木材林下经济产品，可持续渔业认证和税费减免），改革有害补贴（不符合可持续标准的农、林、牧、渔和能源运输和基础设施、建筑等行业以及土地用途变化），以及林、渔、牧、野生生物部门的特许经营和许可证等。

（2）风险管理方案

针对生物多样性保护措施给予降低自然灾害保险保费的措施，以及公共或私人金融担保、影响债券等。政府管理部门的政策调研、能力建设、预算执行效率提高和人力资源优化等也属于此范围。

（3）赠款方案

官方或私人捐赠。例如"海外发展援助"（ODA）、保护区信托基金、企业捐献、彩票和众筹等。

（4）监管方案

① 保护地役权（conservation easement）。为保护生态环境和自然资源，对某些类型的土地用途和开发规模进行限制的措施。是自愿捐赠给公共或私人托管机构，用于抵免该土地应缴税费，同时允许土地所有者保留某些私有财产权或出售给第三方（地役权不变）。

② 环境（和社会）影响评估（EIA）。大型开发项目（例如采掘采矿，酒店或基础设施）在经过纳入了生物多样性保护指标的EIA评估之后，可要求开发商采用不同的金融措施，如缴纳履约保证金，投保，发行绿色债券、应用生物银行和抵偿达到实施条件。

③ 绿色采购（green procurement）。采取有利于对社会和环境负责的产品采购规则，如认证纸制品，可持续棕榈油、大豆等农业大宗商品，对市场和消费产生重大影响，一般同样适用于政府和公共部门以及私营部门企业采购产品或

分包服务。

④ 保护区土地信托（land trust）。与"保护地役权"类似，但不是以限制开发为目的，而是通过建立"账户"，致力于监测、评估和提高生态系统服务的质量/数量（账户中的"实物量"）、自然资本增值（账户中的"价值量"）和社区生计，以及可持续管理，包括财务的多元化和市场化。在当前公约提议建立"东道国基金"的背景下，除了开发、运营可供企业参与交易的"价值量"，保护地役权和信托在我国将涉及跨部门伙伴关系（林草、国土和自然资源部门），环境部门可提供关于基线和增值的定性、定量评价，价值货币化核算和供需交易等服务，或与地方政府直接签订托管合同。例如桃花源基金会在学习了美国大自然保护协会（TNC）相关技术和流程后，目前接管了十几块珍贵的自然保护区，通过有机产品、自然教育、生态旅游、家庭旅馆和公司志愿者服务等多样化经营方式实现财务平衡，同时缓解了地方财政压力和管理低效。

（5）债务和债权

① 绿色债券（green bond）。政府或企业发售，在一段时间内偿还本金和利息，用于调动国内外资本市场资源，一般用于为应对气候变化、可再生能源和环境友好型项目债权融资，包括绿色债券：生态系统服务提供，如森林管理或保护；蓝色债券：可持续渔业和海洋资源保护；气候债券：可再生能源减缓气变。

② 影响债券（impact bond）。

—野生动物债券

致力于产生野生动物保护有关具体影响效果、价值和可监测指标所采取的债务融资形式。

—保护地影响债券

致力产生栖息地和保护区有关具体影响效果、价值和可监测指标所采取的债务融资形式。

③ 绿色小额信贷（small green credit）。在信贷、担保和贷款政策中纳入绿色或环境原则、标准和指标，例如开展有机农业及相关经济活动的生态效益评估，符合条件给予优惠或优先。

（6）市场机制

① 生态系统服务付费（Payment for Eco-system Services，PES）。全球环境基金（GEF）阐释："在生物多样性领域，建立PES机制是重大机会，有利于解

决资金不足、缺乏意识和市场欠发达等全球挑战。GEF的干预措施包括推动建立企业联盟、制定政策、建设能力和促进企业参与。"GEF建议："在评估PES可行性时考虑；a）生态系统服务的经济价值；b）PES交易的制度和法律框架；c）利益相关方对交易框架的组织水平；d）受益人的支付能力。"

Boifin将PES定义为：受益方或使用者向生态系统服务的提供方直接或间接付费，以换取该服务的供应和维护。主要集中在水，森林，农业和能源部门，也称为"环境服务付费"。可签订私人合同直接支付，或通过国家收税、收费的方式间接支付，因此主要分为以下两类：a）PES公共代理：生态系统服务的用户或受益方通过国家机构向该服务的提供方进行间接支付。例如政府监管部门对旅游、水、电、交通和采掘业行业征收带有特殊目的的税费或罚款，或动用生态保护的国家或地方财政，用于对提供、维护重大生态效益的企事业单位进行赔偿、奖励或激励。b）PES商业合同：生态系统服务的用户或受益方通过签订商业协议，以合同支付方式直接向服务供方付款。例如雀巢公司在法国东北部采购原材料时，对不用农药的农民给予补偿；纽约市政府为保护Catskill山脉的流域，避免投资数10亿美元建设水处理设施而与当地农民和土地所有者签署协约，为生态友好型的土地利用方式付费。

在我国，PES一般泛指所有通过财政转移支付的"生态补偿"，以及水市场、碳交易和可核准减排量的配额交易。在国外则通常意味着政府部门为解决"市场调节机制失灵"（market failure），通过政策创新或激励举措，将生态系统服务"公共产品属性"促进转化为"使用者付费、破坏者补偿"的市场手段。例如我国GEF赤水河项目推动下游酒厂与上游农户签订协议，为生态友好型的农作或养殖方式进行补偿。

② 湿地缓解银行（Wetlands Mitigation Banking）。湿地在美国是政府管制下的限额交易，监管部门一般基于《清洁水法》（Clean Water Act）规定的"404条款"，对将造成湿地损失的不合理开发申请予以否定，但如果商业开发和损害不可避免，则强制通过"湿地缓解银行"（Wetlands Mitigation Banking）的市场交易方式进行。用地单位（开发商）在预期对湿地破坏前，预先从湿地银行（湿地银行指的是投入资源和采取措施新建湿地，或者恢复、提高及维护现有湿地的机构，需要满足政府公共部门制定的湿地标准，包括生物多样性指标、泥土和水文条件、物种引进数量和生态功能价值核算等）认购相应数量、主要以面积（公顷）为衡量标准的"湿地信用"（Credit），用于中和、抵偿开

发项目所造成的湿地损失和缓解生态风险，满足"湿地面积不减少"的法律要求，从而获得土地开发所必需的"404许可证"。通常情况下要求符合"就近原则"——尽量从被侵占地附近的湿地银行认购抵偿信用，按照1∶1，占多少补多少。但如果开发项目侵占的湿地经评估属于"较高价值"，则要求企业购买的信用比例有时会达到1∶2甚至1∶3。2016年美国信用销售额达到36亿美元，截至2018年，美国已成立3365家公共和私营缓解银行。该机制的实施成功使美国国内湿地和溪流面积和质量多年来一直处于上升趋势。

③ 生物多样性抵偿（Offset）。采取了适当预防和缓解措施后，旨在补偿项目开发导致生物物多样性丧失重大残余（residual loss）的行动，例如造林的村集体向开发商出售抵偿信用。国外在农业、森林、建筑、制造业和采矿业已开展了抵偿。例如美国针对森林部门进行的"企业与生物多样性抵偿项目"（Business and Biodiversity Offset Program，BBOP）多年来效果显著。1999年澳大利亚制定了《环境保护和生物多样性保护法案》（*Environment Protection and Biodiversity Conservation Act 1999*），首次提出"环境抵偿"（Environmental Offset）的概念。2007年发布该法案修正案，明确环境抵偿将作为政策应用目标和范围，将涵盖房地产开发、采矿工程到海洋天然气项目和道路港口等基础设施建设项目，涉及世界遗产、国家遗产地、国际重要湿地、濒危种群和保护地、受国际协定保护的迁徙物种、英联邦海洋领域和大堡礁海洋公园等多种土地类型，甚至核电站所在区域。2012年，为落实法案实施，提高执行效率，政府进一步出台了《环境抵偿政策》，并纳入了关于"生物多样性抵偿"（Biodiversity Offset）的强制要求，规定项目开发过程中，企业在采取了适当预防和缓解措施后，为补偿开发活动导致生物多样性丧失的重大残余（residual loss），所采取的进一步行动。

④ 生物银行（Bio banking）。包括栖息地（habitat）银行和物种（species）银行，关注保护濒危物种和高价值栖息地。通过管理可累计并用于向企业出售的抵偿信用（offset credit），以抵偿开发行为对物种或栖息地的影响，从而达到"生物多样性零净损失"的目标。通常政府部门鼓励抵偿信用交易，用来增加生态系统连通性，防止栖息地破碎，建立大型连续保护地优化生物多样性的效益。例如，为有效实施《环境保护和生物多样性保护法案》关于"生物多样性抵偿"强制要求的规定，2015年澳大利亚环境部制定了《生物银行认证评估方法学》（*Bio-Banking Certification Assessment Methodology*，BCAM），主要

适用于采掘业（extractive sector）在残余影响显著且不可逆转时实施生物多样性抵偿。同时也为监管部门提供关于监测与评估的技术支持。该方法学的主要流程如下：

首先，（定性）评估和（定量）计量被采矿运营所影响了的生物多样性价值，以三方面为主：a）包括土壤的植被群落；b）生态系统；c）动物物种。其中，植被群落须在矿区作业面土地破坏之前就连同土壤一起整体处理，用于后期移植到政府指定的"生物多样性区域"（BA）。

其次，根据矿区所造成的物种、生态系统损失的信用量（credit），通常以"公顷"计算，在生物多样性区域（BA）中相应地重建、增加，使之大于等于在矿区所造成的信用损失，并接受监管部门的监测与评估，定期发布报告。

最后作为补充，矿区还必须为某个特定物种或生态系统的保护项目或保护地（Protected Area）出资，从而为该区域实施地方或国家《生物多样性保护战略和行动计划》（BSAP）做出贡献。

与美国"湿地银行"相比，虽然都是"生物多样性抵偿"（Biodiversity Offset）的金融解决方案，但是澳大利亚的"生物银行"（Bio-banking）涉及更多类型土地的管理，包括项目开发区域内的生态修复，生物多样性区域内的生态重建，以及企业捐赠资金用于特定物种、栖息地或生态系统保育的保护地发展。二者相同之处在于都是通过立法，针对企业开发行为采取关于"许可证"或"配额交易"的强制措施，致力于实现《生物多样性公约》倡导的"零净损失"；不同之处在于，美国湿地银行只关注湿地，旨在维持国内湿地面积和提升质量，而澳洲生物银行则使不同类型的保护区和栖息地受益。两种模式都采用类似银行"信贷"的模式，运用"信用"（credit）的概念和生物多样性价值核算的方法学，对我国生态补偿政策实现"先占后补、占卜平衡"的保护目标，探索多元化、市场化生物多样性融资机制具有借鉴意义。

⑤ 自愿性标准和认证（Voluntary Sustainability Standard，VSS）。企业采取通常由第三方评估的VSS，以彰显透明、道德和担责的社会责任规范，以及证明其原材料来源和产品性能。例如生态标签，有机食品和公平贸易的认证、认可。在供应链管理中有关于可持续性产品和流程的标准，例如责任采购、温室气体排放和信息披露等。在很多情况下，当法律法规在某些领域没出台或不完善时，基于行业最佳实践而制定出来供企业在出于风险规避和履行社会责任考量而遵循的自愿性标准、推荐型准则就能起到规范公司行为，促进行业可持续

发展的作用。例如，国际金融公司（IFC）发布的《环境和社会绩效标准》第六条"生物多样性保护和自然资源可持续管理"对"商业活动和项目投资避免和降低对生物多样性威胁，促进使用可再生资源"做出详细描述和规定。行业协会的支持和推动必不可少，我国不少商会和行业协会已经制定了企业社会责任标准，如商务部五矿化工商会制定发布的《中国对外矿业投资社会责任指引》纳入了生物多样性原则和指标。VSS在立法空白或现有法规不能有效执行的情况下，作为"软法"（Soft Law）通过市场机制（如认证、认可和标签等）得到企业认同和使用，这是我国创新生物多样性金融的关键——虽然不具备美国《清洁水法》关于湿地配额交易的强制性，但关于企业"占多少"和"补多少"的核算准则，以及为实现"占卜平衡"提供的技术解决方案（例如"生物多样性抵偿信用"）和评价标准（例如"自然资本定性、定量和货币化估值"）能够填补这一空缺。

⑥ 自然资本核算（natural capital accounting）。作为建立国家、地方和企业"自然资本账户"有利于决策制定纳入自然的价值和相关成本及效益。例如联合国制定发布的国家标准《环境经济综合核算体系》（SEEA），我国自然资源资产负债表、绿色GDP和"生态系统生产总值"（GDP）等工作都属于此类。2016年11月《生物多样性公约》秘书处在COP13上发布了《企业承诺书》，要求"识别、计量和估算对生物多样性和生态系统服务的影响和依赖，定期报告"，并在官网上提供了采用《自然资本（核算）议定书》（*Natural Capital Protocol*）制订"环境损益账户"（Environmental Profit and Loss，EP& L）的企业应用案例。EP&L是公司按照财务会计学方法，将直接运营及供应链对生态系统服务的依赖和影响进行计量和货币化估值后，核算相关成本与收益，并纳入公司财务分析和商业决策的具体应用。账户中的数值并不是商品价格，而是企业从自然中获得收益所等同的价值或相对重要性。货币化有助于提高生物多样性保护和可持续利用的意识，激励通过技术创新或增加投入降低生态影响和自然物料的消耗。E P&L一般从定性开始，然后定量，最后估算企业对自然依赖和对社会影响的货币价值，循序渐进，下一步以前一步作为基础。该账户可灵活应用于从单一原材料投入或产品到整个业务部门或集团公司，通常通过如下识别（identify）、计量（measure）和估值（value）三个连续步骤实施。

a.识别并计量企业从自然界获取的生产资料（依赖）和各种排放（影响）的数量

b. 计量企业对自然资本的依赖和影响（步骤1）导致生态系统服务数量（如"渔获量"）和质量（如"一类水"）的变化

c. 估算生态系统服务变化（步骤2）造成环境成本（如生态修复投入）和社会成本（如健康和收入损失）的货币价值

自然资本是企业理解生物多样性、生态系统服务和自然资源资产等相关概念内涵和外延的重要理论框架。对自然资本影响和依赖的定性、定量和货币化估值有利于促进企业参与生物多样性，是缓解、抵偿生态影响，为生态系统服务付费或对生态产品及价值进行投资、交易的驱动力。

⑦ 生物勘探（Bio Prospecting）。生物勘探是系统地寻找生物化学和遗传信息，用于开发具有商业价值的产品，例如医药、食品饮料、保健品、化妆品、洗涤剂、个人护理和其他应用。遗传资源指的是具有实际或潜在价值的动植物和微生物种及种以下的分类单位及其含有生物遗传功能的材料、衍生物及其产生的信息资料（不包括人类遗传资源）。近半个世纪以来，生物勘探对象已从源植物转变为源植物的功能基因、提取物、传统知识或者相关数据及信息，极大地促进了现代生物技术（biotechnology）和产业发展。遗传信息具有巨大实际应用与潜在应用价值，已经成为各国研究机构和商业公司争夺的重要资源。例如农业作物保护所需生物杀虫剂和生物肥料，替代污染河流和海洋的有害化学物质；能源和制造业使用微生物降解污染物，修复被污染的土地。生物反应器和转基因技术为人类提供如脱敏的花生和大豆、抗癌产品、保健食用油、天然饮品、食品疫苗和抗生素，以及各种专用饮食加工原料等。发达国家往往以低价或无偿获得发展中国家的遗传资源，进行生物产品研发与转化，获得巨额商业利润，并通过专利进行垄断。然而跨国公司却并未向提供遗传资源的国家给予适当回报。因此，要打破这种不公平的局面需要一种国际制度安排：《生物多样性公约关于获取遗传资源和公正和公平分享其利用所产生惠益的名古屋议定书》（简称《名古屋议定书》）于2014年10月12日生效，目前已有53个国家批准。《名古屋议定书》建立了获取与惠益分享机制，即遗传资源及相关传统知识的使用者应在事先通知资源提供国及原住民和地方社区并取得其同意的前提下（"事先知情同意（PIC）"），通过订立共同商定的协议（"共同商定条件（MAT）"），公平、公正地与生物遗传资源及相关传统知识持有者分享使用和研发带来的各种利益，不但有利于发展中国家为生物多样性保护及持续使用筹集更多资金，而且也是实施《联合国2030年可持续发展议程》的

有效方法，贡献减贫（SDG1）、粮食安全（SDG2）、健康与福祉（SDG3）、性别平等（SDG5）、产业、创新和基础设施（SDG9）、海洋生物（SDG14）和陆地生物（SDG15）等多个目标的实现。企业生物勘探既可在陆地也可在海洋开展。许多如抗肿瘤分子和治疗乳腺癌的蛋白质都是从海洋生物中发现的。勘探过程通常包括样品采集、分离、表征、产品研发和商业化等不同阶段。样品开采和分离筛选一般在东道国开展，而附加值更高的产品研发和商业化往往在国外进行。作为允许生物勘探的回报，企业通常需要为东道国提供可贡献生物多样性保护和当地居民福祉收益，分为货币形式和非货币形式。前者包括许可证费、预付款、样本费、以及源于遗传资源的商业化所产生的特许权使用费（royalties）。后者包括研发成果公开、技术转让、培训机会、共同拥有知识产权、提供设备和改善基础设施等。

⑧ 企业社会责任（CSR）预算和基金。在立法不充分条件下，CSR是企业参与生物多样性的重要推动和拉动（push &pull）因素：产品差异化、公司美誉度、品牌溢价和内外部沟通（如发布《企业可持续发展报告》）。尤其是那些严重依赖、使用或对生态系统服务影响巨大的行业和企业。国内外多个行业标准和指引已纳入生物多样性指标，一些先进和龙头企业致力于将之作为自然资本、资源和资产在公司财务表中货币化核算（如 E P&L），为改进环境绩效或规避风险，提供占比利润百分之几的预算用于抵偿、付费、惠益分享和赔偿等，建立企业（家）基金（会），投资自然基础设施、生态资产和环境保护为社会提供福祉。2018年9月《公约》秘书处发布《企业生物多样性行动报告指南》提供在各行各业广泛应用的报告工具与方法，旨在促进企业披露信息，履行"透明"和"担责"的社会责任。

⑨ 生态旅游（Eco Tourism）。通过法律框架和直接或间接的激励措施促进可持续旅游业，包括基于自然资本核算的生态基础设施投资和地方社区获益的旅游活动收益分享计划，有利于保证在生态弹性恢复的阈值内开展环境友好型的经济活动。

3　对我国多元化、市场化生态补偿的具体建议

我国现行政府主导的生态补偿制度，也被称为"生态转移支付"。一般公共财政拨款，用于退耕还林、退牧还草、退田还湖、天然林保护和矿区修复。

补偿标准缺乏科学依据，补偿资金来源单一，补偿数量和持续性不足，利益相关者参与度不够。政策和法律不健全造成政府在体制中既是运动员又是裁判员，缺少绩效评价和公众监督，激励机制难以创新。2015年12月国务院《生态环境损害赔偿制度改革试点方案》提出"逐步走出一条以市场化机制促进生态资源保护的新路"。2016年11月国务院颁布《湿地保护修复制度方案》进一步明确"退化湿地修复"和"坚持政府主导，社会参与"的规定："经批准征收、占用湿地并转为其他用途的，用地单位要按照'先补后占、占补平衡'的原则，负责恢复或重建与所占湿地面积和质量相当的湿地，确保湿地面积不减少。"这些都为我国探索多元化、市场化的生态补偿机制提供了政策保障。国际经验表明，通过政策创新或激励举措，将生态系统服务"公共产品属性"促进转化为"使用者付费、破坏者补偿"的市场方案通常所采取的步骤是：

（1）促进企业、行业识别对（以生态系统服务为基础的）自然资本的影响和依赖，开展定性、定量和货币化估算相关的成本和效益，评估潜在风险和机会。

（2）在跨部门伙伴关系中宣传先进企业的最佳实践案例，促进形成行业推荐的"自愿性标准"，或在部门规划、行业指引中提出较为具体的要求，如"生物多样性零净损失""净正面影响"和"生态足迹抵偿"等。

（3）结合产品认证、绿色消费、信息披露、责任投资和可持续采购等"企业社会责任"领域已形成的可持续发展激励或风险规避措施，为企业提供关于"环境损益账户"与"自然资本（核算）议定书"等技术或工具应用的能力建设和宣传服务，例如企业案例纳入公约《企业简报》和向秘书处提交的《中国企业伙伴关系年度报告》。

（4）推动在绿色金融体系中纳入《公约》提出对生态系统服务"净增长"（extra gains）进行企业交易的研究（"净增长"指的是新建、修复和可持续管理的新增生态系统服务、自然资本和生态资产），例如湿地信用、生物多样性抵偿、生态友好型森林碳汇、生物银行、生物勘探和绿色债券等，探索开发用于企业认购的环境金融衍生品，支持企业满足法律合规、防范供应链风险和履行社会责任，或为吸引责任投资、迎合绿色消费等的多样化需求。

联合国确定我国作为实施"基于自然的解决方案"倡议的全球牵头方。该倡议强调具备同样人造基础设施（built infrastructure）功能的生态系统如湿地、森林、珊瑚礁和红树林等具有减少自然灾害、提供淡水、能源和休闲娱乐、固碳减贫等服务，与人工设施相比不但更具建造和维护成本优势，而且使自然资本和生态资产增值，创造的综合效益和价值经过货币化核算后，能够为政府、部门或企业决策制定提供重要支持。这有利于企业参与投入资金和技术对自然基础设施投资与维护，对造成的生态损害进行合理赔偿或付费使用服务，以及对导致积极生态效益的市场价值进行交易，从而为我国创新生物多样性融资提供新的思路。例如公共机构建立湿地银行交易平台，推动供需——卖方（湿地产权单位）和买方（开发行为侵占湿地的企业），基于自愿、公开和透明原则，按照三方共同认可的价值核算方法学、抵偿标准和流程，识别湿地项目作为基础设施提供的生态系统服务（流量）和维护的自然资本（存量）。通过建立"实物量"和"价值量"账户在环境交易所包装上市，供企业通过认购"湿地信用"抵偿其项目开发造成的生态影响。

参考文献

［1］　http://www.biodiversityfinance.org/index.php/about-biofin/what-biodiversity-finance.

［2］　http://www.biodiversityfinance.org/.

［3］　http://www.tnc.org.cn.

［4］　杜乐山，李俊生，刘高慧，张风春，徐靖，胡理乐.生态系统与生物多样性经济学（TEEB）研究进展［J］.生物多样性，2016，24（6）：686-693.

［5］　胡理乐，翟生强，李俊生，译.国际及国际决策中的生态系统和生物多样性经济学［M］.北京：中国环境科学出版社，2015.

［6］　李文华等.生态系统服务功能价值评估的理论、方法及应用［M］.北京：中国人民大学出版社，2008.

［7］　《关于构建绿色金融体系的指导意见》，2016.

［8］　赵阳，温源远.《生物多样性公约》企业与生物多样性全球平台的发展情况及对中国的政策建议［J］.生物多样性，2019，27（3）：339-346.

［9］　自然资本联盟.自然资本议定书［M］.赵阳，译.北京：中国环境出版社，2019.

［10］　唐孝辉.我国自然资源保护地役权制度构建［D］.长春：吉林大学，2014.

［11］　吴健，袁甜.生态保护补偿市场机制的国际实践与启示［J］.中国国土资源经济，2019.

二、企业投资生物多样性——土地信托和保护地役权

赵　阳　王宇飞

　　生物多样性丧失的主要原因是资源开发利用，土地（海洋）转为经济用途和栖息地退化。建立自然保护区可以有效保护生物多样性的生态系统、动植物物种和生物遗传信息。目前，世界上已建立了约22万个自然保护区。建立方式也从过去由政府完全主导，向吸纳专业的环保组织和具有社会责任意识的企业参与贡献的"社会公益"模式转变，有利于保护区实现财务平衡和可持续发展。我国已确定"建立以国家公园为主体、自然保护区为基础、各类自然公园（如森林公园、湿地公园和地质公园等）为补充的自然保护地管理体系"的目标。目前已建立的3300多处各级自然保护区，很多资金不足或管理不善。保护区内人为活动频繁，盗猎盗伐时有发生，保护区周边天然林破碎化严重，当地居民生活很大程度上依赖对自然资源的获取（砍伐薪柴、乱挖草药、非法捕猎等）。虽然政府采取了很多措施，但盗采盗伐和偷猎贩运事件仍时有发生。

　　为使公益机构和私营部门有机会进入生态保护领域，参与自然保护区管理和运行，在国际、国内已有一些有益探索和创新实践。例如，在维持土地所有权不变的同时，2008年以后，林业部门开始提供"特许经营许可证"，民营企业通过市场竞争可以获得林地使用权，发展林下经济。2015年，四川老河沟保护区成为我国第一个土地信托，面积近1.1万公顷，将平武县几个现有保护区联通起来，解决了栖息地破碎化和生态廊道连通性的问题。同时，建立社区基金，支持村民经营家庭旅馆和发展有机农业，为城市提供蜂蜜、鸡蛋和水果等食品而增加收入。这些举措减少了对保护区内森林资源的破坏，大熊猫、金丝猴、羚牛、黑熊和金猫等野生生物开始返回老河沟，包括以前未发现的物种。保护地核心区杜绝盗猎和非法采集，人为经营活动转移到外围扩展区，周边社区收入增长，保护区实现100%资金自给自足。

1 保护区土地信托（reserve land trust）

通过签署委托协议，政府授权专业的环保组织对自然保护区进行管理。致力于保护关键栖息地的同时，兼顾开发绿色产品惠益当地社区生计和为公众提供自然体验等多元化目标，通过可持续的商业模式使保护区不再依赖国家财政转移支付。因此，通常协议需要明确环保组织作为托管机构拥有的具体权利和时间期限。在有些协议中还规定了要使用的管理方法和评估指标，例如保护区分区，建立"自然资本账户"，监测保护区生态系统服务的质量/数量（账户中的"实物量"），自然资本增值（账户中的"价值量"）和居民收入增长等。

土地信托的特点是公益心态、科学方法和市场手段三者结合，为私营部门参与生物多样性提供机会，为保护区带来资金和设备，为周边社区提供有机农业生产、销售渠道和小型生态旅游等多元化的替代生计支持。国外经验表明，土地信托在保护重要土地和水域方面尤为有效。信托机构往往通过建立水基金吸收企业投资，对农民减少化肥和农药使用等措施额外付费，支持当地传统耕作向有机农业过度，产品通过绿色或有机认证获得更高市场回报。

案例一：九龙峰自然保护区土地信托

九龙峰省级自然保护区坐落于黄山风景区西侧，总面积36公顷（含洋湖保护地，）是千岛湖重要的水源地，境内森林覆盖率高达96%以上。保护区共有野生保护动物200多种、珍稀保护植物41种，其中有国家一级保护动物黑麂、白颈长尾雉等，也不乏银杏、水杉、南方红豆杉等国家级保护植物。

2018年黄山区政府为解决资金紧张、管理落后和工作人员年龄老化，以及保护与社区发展的矛盾，与桃花源生态保护基金会签订了对黄山九龙峰省级自然保护区为期50年的托管协议。后者是由多位知名企业家联合发起的非盈利环境保护机构。为实施委托管理，成立绿满江淮自然保护中心执行机构，负责保护区范围内野生动植物资源保护工作，包括对保护区进行科学划分，分为核心区、缓冲区、试验区和社区保护地，实施社区共管、蚂蚁森林和商业经营多元化。例如，在保护区外围由宏村、郭村、贤村和焦村集体产权土地所构成的社区保护地上，经多年培植，现在已长满了郁郁葱葱的大树，对保护地的核心区具有重要的缓冲和隔离作用，但有村民主张砍伐卖木材赚钱。保护中心与村委会达成《社区共管协议》，成功引入阿里巴巴集团和其旗下的公益项目"蚂蚁森林"，合作开展保护地认捐，目前已有160多万网友加入，被认捐的"蚂蚁森林"由阿里巴巴集团直接提供资金支持，为保护区带来了建设智能巡护系统和基础设施的资金与资源，目前已聘用专职巡护人员7名，设置3个监测小站共11个监控点，布设红外监测仪37台，实现保护区全方位监控。

保护区周边田地少，农作物种植、野生采集乃至狩猎成为村民家庭收入的主要来源，为了解决保护和社区发展的关系，保护中心积极解决如野茶采摘等居民生计问题，走村进户开展调研，征求意见，和村组一起制定了野茶采摘管理制度，使采茶对保护区的影响明显减小。为促进保护区与周边社区和谐发展，保护中心引进了一家具有企业社会责任意识的农业公司，发展生态农业，开展自然生态教育，增加就业岗位。随着保护区知名度不断提高，"研学游""亲子体验游"和"夏令营"等多种形式的生态文明教育活动迅速兴起。公司抓住机会在当地开发民宿旅游和农家乐旅游，还帮助周边农民销售茶叶、稻米和米油等生态农产品。以稻虾米为例，得益于当地优良的水源、土壤和气候条件，口感好、品相佳、营养价值丰富，市场上1千克能卖30多元，价格是普通米的三倍。

案例二：深圳华侨城湿地土地信托

深圳市欢乐海岸的白石桥是城市地标，桥的南边是滨海之都时尚繁华的丰富体验，涵盖商业、娱乐、旅游和酒店等；桥的北边是自然宁静的华侨城湿地，是20世纪深圳湾填海时留下的珍稀生态区，占地面积约68.5万平方米，水域面积约50万平方米，拥有近5万平方米红树林，与深圳湾红树林湿地自然保护区形成规模宏大的城市生态圈，也是全球候鸟迁徙生态链条的重要枢纽。

图 2-1　深圳华侨城湿地

华侨城湿地所在的前身是20世纪90年代深圳湾填海留下的一片滩涂，涨潮时形成一个大湖区。2007年，深圳市政府与华侨城集团签署了有效期40年的《深圳湾内湖区委托管理协议书》，后者成为我国首个受托管理城市生态湿地的企业。华侨城集团投资逾2亿元邀请生态科研团队进行综合治理，按照"保护、修复、提升"的原则，对华侨城湿地进行历时5年的综合治理。500米长的小沙河出海口段污水截排、1.45千米的生态围堰修建、3.3千米的铁板网围墙修建、6.3千米的外引水、20.6万平方米的清淤还湖、2万平方米薇甘菊等入侵植物的防治、近4万平方米的红树林补植、8万平方米的陆地植被恢复、1.5万平方米的滩涂补建等工作，修复完成后的华侨城湿地水质由劣三类海水变为三类海水标准，鱼类及沙蚕、螺等底栖生物种类数量由原来的8种，增加了10%以上；植物种类由162种，增加到320种（秋茄、桐花树、木榄、老鼠簕等多种乡土植物）；吸引着170种鸟类翩然而至，包括11种国家级保护鸟类（黑脸琵鹭、鹗、白腹鹞、黑耳鸢、普通鵟、游隼、红隼、小杓鹬、褐翅鸦鹃、雕鸮、松雀鹰）；18种广东省重点保护鸟类（凤头鸊鷉、苍鹭、草鹭、小白鹭、中白鹭、大白鹭、牛背鹭、池鹭、夜鹭、绿鹭、黄苇鳽、黑水鸡、黑翅长脚鹬、反嘴鹬、中杓鹬、红嘴鸥、鸥嘴噪鸥、黑尾蜡嘴雀）。冬季，包括世界珍惜濒危物种国际二级保护鸟类黑脸琵鹭在内的大批候鸟，跨越千山万水翩然而至。

华侨城湿地由水质恶劣、杂草丛生的城中飞地，蜕变成与深圳湾水系相通、生物资源共有的城市中央绝美风景。2018年，华侨城湿地发现生态系统中的顶级捕猎者——豹猫，体现该区域稳定生态系统最终形成。截至2019年，华侨城湿地共记录到逾600种动植物。不断丰富的动植物种类，使得该湿地成为城市中央难得的滨海湿地生态博物馆。为深圳湾近海的生态系统起到了关键作用，也对粤港湾大湾区的新型城镇化发展起到了积极示范作用。通过湿地封闭管理、水质改善工程、湿地生态提升三步，实施生态修复工程，不仅构筑起湿地内动植物与深圳湾的生命通道，还对保护物种多样性、维持生态系统服务、调节气候（如降温、降噪、碳封存和水源涵养调蓄）、防止海岸线侵蚀、降解污染物、美化周边环境和提供休闲娱乐，以及作为自然基础设施和自然资本增值为人们提供便利和福祉等方面起到了积极作用，成功重现了这片68.5万平方米的湿地生机、活力和价值。

图 2-2　深圳华侨城湿地

华侨城湿地履行央企社会责任,创新"政府主导、企业管理、公众参与"的运营管理模式,秉承"一间教室,一支环保志愿教师队伍,一套教材"的原则,探索自然教育实践,近年来华侨城湿地被授予不同称号。例如,2011年国家海洋局"国家级滨海湿地修复示范项目";2013年深圳市政府"环境教育基地";2014年广东省环境保护厅"广东省环境教育基地";2015年深圳市科普教育基地;2016年国家林业局"国家湿地公园试点";2018年湿地国际组织"湿地学校";2019年生态环境部宣传教育中心"自然学校示范培训基地等。

2　保护地役权(conservation easement)

在美国建立和管理自然保护区的方式比较多样化,包括政府在公共土地上建立自然保护地,政府或非政府组织购买私有土地建立保护地,政府通过签订协议委托非政府组织管理保护地(即土地信托),政府或非政府组织购买或接受捐赠保护地役权。

保护地役权是为保护生物多样性和自然资源等公共利益,政府部门或公益组织与土地权利人之间签订协议,"永久"限制某些类型的土地用途和经济开发权利,但是允许土地权利人继续拥有和使用土地,享有转让或让子女继承等权利。保护地役权具有以下性质：土地所有权人自愿捐赠或出让保护地役权给信托机构或政府部门，根据协议放弃一些与土地开发相关的权利，作为换取税收减免的条件，但是可以保留土地和对其使用权，如建房、种树、耕作或放牧。保护地役权具有永久性的法律效力，即使该土地被继承或出售仍然维持限制条件不变，而且具有很大灵活性——根据实际情况设定限制哪些权利，例如如果本身是稀有野生动物栖息地，那么该土地的保护地役权能够禁止任何形式的开发利用。保护地役权的捐赠并没有经济补偿，但会有关于收入、财产和地产的税收减免优惠。

　　美国"统一保护地役权法案"于1981年立法，旨在保护自然和历史文化遗迹，保护环境水质和空气质量。一般的买卖合同要求公平，追求等价交换，但在该法案下，允许出现低于市场的价格转让或无偿捐赠。政府、公益机构、非政府机构甚至私营土地信托机构等主体依法有权拥有保护地役权。我国在这方面的实践是钱江源国家公园管理委员会与保护地周边拥有集体土地的村委会和土地流转的承包经营权人，通过签订合同提供生态补偿，限制和杜绝改变土地用途、开发自然资源和破坏生境的生产生活利用方式，以保护生物多样性和关键栖息地。与美国保护地役权不同之处在于，村委会和土地承包人没有继续占有、利用土地，而是由国家公园管委会进行统一管理。

3　分析与建议

　　保护区土地信托是政府通过签订协议委托非政府组织管理保护地。保护地役权是政府或非政府组织从土地权利人手中以低于市场的价格购买，或者接受无偿捐赠的土地。二者的共同之处都是为保护生物多样性和自然资源等公共利益，在环境保护领域引入专业的环保组织和企业参与，有利于为保护地管理提供多样化的资金来源和科学的经验，可作为我国多元化、市场化的生态补偿的有益补充。

　　保护地役权以比较低的成本建立保护地，不改变土地权属，允许继承和出售，因此对土地权利人生活的影响较小，但在美国法律下，关于地役权的限制条件是永久性的，不会因土地权属变化而改变（由于我国土地权属情况与美国不同，可做变通）。土地信托则具有很大灵活性，允许开展基于环境监测的生态友好型经济活动，兼顾生物多样性保护、可持续利用和惠益社区生计3个目标的权衡，同时可具体规定托管时间期限和权利范围（委托管理权不等于完全管理权），由于能够撬动企业直接投入资金和技术的积极性，实现综合的社会经济效益，因此往往应用于重要的土地和水域管理。

国内外很多企业支持和资助村集体和农户转变耕作方式以探索可持续的替代生计模式，限制种植橡胶林以恢复雨林，修复关键栖息地以保护本地特有物种，以及建立村寨寺庙药用植物园和开展村落、庭院植物种植等生态保护活动，建议尝试保护地役权、土地信托和水基金模式，企业通过基金会或直接与当地村委会或集体土地流转承包人签订长期协议，无需投入大量资金赎买或租赁土地，以较低成本建立保护地，保护生物多样性。在保护地实现的自然资本增值和生态系统服务"净增长"（net gains），通过《自然资本议定书》计量"实物量"和估算"价值量"，可用于在环境交易所出售"抵偿信用"而使企业获得投资回报及经济收益，具体请看本书其他关于生物多样性融资、湿地银行和生物银行的章节。

参考文献

［1］ 马童慧，吕偲，雷光春.中国自然保护地空间重叠分析与保护地体系优化整合对策［J］.生物多样性，2019，27（7）：758-771.

［2］ 李俊生，靳勇超，王伟，赵志平，吴晓莆.中国陆域生物多样性保护优先区域［M］.北京：科学出版社，2015.

［3］ 代云川，薛亚东，张云毅，李迪强.国家公园生态系统完整性评价研究进展［J］.生物多样性，2019，27：104-113.

［4］ 陈冰，朱彦鹏，罗建武，靳勇超，辛利娟，王伟.云南省国家级自然保护区与其他类型保护地关系分析［J］.生态经济，2015，31（12）：129-135.

［5］ 杨锐，彭钦一，曹越，钟乐，侯姝彧，赵智聪，黄澄.中国生物多样性保护的变革性转变及路径［J］.生物多样性，2019，27（9）：1032-1040.

［6］ 黄山九龙峰：保护区来了民间公益"生力军"［D/OL］. https://baijiahao.baidu.com/s?id=1618991769784306113&wfr=spider&for=pc.

［7］　https://www.sohu.com/a/107922922_442074.

［8］　唐孝辉. 我国自然资源保护地役权制度构建［D］. 长春：吉林大学，2014.

［9］　王宇飞，苏红巧，赵鑫蕊，苏杨，罗敏. 基于保护地役权的自然保护地适应性管理方法探讨：以钱江源国家公园体制试点区为例［J］. 生物多样性. 2019，27（1）：88-96.

［10］　自然资本联盟. 自然资本议定书［M］. 赵阳，译. 北京：中国环境出版社. 2019.

三、企业交易"抵偿信用"——湿地缓解银行

王也 赵阳

摘要: 在美国,企业通过事先从"银行"认购"信用",用来抵偿其开发活动对湿地、溪流和森林造成生物多样性丧失的残余影响,满足"零净损失"或"净正面影响"等监管部门的相关要求,从而获得政府颁发的"开工许可证"。本文以湿地信用的市场交易为例,探讨企业从履行法律合规或社会责任的角度,对自然资本和生态系统服务进行投资和贡献的另一种方式。

2月2日是"世界湿地日。《拉姆萨尔公约》将"湿地"定义为沼泽地、湿草地、盐沼地、泥炭地和低潮时水深不超过6米的水域和海域,而不论水体是淡水、半咸水还是咸水,静止还是流动,天然还是人工,永久还是暂时。因此湿地涵盖内陆湖泊、河流、沼泽地及沿海湿地潮滩、红树林、盐沼和珊瑚礁,与森林、海洋并称为全球三大生态系统,孕育了丰富的生物多样性,被喻为"地球之肾"。湿地的主要价值一是生态——它具有很强的调节地表、地下水的功能,可以有效蓄水、净化污水、调节区域小气候、为野生动物提供栖息地;二是经济——作为价值最高的生态系统,1公顷湿地生态系统每年创造的效益高达百千甚至上万美元,是热带雨林或农田生态系统的很多倍。例如,斯里兰卡科伦坡郊区一片3000公顷的沼泽地,每年减灾和处理污水的效益分别为500万美元和1600万美元,然而如果将沼泽变为农田,则只能实现约30万美元的年产值。德国梅克伦堡州政府通过修复3万公顷退化的泥炭地,避免了每年约30万吨二氧化碳当量的排放。按照每吨70欧元的边际价格,仅固碳价值就高达2170万欧元,平均每公倾728欧元。还不算防止洪水侵蚀、缓解干旱等应对极端气候的其他生态效益。英国亨伯河口湾的经验表明,用湿地替代造价和维护成本高昂的人工海堤对恢复沿海生境尤为有利。湿地作为"基于自然的解决方案"与传统的人造基础设施相比,不但成本较低,而且经核算生物多样性应对气候变化的价值,50年累计可达1150万英镑。

1　美国湿地缓解银行

基于对湿地具有如此规模的经济价值和社会效益的考量，因此湿地在美国是政府管制下的限额交易，监管部门一般基于《清洁水法》（Clean Water Act）规定的"404条款"，对将造成湿地损失的不合理开发申请予以否定，但如果商业开发和损害不可避免，则强制通过"湿地缓解银行"（Wetlands Mitigation Banking）的市场交易方式进行。用地单位（开发商）在预期对湿地破坏前，预先从湿地银行认购相应数量的"信用"。湿地银行是投入资源和采取措施新建湿地，或者恢复、提高及维护现有湿地的机构，满足政府公共部门制定的湿地标准，包括生物多样性指标、水文和土壤条件、物种引进数量和生态功能价值核算等。信用主要以面积（公顷）为衡量标准的，用于抵偿、中和开发项目所造成的生物多样性损失，缓解当地的生态风险，满足"湿地面积不减少"的法律要求，从而获得土地开发所必需的"404许可证"。通常情况下监管部门要求抵偿信用的交易符合"就近原则"——尽量从被侵占地附近的湿地银行认购补偿信用，按照1∶1，占多少补多少。但如果开发项目侵占的湿地经评估属于"较高价值"，则要求企业购买的信用比例有时会达到1∶2甚至1∶3。2016年美国信用销售额达到36亿美元，截至2018年，美国已成立3365家公共和私营缓解银行。该机制的实施成功使美国国内湿地和溪流面积和质量多年来一直处于上升趋势。虽然湿地银行是有效的市场手段，但从生态功能的角度来看，仍有一个"就近原则"无法有效解决的缺陷。即企业项目开发地与湿地恢复的地点不同，有时相距很远，本地失去的湿地生物价值和水文功能无法被异地生态重建所取代或缓解，本地人口的福祉受到影响。只有建立更多的银行，监管机构才具备更大能力确保企业认购的湿地信用与受影响湿地的类型、功能和价值更准确地匹配，提高缓解的生态效益。

2　我国湿地保护现状

我国自然湿地面积占国土3.77%，远低于世界平均水平，而且96%的可利用淡水资源被保存在各类湿地中，长期遭受人口增长和经济发展带来的威胁。近年来我国不断出台保护制度："十二五""十三五"规划均提出"湿地生态效益补偿"。苏州市政府2010年出台生态补偿政策，对水稻田作为人工湿地给予财政补偿，对连片1000~10000亩的水稻田，按200元每亩，连片10000亩以上按400元每亩补偿。党的十八届三中全会明确："实行资源有偿使用制度和生态补偿制度。加快自然资源及其产品价格改革，全面反映市场供求、资源稀缺程度、生态环境损害成本和修复效益。坚持使用资源付费和谁污染环境、谁破坏生态谁付费原则……坚持谁受益、谁补偿原则，完善对重点生态功能区的生态补偿机制。"2015年6月，国家质检总局、国家标准委联合公布《社会责任指南》国家标准（GB/T 36000–2015）规定："将自然栖息地、湿地、森林、野生动物走廊、保护区和农业用地的保护融入建筑和建筑工程的开发过程。"2015年12月国务院《生态环境损害赔偿制度改革试点方案》要求："各申报试点地区要在生态环境赔偿范围、确权、赔偿磋商机制、法律保障、赔偿监督、第三方监督评估。赔偿金监管等方面做好相关工作，逐步走出一条以市场化机制促进生态资源保护的新路。"得益于法律、政策的日益完善，全国湿地保护面积大幅增加，基本形成以41处国际重要湿地、550多处湿地自然保护区、400多处湿地公园为主体的全国湿地保护体系。但是，我国采取政府主导，通过建立保护区或公园进行保护和恢复的方式，过多依赖财政转移支付，既限制对土地合理开发和湿地可持续利用，又加剧了保护与开发的不平衡。2016年11月国务院颁布《湿地保护修复制度方案》提出"保护的前提下合理利用一般湿地"，规定："经批准征收、占用湿地并转为其他用途的，用地单位要按照'先补后占、占补平衡'的原则，负责恢复或重建与所占湿地面积和质量相当的湿地，确保湿地面积不减少"；"坚持政府主导，社会参与的原则"；提出"形成政府投资、社会融资、个人投入等多渠道投入机制……有条件的地方可研究给予风险补偿……探索建立湿地生态效益补偿制度……引导金融资本加大支持力度"。

3 生态补偿多元化、市场化建议

在实际操作过程中，"占补平衡"虽然符合公平、公正的原则，但是要求用地单位"先补后占"则难以实施——首先，作为用地企业，如何从管理部门中获取需要恢复或重建的湿地？其次，绝大部分企业很难拥有"污染清理、土地整治、地形地貌修复、自然湿地岸线维护、河湖水系连通、植被恢复、野生动物栖息地恢复、拆除围网、生态移民和湿地有害生物防治"所需的科学水平和技术力量；第三，达到"水量、水质、土壤、野生动植物"等质量要求由哪个机构依据什么标准进行评判？最后，湿地生态修复和补偿的资金从何而来？

我国现行政府主导的生态补偿制度，也被称为"生态转移支付"。一般公共财政拨款，用于退耕还林、退牧还草、退田还湖、天然林保护和矿区修复。补偿标准缺乏科学依据，补偿资金来源单一，补偿数量和持续性不足，利益相关者参与度不够。政策和法律不健全造成政府在体制中既是运动员又是裁判员，缺少绩效评价和公众监督，激励机制难以创新。国际经验表明，通过政策创新或激励举措，将生态系统服务"公共产品属性"促进转化为"使用者付费、破坏者补偿"，所采取的步骤是：1）促进企业、行业识别对（以生态系统服务为基础的）自然资本的影响和依赖，开展定性、定量和货币化评估相关的成本和效益，潜在风险和机会。2）通过科学—政策机制，将企业的最佳实践形成行业"自愿性标准"，采用信息披露、社会责任、产品认证和绿色金融等手段，推广"环境损益账户""生物多样性零净损失"和"净正面影响"等方法、标准和指标在企业、行业层面的实施。3）推动在绿色金融体系中纳入生物多样性融资有关生态系统服务的交易和投资，如湿地信用、生物多样性抵偿信用、碳汇、生物银行、生物勘探和绿色债券等。可交易的实物量和价值量一般指的是"净增长"（extra gains），即通过新建、修复和可持续管理的新增生态系统服务、自然资本和生态资产。因此，建议我国采取以下3个方法探索市场化的生态补偿，逐步建立多元化的创新生物多样性融资机制。

3.1　制定自愿性标准，弥补法律空缺

国际经验表明，当法律法规在某些领域没出台或不完善时，基于行业最佳实践而制定出来供企业在出于风险规避和履行社会责任考量而遵循的自愿性标准（VSS）就能起到规范公司行为，促进行业可持续发展的作用。企业采取通常由第三方评估的VSS，以彰显透明、道德和担责的社会责任规范，或者证明其原材料来源和产品性能。例如生态标签，有机食品和公平贸易的认证、认可。在供应链管理中有关于可持续性产品和流程的标准，例如责任采购、温室气体排放和信息披露等。VSS在立法空白或现有法规不能有效执行的情况下，作为"软法"通过市场机制（如认证、认可和标签等）得到企业认同和使用，这是我国创新生物多样性金融的关键——虽然不具备美国《清洁水法》关于湿地配额交易的强制性，但关于企业"占多少"和"补多少"的核算准则，以及为实现"占补平衡"提供的技术解决方案和评价标准能够填补这一空缺。

3.2 采用自然资本核算

自然资本是企业熟悉、认同的语言，而生物多样性不是。企业通过应用《自然资本议定书》建立"环境损益账户"（E P&L），识别、计量与核算对以生物多样性（存量）和生态系统服务（流量）为基础的自然资本影响和依赖的成本及效益，评估潜在风险和机会并披露相关进展信息，是公约提倡企业参与生物多样性的务实操作，是企业缓解、抵偿生态影响，为生态系统服务付费或对生态产品及价值进行投资、交易的驱动力。

3.3 促进企业抵偿生物多样性足迹

抵偿（offset）是指企业采取了适当预防和缓解措施后，旨在补偿项目开发导致生物物多样性丧失重大残余的行动。各国包括我国都已建立了碳市场和水基金。有些国家则在农业、森林、建筑、制造业和采矿业率先进行了抵偿实践，例如澳大利亚对致力于减少碳排放、增加碳封存的农田给与补贴，并推动农业碳汇交易；2012年为落实《环境保护和生物多样性保护法案》实施，提高执行效率，政府进一步出台了《环境抵偿政策》，并纳入了关于"生物多样性抵偿"的强制要求，规定项目开发过程中，企业在采取了适当预防和缓解措施后，为补偿开发活动导致重大生态影响和生态系统服务退化，所采取的进一步行动。美国针对森林部门实施"企业与生物多样性抵偿项目"，对湿地则采用政府管制下的配额交易——湿地银行。2016年我国生态环境部对外合作与交流中心（FECO）也尝试开发了生态友好型森林碳汇标准，纳入了生物多样性保护、公正惠益分享、社区生计和应对气候变化等可持续发展的原则和指标，用于浙江省仙居县国家公园的森林碳汇核算，但尚未投入用于企业抵偿实践。

参考文献

［1］ http://www.ramsar.org.

［2］　朱力，牛红卫.运用市场机制实现生态补偿——聚焦美国湿地缓解银行［J］.资源导刊，2019（06）：50-51.

［3］　刘晶.我国湿地占补平衡法律制度完善［D］.北京：华北电力大学，2019.

［4］　国务院办公厅.湿地保护修复制度方案.

［5］　邓琳君.论我国湿地生态补偿市场化：以美国湿地缓解银行机制为借鉴［J］.四川警察学院学报，2020，32（03）：103-108.

［6］　赵阳.国外企业参与生物多样性新范式：建立"环境损益账户"案例分析和对我国启示［J］.环境保护，2020，48（06）：70-74.

［7］　赵阳，王影.企业为什么需要考量自然资本［J］.WTO经济导刊，2018（9）：48-50.

［8］　荣冬梅.美国湿地缓解银行制度对我国生态补偿的启示［J/OL］.中国国土资源经济，1-7[2020-08-27].https://doi.org/10.19676/j.cnki.1672-6995.000441.

四、企业获得采矿许可证——生物银行

王　也　赵　阳

摘要："湿地银行"在美国和"生物银行"在澳大利亚均已实施多年，是两种经过多年验证有效的市场机制。它们共同的原理是，首先立法强制企业采取行动消除开发活动对生物多样性的破坏；其次，创新政策——允许某些机构通过生态重建或恢复湿地、森林等生态系统，经监管部门评估合格后，获得"信用"而成为"银行"；然后，银行将信用以市场交易的方式供企业认购，用来"抵偿"其开发项目的生态影响。最后，评估企业认购的信用额度是否足够用于抵偿，满足条件后，监管部门给企业颁发"开工许可证"或"采矿许可证"。这种机制采取银行信贷模式，通过"立法—政策—核算方法学—许可证"的实施路径，将企业的责任转嫁给具有生态修复专业资质和能力的"银行"，后者以通过向企业出售"抵偿信用"盈利。交易中的供需双方实现"共赢"。

1999年澳大利亚制定了《环境保护和生物多样性保护法案》（*Environment Protection and Biodiversity Conservation Act 1999*），首次提出"环境抵偿"（Environmental Offset）的概念。2007年发布该法案修正案，明确环境抵偿将作为政策应用目标和范围，将涵盖房地产开发、采矿工程到海洋天然气项目和道路港口等基础设施建设项目，涉及世界遗产、国家遗产地、国际重要湿地、濒危种群和保护地、受国际协定保护的迁徙物种、英联邦海洋领域和大堡礁海洋公园等多种土地类型，甚至核电站所在区域。

2012年，为落实《环境保护和生物多样性保护法案》实施，提高执法效力，政府进一步出台了《环境抵偿政策》，并纳入了关于"生物多样性抵偿"（Biodiversity Offset）的强制要求，规定项目开发过程中，企业在采取了适当预防和缓解措施后，为补偿开发活动导致生物多样性丧失的重大残余（residual loss），所采取的进一步行动。

2015年，澳大利亚环境部制定了《生物银行认证评估方法学》（*Bio-Banking Certification Assessment Methodology*，BCAM）为实施《环境抵偿政策》

提供技术标准，主要适用于采掘项目导致的显著且不可逆转的生物多样性影响。同时也可作为监管部门用于生态环境监测与评估的理论参考。该方法学的主要流程如下。

首先，（定性）评估和（定量）计量被采矿运营所影响了的生物多样性价值，以三方面为主：植被群落（包括土壤）、生态系统和动物物种。其中，植被群落须在矿区作业面土地破坏之前就连同土壤一起整体处理，用于后期移植到政府指定的"生物多样性区域"。

其次，根据矿区所造成的物种和生态系统损失的信用（credit），通常以"公顷"计算，在生物多样性区域中相应地重建、增加，使之大于等于在矿区所造成的信用损失，并接受监管部门的监测与评估，定期发布报告。

最后作为补充，矿区还必须为某个特定物种或生态系统的保护项目或保护地出资，从而为实施《国家生物多样性战略与行动计划》（NBSAP）做出贡献。

2016年，澳大利亚环境部收到了世界三大铁矿石企业之一的力拓集团（Rio Tinto Group）关于Warkworth矿区的矿权开发申请。根据《环境保护和生物多样性保护法案》针对"生物多样性抵偿"的相关规定，双方签署了《生物银行协议》，要求力拓集团为获得政府颁发的许可证，需要实施一系列如下步骤。

1　制订《公司生物多样性管理计划》

2016年，力拓集团发布了《生物多样性管理计划》，提出："为提高应对法律合规要求，履行《环境保护和生物多样性保护法案》和《环境抵偿政策》关于'生物多样性抵偿'有关规定所需的意识、知识和技能，规避项目运营风险，改进与内外部利益相关方的沟通成效，公司计划实施生物多样性抵偿战略和对矿区及生物多样性区域的管理行动。"

2　采取"梯度式风险规避"策略

"梯度式风险规避法"（Hierarchical Risk Mitigation）是目前采掘业部门通用的国际标准化流程，包括致力于缓解和消减生态影响的4个连续步骤：1）尽量避免采掘作业；2）尽量最小化采掘作业面；3）在矿区实施生态修复；4）对生物多样性丧失的"残余"进行抵偿。其中步骤1-3是常规的"预防和缓解"

措施，当实施这些措施后仍然存在显著且不可逆转的生物多样性丧失的情况下，公司必须按照《环境保护和生物多样性保护法案》和《环境抵偿政策》的强制要求，采取进一步行动，将残余的生态影响抵偿中和，实现生物多样性"零净损失"的目标。

3 实施生物多样性抵偿

首先识别、评估受项目运营影响的生物多样性，包括受威胁的生态群落、动物物种和植物物种，以及重要的本土动植物、生态系统和栖息地。然后根据环境部制定的《生物银行认证评估方法学》关于信用概念和信用量的核算方法，计算遭受扰动或威胁的物种栖息地（如繁育与觅食）及生态群落的面积（公顷），将之分别换算为物种的信用和生态系统的信用，用来代表受采矿影响生物多样性丧失导致的价值损失。例如，Warkworth 矿区内 72.12 公顷沙地林地与 0.67 公顷沙地草地所换算的信用量分别为 3043 和 16，基本按照比例核算——信用量与生境面积成正比；而物种信用量则需要考虑野生动物数量和其他因素，例如大食蜜鸟觅食栖息地（709.5 公顷）是鼠耳蝙蝠繁殖栖息地（237 公顷）面积的三倍大，而二者信用量却相差无几（18932 与 18223），这主要是因为在相同面积的区域内，鼠耳蝙蝠的数量远远超过大食蜜鸟（表 2-1）。

表 2-1 受影响的生态系统和物种栖息地面积（公顷）与"信用量"之间的换算

Impacted Biodiversity Values 受影响的生物多样性价值	Warkworth Continuation Project	
Ecosystem 生态系统	Area(ha) 面积/公顷	Credit 信用量
Workworth Sands Woodland (EEC)	72.12	3043
Workworth Sands Grassland	0.67	16
Cental Hunter Grey Box–lronbark Woodland (EEC)	614.64	23384
Regeneratirng Central Hunter Grey Box – lronbark Woodland (EEC)	6.43	108
Central Hunter lrorbark – Spotted Gum – Grey Bcx Forcst(EEC)	16.61	633
PCental Hunter Grey Box – lronbark Derived Grassland	378.6	4516

（续表）

Impacted Biodiversity Values 受影响的生物多样性价值	Warkworth Continuation Project	
Dam	0	0
Total Ecosystem	1089.1	31700
Species 物种	*Area(ha)* 面积/公顷	Credit
Regent Honeyeater (Foraging Habitat)(CE) 物种柄息地	709.5	18932
Large–eared Pied Bat (Breeding Habitat)	10.5	139
Southem Myotis (Breeding Habitat)	237	18223
Total Species	957	37294

4　土地管理

对项目涉及的不同类型土地进行管理，识别要解决的生物多样性议题，采取相应方式满足动土和开工条件。

（1）矿区土地。从政府获得土地扰动许可证，将土地破坏控制到最小程度和现场直接修复。

（2）采掘作业面。从政府获得土地扰动许可证和采取一系列最小化措施，包括作业面地面整理，采掘前植被和土壤的调查数据记录，植被、土壤和覆盖物资源的移植（表层土、覆盖层、木材和植物），杂草和害虫防治，与野火防控相关的灌木管理，对地下水侵蚀、土地沉降等预防措施等。

（3）生物多样性区域（BA）。BA通常位于不同于矿区的其他区域，其主要作用是政府指定，为矿区提供异地移植土壤、植物群落和土地覆盖物等采掘作业面抢救资源的"生态安置和重建现场"。企业资助专业环保机构在BA开展以下活动，包括：保留原生植被，基线调查和关键指标监测，害虫防治、侵蚀和杂草控制，管理人为干扰，如火灾、放牧和采集等，修复和重建植被群落，实施侵蚀与沉淀控制措施，管理旱地盐度，向相关部门报告进展，披露信息等。

5　资助保护项目

力拓公司计划，通过Warkworth矿区项目向国家重大生态保护项目直接捐赠资金100万澳元，主要用于保护食蜜鸟、大鹦鹉和大耳蝙蝠三个土著物种。

最后，通过计量与核算，《生物银行协议》预计Warkworth Mine采矿项目将对矿区内生态系统和物种分别造成31700与37293个信用的影响。同时，通过在四个生物多样性区域（BA）所开展的异地生态重建工作，预期产出将为这些区域在生态系统和物种方面，分别增加共计37463和56630个信用。因此，能够完成抵偿目标。力拓集团获得了政府颁发的采矿许可证。

与湿地银行在美国的实践相比，虽然都是"生物多样性抵偿"的金融解决方案，但是澳大利亚的生物银行涉及更多类型土地的管理，包括项目开发区域内的生态修复，生物多样性区域内的生态重建，以及企业捐赠资金用于特定物种、栖息地或生态系统保育的保护地发展。二者相同之处在于都是通过立法，针对企业开发行为采取关于"许可证"或"配额交易"的强制措施；不同之处在于，湿地银行只关注湿地，旨在维持湿地面积和提升质量，而生物银行则使不同类型的保护区和栖息地受益。两种模式都采用类似银行"信贷"的模式，运用"信用"（credit）的概念和生物多样性价值核算方法学，对我国企业参与生态补偿政策实施，通过认购"抵偿信用"贡献"先占后补、占卜平衡"的保护目标，探索多元化、市场化生物多样性融资机制具有借鉴意义（表2-2）。因此建议如下。

（1）在《环境保护法》未来修正案中，适当地体现利用市场机制保护生态环境的内容。

（2）在生态补偿政策制定与落实上，与相关生产部门（如采掘业、房地产开发、公共交通基础设施等）的行业协会，共同探索开展生物多样性抵偿的企业试点实施。

（3）在生态文明制度建设过程中，更多地考虑如何激励企业参与提供生态友好型的行业解决方案和生物多样性保护资金。

（4）在国际合作项目（例如联合国全球环境基金GEF和其他多边、双边项目）活动设计中，勇于尝试将国外经于国情和地方实际情况相结合，例如在立法不具备的条件下，运用基于市场的"自愿性标准"，利用"企业社会责任"传播相关信息、工具和案例，提高企业参与生物多样行的意识和能力，采取识别、计量和抵偿生态足迹的行动，致力于《生物多样性公约》倡导的"零净损失"（zero net loss）目标。

表2-2   矿区物种和生态系统遭受的信用损失与在BA中生态重建的数量对比

Warkworth Continuation Project	Credits	Southern	Northern	Goulburn River	Bowditchl
Ecosystem Credits Required (by disturbance)	31，700				
Ecosystem Credits Generated (by offsets)	37,463	11,231	4,214	16,717	4,985
Ecosystem Credits Net Difference	5,763				
Species Credits Required (by disturbance)	37,293				
Species Credits Generated (by offsets)	56,630	3,845	895	30,001	20,498
Species Credits Net Difference	19.337				

参考文献

1. https://www.tandfonline.com/doi/abs/10.1080/14486563.2001.10648510.

2. https://nsw.biobanking.org/.

3. http://www.wtoguide.net/index.php?g=&m=article&a=index&id=1774&cid=11.

4. 力拓集团. "生物多样性银行" 的创意 ［J］. WTO经济导刊，2018，173：45-47.

5. 曹明，王甜. 矿产资源开发中的环境补偿问题探讨 ［J］. 当代化工研究，2016，09.

6. 鄂尔多斯市绿色矿山建设管理条例 ［N］. 鄂尔多斯日报，2020-08-13（004）.

7. 黄洁，侯华丽，陈丽新，董煜，郭冬艳，张玉韩. 我国矿业绿色发展指数研究 ［J］. 中国矿业，2020，29（07）:52-56.

8. 郭东宝. 浅谈构建矿产资源开发的生态补偿机制 ［J］. 科协论坛（下半月），2013：04.

五、企业"生态系统服务付费"
——GEF赤水河流域生态补偿项目实践[①]

王 也 南 希 杨礼荣

《生物多样性公约》"2011—2020年生物多样性战略计划"的实施期即将结束。当前,国际社会正齐心协力制订一个新的"2020年后全球生物多样性框架"(以下简称"框架"),期望能在2021年10月于中国举办的《生物多样性公约》第十五次缔约方大会(COP15)上顺利通过,以明确至少未来十年的全球生物多样性目标及行动。各方对"框架"目标抱有很高期待,希望能带来生物多样性领域的变革性转变。然而,与"框架"颇具雄心相对应的是履约资金在全球范围内的不足。随着中国的发展,申请国际赠款用于《生物多样性公约》履约的难度越来越大,因此,拓宽创新型融资渠道,充分调动私营部门资金,将是2020年后中国履约的必要手段和必然趋势。未来,大部分生物多样性和生态系统服务管理、使用和保护的资金及其可持续性将需要私营部门的支持。

在过去的五年间,生态环境部对外合作与交流中心在财政部的支持下,与联合国开发计划署共同开发并实施了全球环境基金(GEF)"赤水河流域生态补偿项目"(以下简称"项目"),在赤水河流域的五马河子流域成功建立了可复制可推广的流域服务付费(Payment for Watershed Services,PWS)机制,或可为拓展国内履约资金渠道、探索建立市场化生态补偿机制提供参考与借鉴。

1 PWS机制建立背景

赤水河是长江上游最重要的支流之一,拥有多种地貌、丰富的生物多样性和充足的水资源。其特有的气候和环境,让赤水河的水变得独一无二,造就了中国最著名的白酒生产基地。这里汇集了"茅台酒""习酒""黔酒""国

[①] 本文内容来源于《GEF赤水河流域生态补偿项目成果总结报告》。

台酒""钓鱼台国宾酒"等知名品牌的白酒企业，仅在赤水河贵州段就有规模以上的注册酒企400多家，"美酒河"之名也由此而来。酿酒业是赤水河中游的支柱产业，赤水河流域中下游地区的社会经济发展越来越依赖于良好的生态环境和流域服务。然而，由于中上游地区几乎全是坡耕地，水土流失严重，并伴随化肥农药的不当和过量使用等问题，对赤水河水质造成了严重影响。

为了解决这一生态困局，促进流域上下游协调可持续发展，当地政府先后出台了《贵州省赤水河流域保护条例》《赤水河流域（贵州段）环境污染防治规划（2013–2020年）》《贵州省赤水河流域水污染防治生态补偿暂行办法》等多项保护与防治条例，按照"保护者受益，利用者补偿，污染者赔偿"的原则，建立了上下游政府间的横向流域生态补偿机制，并于2012年开始推行河长制，取得了积极成效。

然而，相对于赤水河流域生态环境治理的任务和资金需求而言，政府的投入仍然有限，难以长期兼顾赤水河生态环境保护、中下游白酒产业利益诉求，以及中上游土地使用者改善生计的需求。为贯彻党的十九大报告提出的建立"市场化、多元化的生态补偿机制"的要求，贵州省政府希望借助于全球环境基金（GEF）"赤水河流域生态补偿项目"的实施，引入社会资金，促使各利益相关方来参与赤水河流域的保护，探索建立一个基于市场的、由社会资金直接参与，并且可推广的PWS机制，推动以赤水河流域酒企为主的私营部门出资，促进形成各利益相关方共同参与的生态保护与自然资源利用制度。通过上述补偿机制探索，撬动私营部门对可持续土地管理和生物多样性保护的大量额外资金支持，以实现生物多样性融资机制的可持续性。

2 PWS机制建立过程

为取得预期成果，项目分别在两个层面开展工作：一是在省、市级建立PWS管理体系与制度框架，用于开发和管理流域服务付费机制，包括流域服务付费和生物多样性保护在相关政策、规划和法规主流化的实现；二是在五马河流域开展PWS试点示范。

在制度框架建设层面，项目通过生物多样性和生态系统经济学（TEEB）方法，对五马河流域生态系统服务价值进行评估，加强贵州省生态环境厅、贵阳市生态环境局，以及仁怀、遵义、毕节市生态环境局PWS相关能力建设，引导相关部门在法规、政策、计划和预算中引入PWS，推动PWS在政策和规划中的主流化。项目设计开发了生态标签机制，激励和引导项目区域内的企业参与PWS。此外，项目还利用《生物多样性公约》缔约方大会、"5·22"国际生物多样性日等大型活动契机，宣传参与PWS酒企的相关工作，提高企业参与的积极性。

在试点示范层面，项目对五马河下游主要用水酒企的补偿意愿、补偿能力、补偿行为的费用效益，以及五马河上游村民的流域保护意识、土地利用方式、退耕还林意愿、参加生态补偿的费用效益等进行了评估研究，并组织开展了一系列咨询与磋商工作。项目还开展了实地环境调查，研究能够最有效地保护上游生态环境，并兼顾农民生计的土地利用改革方案。结合各利益相关方意愿与当地自然环境，项目最终形成了试点区PWS实施协议，由五马河上游三元村村民作为流域服务的提供者（即卖方），五马河下游酒企作为流域服务用户（即买方），仁怀市环境保护促进会作为中间机构等三方签署。

3　PWS机制实施效果

在有关方面协调下，贵州黔酒股份有限公司、贵州国台酒业有限公司、贵州钓鱼台国宾酒业有限公司等三家酒企自愿参加试点区PWS机制，并与三元村村民签署PWS协议，向村民购买流域生态系统服务。同时，三元村村民根据协议改变土地利用方式，将在村内陡坡上种植的农作物改为种植脆红李。据农业和环境专家评估，此举可有效减少20%的水土流失，并能大幅度减少农作物种植造成的化肥农药等农业面源污染。

根据项目监测与评估结果，PWS协议签署一年后，试点区的森林覆盖率、村民人均年收入、试点区生态系统健康指数、试点区提供的水质与水量状况均得到有效改善。

4　启示与建议

中国探索和推进生态补偿工作已达数十年。国内的生态补偿通常是指在综合考虑生态保护成本、发展机会成本和生态服务价值的基础上，采用行政、市场等方式，由生态保护受益者或生态损害的加害者向生态保护者或因生态损害而受损者进行补偿，通过支付金钱、物质或提供其他非物质利益等方式，弥补其成本支出以及其他相关损失的行为。而国际上在生态补偿方面通常采取"生态系统服务付费"（Payment for Ecosystem Services，PES），推动以市场为导向的生态系统服务机制，建立生态系统服务的买方和卖方的契约合作模式，通过生态系统服务的卖方（即提供方，一般是土地使用者的当地社区）和买方（即购买者，一般是土地下游直接受益的企业或者团体）自愿协商，签署协议，并付诸实施，是一种以市场为导向的生态补偿模式。本项目在五马河流域建立的PWS机制就是PES的类别之一。

总结项目成功经验，对今后国内开展市场化生态补偿工作提出以下建议：

一是通过生物多样性和生态系统经济学（TEEB）、自然资本价值核算等方式测算并普及生物多样性价值，有针对性地开展宣传与意识提升工作，提高生态服务受益者的补偿意识。

二是建立市场化生态补偿机制时，考虑维持或转变生态环境的机会成本，提高补偿方案的公平性，保证参与方长期的积极性。

三是明晰相关自然资源的权属问题，贯彻"谁保护，谁得益""谁改善，谁得益""谁贡献大，谁多得益""谁破坏，谁付费"的公平发展理念。

四是鼓励各地根据自然环境与经济情况，创新形式多样的补偿形式，通过试点来积累经验，进而推广扩大。政府应鼓励地方创新，并对市场化生态补偿方式进行一定的财政资金支持。

五是对市场化生态补偿所得资金进行合理监管与使用，确保资金可用于维持生态系统服务。

中国的生态补偿不论是从投入资金量，或是从项目覆盖范围上来看，在世界上都是走在前列的。但是，中国的生态补偿绝大多数是政府出资的垂直补偿类型，横向补偿类型的市场化生态补偿工作还处在探索和起步阶段。本项目通过联合国开发计划署和全球环境基金等相关国际机构引进了国际成功经验和政策、技术工具，加强了能力建设，推进了主流化进程，提高了社会各界的保护意识，在五马河流域建立市场化PWS机制，在中国是具有开拓意义的，将为党的十九大报告提出的"建立市场化、多元化的生态补偿机制"提供研讨的样本和潜在的可复制模式，也为"十四五"规划编制提供案例参考。同时，我国这一生态文明实践探索，也必将为"2020年后全球生物多样性框架"、南南合作、一带一路、金砖合作等国际合作进程贡献力量，为推进构建人类命运共同体发挥积极作用。

六、《名古屋议定书》框架下企业实施生物勘探的步骤

陆轶青　万夏林

摘要： 2016年9月6日，我国正式成为《名古屋议定书》缔约方。管理企业生物勘探是履行《名古屋议定书》的重要工作内容，不但促进生物多样性可持续利用，规避生物剽窃的风险，而且外国公司为勘探向东道国和原住民社区所付出的许可证费、样本费和特许权使用费，以及其他非货币形式的收益，有利于我国为生态保护和生态修复筹集更多资金，成为多元化、市场化生态补偿机制的有益补充。在有些国家如哥斯达黎加和巴西，企业生物勘探已成为该国生物多样性融资的重要组成部分。本文在对遗传信息与现代生物产业关系的分析基础上，深入探讨开展生物勘探的企业需求，然后展示了制药、食品饮料、化妆品和保健品四个行业的企业实践，最后提出我国规范管理企业生物勘探的具体建议。

1　什么是生物勘探？

生物勘探（bioprospecting）是系统地寻找生物化学和遗传信息，用于开发具有商业价值的产品，例如医药、食品饮料、保健品、化妆品、洗涤剂、个人护理和其他应用。遗传资源指的是具有实际或潜在价值的动植物和微生物种及种以下的分类单位及其含有生物遗传功能的材料、衍生物及其产生的信息资料（不包括人类遗传资源）。几千年来不同民族一直在开发、利用和保护生物与遗传资源，例如为耕种选种、改良和育种，通过发酵制作面包或啤酒，采集、种植和炮制药用植物用于身体保健，将凝结着智慧结晶的医学和文化等传统知识流传后代继承（例如，诺贝尔奖获得者我国科学家屠呦呦受《肘后备急方》启发，提取治疗疟疾的青蒿素）。据UNDP研究，当前世界上仍有约75％的人口主要依赖于基于植物的传统疗法。

近半个世纪以来，生物勘探对象已从源植物转变为源植物的功能基因、提取物、传统知识或者相关数据及信息，极大地促进了现代生物技术

（biotechnology）和生物产业发展。遗传信息具有巨大实际应用与潜在应用价值，已经成为各国研究机构和商业公司争夺的重要资源。例如农业作物保护所需生物杀虫剂和生物肥料，替代污染河流和海洋的有害化学物质；能源和制造业使用微生物降解污染物，修复被污染的土地。生物反应器和转基因技术为人类提供如脱敏的花生和大豆、抗癌产品、保健食用油、天然饮品、食品疫苗和抗生素，以及各种专用饮食加工原料等。据统计，全球25%至50%的上市药物和约三分之二的抗癌药物源于天然产品。

发达国家往往以低价或无偿获得发展中国家的遗传资源，进行生物产品研发与转化，获得巨额商业利润，并通过专利进行垄断。然而跨国公司却并未向提供遗传资源的国家给予适当回报。因此，要打破这种不公平的局面需要一种国际制度安排：企业向提供国提出遗传资源研究申请并获得许可——"事先知情同意（PIC）"。除此之外，企业必须和原住民或当地社区就公平地分享由资源提供与使用带来的惠益达成协议——"共同商定条件（MAT）"。PIC和MAT是《生物多样性公约关于获取遗传资源和公正和公平分享其利用所产生惠益的名古屋议定书》（简称《名古屋议定书》）提出的重要要求。该议定书已于2014年10月12日生效，目前已有53个国家批准。《名古屋议定书》建立了获取与惠益分享机制，即遗传资源及相关传统知识的使用者应在事先通知资源提供国及原住民和地方社区并取得其同意的前提下，通过订立共同商定的协议，公平、公正地与生物遗传资源及相关传统知识持有者分享使用和研发带来的各种利益，不但有利于发展中国家为生物多样性保护及持续使用筹集更多资金，而且也是实施《联合国2030年可持续发展议程》的有效方法，贡献减贫（SDG1）、粮食安全（SDG2）、健康与福祉（SDG3）、性别平等（SDG5）、产业、创新和基础设施（SDG9）、海洋生物（SDG14）和陆地生物（SDG15）等多个目标的实现。

遗传资源数码序列信息（Digital Sequence Information on Genetic Resources，DSI）是当前全球生物勘探最新、最前沿的领域（例如人工合成牛肉）。DSI是否作为"2020后全球生物多样性框架"的组成要素，以及如何为其设立具体评估指标已经成为国际争论的焦点。由于事关国家战略资源、生态安全和经济发展，发展中国家普遍担心DSI议题架空《名古屋议定书》已构建的"获取与惠益分享"（ABS）制度，因此在DSI与公约及其议定书的关系、获取条件、磋商机制等方面与发达国家存在重大分歧，对昆明COP15达成务实且有雄心的目标，以及2020后框架要素组成的谈判进程构成潜在风险。因此，公约秘书处专门成立了临时工作组，为COP15提供如何在2020后框架内处理DSI的建议。总体而言，多数"观点相似的生物多样性大国集团"（Like Minded Mega Biodiversity Countries，LMMC）成员如巴西、马来西亚、埃塞俄比亚等国都已制定了DSI国内立法，在COP15推动达成DSI决议的意愿强烈；非洲集团对资金需求较大，期待DSI能带来更多资源；欧盟总体偏向发达国家，但在某些具体问题上能兼顾发展中国家诉求。目前基本判断是DSI短期内难以形成全面国际共识，长期有望达成单独的决议案文，甚至补充议定书。

2 企业如何实施生物勘探?

2.1 熟知法律规定

为保证产生的商业价值得到公平公正地分享，生物勘探活动必须符合《名古屋议定书》对使用方（主要为企业，也有少数研究机构）在获取遗传资源及其衍生物和相关传统知识，以及分享利用所产生惠益（简称"ABS"）方面履行义务和采取措施的规定，或者遵守东道国相关法律政策。一些欧洲和北美国家可能尚未签署该议定书，但它们所拥有大型或跨国制药企业仍然必须遵守东道国法律。在理想情况下，提供国也可以从勘探研究中获益，包括费用支付、知识共享和技术转让等。这些惠益将用于改善对生物多样性的保护和可持续利用。

根据东道国ABS相关立法和政策，企业向国家主管单位提交基础研究申请，批准后获取许可证，按照程序获取遗传资源。如果后期产生商业应用，该许可证将转化ABS合同，由提供方（原住民、当地社区、土地所有权人或管理部门）和企业共同签署。合同赋予企业在生物勘探和生物发现（biodiscovery）（例如独家使用）的权利，相关遗传资源衍生产品或工艺受知识产权法、专利法或植物育种者权利法保护。

中国宪法第9条第2款规定国家确保合理利用自然资源，保护稀有动植物。其他涉及ABS规定的法律包括："向境外输出或者在境内与境外机构、个人合作研究利用列入保护名录的畜禽遗传资源的，应当向省级人民政府畜牧兽医行政主管部门提出申请，同时提出国家共享惠益的方案；受理申请的畜牧兽医行政主管部门经审核，报国务院畜牧兽医行政主管部门批准"（《畜牧法》第16条）。"……建立种质资源库、种质资源保护区或者种质资源保护地。种质资源属公共资源，依法开放利用"（《种子法》第10条）。"对违反法律、行政法规的规定获取或者利用遗传资源，并依赖该遗传资源完成的发明创造，不授予专利权"（《专利法》第5条），以及地方性法规——《广西生物遗传资源及相关传统知识获取与惠益分享管理办法（草案）》《湖南省湘西土家族苗族自治州生物多样性保护条例》和《云南省生物多样性保护条例》。除了上述法律法规，我国还陆续还颁布了《全国生物物种资源保护与利用规划纲要》、《国家知识产权战略纲要》及《关于加强对外合作与交流中生物遗传资源利用与惠益分享管理的通知》等多个政策文件，编制《生物遗传资源采集技术规范（试行）》（HJ 628-2011）、《生物遗传资源经济价值评价技术导则（HJ 627—2011）》《全国生物物种资源保护与利用规划纲要》《生物多样性相关传统知识分类、调查与编目技术规定（试行）》等多项技术规范。2019年底，生态环境部制定并颁布了《生物遗传资源获取与惠益分享管理条例（草案）（征求意见稿）》。

2.2　了解支付费用

企业生物勘探既可在陆地也可在海洋开展。许多如抗肿瘤分子和治疗乳腺癌的蛋白质都是从海洋生物中发现的。勘探过程通常包括样品采集、分离、表征、产品研发和商业化等不同阶段。样品开采和分离筛选一般在东道国开展，而附加值更高的产品研发和商业化往往在国外进行。作为允许生物勘探的回报，企业通常需要为东道国提供可贡献生物多样性保护和当地居民福祉收益，分为货币形式和非货币形式。前者包括许可证费、预付款、样本费以及源于遗传资源的商业化所产生的特许权使用费（royalties）。后者包括研发成果公开、技术转让、培训机会、共同拥有知识产权、提供设备和改善基础设施等。

目前关于生物勘探成交记录的数量较少，每年全球合同总值估计低于1亿美元，单个合同很少超过百万美元，然而制药公司每年研发投入为500亿美元。除了生物勘探的研究合同，在形成商业应用后产生的特许权使用费从理论上讲在世界范围可达每年几十亿美元。例如，根据墨西哥Zapoteco Chinanteca社区联盟与瑞士诺华制药公司（Novartis）签署的协议，诺华同意为每种活性化合物支付100万美元到200万美元。美国葛兰素史克（GlaxoSmith Kline）与巴西生物技术公司Extracta就收集3万份样品达成了价值320万美元的交易协议。德国默克（Merck）与哥斯达黎加国家生物多样性研究所（INBio）签订协议，规定前者则将对"野生植物、昆虫和微生物的化学提取物"进行为期两年的研究和取样。作为回报，支付约260万美元许可证费和样品费给环境和能源部、大学和其他合作伙伴。同时，该协议还授予INBio有权从默克公司在国内生物勘探确定的任何商业产品中获得占销售额3%的特许权使用费。其中一半用于国家公园。此外，有数据显示：Pravachol（药物名）为美国百时美施贵宝带来15亿美元的利润，而Zocor和Mevacor为德国默克分别创造36亿美元和11亿美元的利润。按照上述3%的利润分成则企业可能会给提供遗传资源的东道国支付近2亿美元的收入。

2.3 分析利益相关方

（1）监管机构：国家立法规定或指定的主管部门，对遗传资源获取和利益分享做出规定和规范，接收企业申请并提供登记和批准等相关服务的国家主管当局或其授权机构。同时，作为企业与当地社区签署惠益分享合同的中间方，负有监督和监管责任，例如监测、审查企业在勘探时是否造成了生态损害或环境污染。

（2）项目开发伙伴：提供资金和技术用于可行性研究和环境（社会）评估，通过发掘生物勘探潜力促进产业深化的非政府组织或投资机构。也为当地政府主管部门和社区提供意识提升和能力建设服务，增强与跨国公司的谈判能力。例如，武汉植物园和新西兰植物与食品研究院合作研究防治猕猴桃溃疡病的有效措施。双方签订协议，提供不同产区的病原菌，共同研究病原菌起源。哥伦比亚为创办一家国有企业提供了1400万美元的公共资金，用于加强与跨国公司在生物勘探领域的合作，效果显著，本国研究机构数量增长30%，已登记项目比原来增加7倍。

（3）当地社区：在生物勘探发生区域的原住民。

（4）经纪人：为获得报酬向计划开展生物勘探的跨国公司提供前期调研和技术支持的大学、研究机构或企业。

2.4 评估可行性

目前，许多发展中国家仍在完善ABS国家法律框架并使之制度化。生物勘探只能在已经制定ABS法律或政策的国家中开展。这些国家可能会遵守《名古屋议定书》，也可能不遵守。在采取行动前，企业需要评估该国法律的相关规定和执行力度，了解获取程序、事先知情同意（PIC）和共同商定条件（MAT）、遗传资源所有权、获取范围和勘探须遵循的环保标准等。生物勘探的经济可行性研究取决于具体情况，例如是否具备丰富的遗传多样性，包括大量特有的地方性植物等。研究还应包括对动物，微生物和本地植物在传统医学中的使用，以及对不同遗传资源各种核算方法的定性评估。此外，东道国是否有可为企业提供前期技术支持的经纪（中介）机构或合作伙伴（如大学），产业附加值、制造工艺和市场成熟度等都是考虑因素。关于所需最低投资和运营成本，与大型跨国公司的研发预算相比，中小企业通常感到生物勘探不确定性强且投资门槛高。虽然可能因部门行业、地理位置和所有权等因素而大相径庭，但两年通常要花费十几到几百万美元。这不包括勘探后期所需的产品测试、生产和商业化。仅国际专利的注册费就可能超过100万美元。

2.5 分析利弊和风险

生物勘探有利于对外直接投资和各国之间知识产权转让，激励科技创新促进生物多样性可持续利用和公众的保护意识，创造新就业岗位并让古老的传统知识和民族习俗焕发青春。然而对企业最关心的预期回报而言，生物勘探既费时风险又高——历史记录显示，成功率一直很低。

（1）合同风险——确定生物勘探前期研究和后期商业化的公平价格的谈判困难；

（2）法律风险——涉及多个司法管辖区和管辖权冲突（如南极洲），这在海洋勘探中比较常见；

（3）商业风险——企业投资生物勘探的代价很大，但由于国际（《名古屋议定书》签署国只有53个）和国内（如专利法、知识产权法）立法和执法不确定性，仍然面临被其他公司生物剽窃的风险；

（4）环境风险——即使采取生态友好型的勘探方式，仍有可能影响当地生态系统服务和自然资本；

（5）道德风险——东道国多个利益相关方在分配不均时导致的后果；

（6）社会风险——当地社区可能认为受到不公正待遇而产生负面情绪。

3 管理企业勘探的建议

遗传资源是现代生物技术和生物产业的基础，是经济社会可持续发展的战略资源，是提供生物多样性保护资金的源泉，是关系到子孙后代福祉，建设生态文明和美丽中国的基石。我国遗传资源丰富，高等植物种数居世界第三，脊椎动物种数占世界总种数的 13.7%，是水稻、大豆等重要农作物的起源地，也是野生和栽培果树的主要起源和分布中心。物种特有性高，很多物种含有优良的基因，为新品种培育和品种改良奠定了基础。辽阔的地域与复杂多样的生态系统类型孕育了丰富且多样性极高的微生物资源。此外，我国各族人民在生物资源的开发利用与保护方面传承了丰富多彩的传统知识。然而 20 世纪 90 年代以来，我国遗传资源流失严重。大量的珍稀生物和遗传信息被国外研究人员或商业机构通过"合作"或"赞助"等途径非法剽窃。发达国家生物技术公司运用先进的生物技术加以开发，利用知识产权体系获得排他性优势，将其转化为巨额商业利润，却未与我国合理分享，损害了我国利益[①]，如下所述。

3.1 制药领域

2015 年全球药品市场规模约 1.03 万亿美元，预计 2020 年将达到 1.5 万亿美元。美国百时美施贵宝公司（Bristol-Mayers Squibb）1994—2008 年紫杉醇注射剂销售收入达 131.08 亿美元。紫杉醇为红豆杉树皮的提取物，30 吨干树皮仅能提取大约 1 千克紫杉醇。为获取原材料，该公司在我国华东地区建立人工红豆杉栽培基地，生产注射级半合成紫杉醇原料药，再运至美国加工成注射剂。该公司在我国销售一支紫杉醇注射液的净利润是 219 元，而同年我国向其出口一支注射液原料的收益仅为 1.26 元（数据来源：《2014 年施贵宝年度报告》）。

3.2 食品饮料部门

2013 年全球收入达到 7.8 万亿美元。百事公司（Pepsi CO., Inc.）为发现有效的天然甜味增强剂植物新品种，2010 年与我国某研究机构签订《合作主协议》。百事出资"赞助"该机构负责在华收集、提供单个重量不少于 2 克的

---

① 源于对 GEF ABS 项目《国内外企业在中国开展生物勘探的案例分析报告》的重新整理。

植物浓缩粗提物100个，每个须提供其基源植物的形态学信息（科、属、种），并将粗提物邮寄至美国百事可乐公司总部进行测定。同时尽可能提供当地社区和群众利用基源植物的有关知识。2016年双方签订《项目工作说明书》，百事可乐公司向该机构提供5万美元项目经费，后者须在一年内向百事提供100个单个重量不低于2克的植物粗提物，并提供每种基源植物的形态学信息和相关传统知识。至今该机构已向百事可乐公司寄出105科322种植物的粗提物。两份协议没有体现我国的遗传资源主权权利和价值，没有达成对相关粗提物后续研究、利用和第三方转让的约束性条件。

3.3　化妆品行业

2016年全球市场价值超过1860亿欧元。已经形成法国欧莱雅、美国宝洁、美国雅诗兰黛、日本资生堂、荷兰联合利华、法国LVMH、法国香奈儿、法国PPG、韩国爱茉莉太平洋和LG等十大世界品牌。德企业巴斯夫（BASF SE）在法国成立了生产个人护理的分公司。在对该分公司近15年申请的有关植物提取物专利进行检索发现，14项专利涉及约50种植物。其中，6项专利涉及的物种主要来自中国或东亚，例如淫羊藿等中国特有种。没有数据显示该公司在生物资源来源国申请专利，或进行惠益分享活动。此外，使用五味子等其他植物提取物的应用同样缺乏关于获利和原料产地的信息。

3.4　保健品行业

2015年全球市场规模约为1569亿美元，其中以维生素的占比最高，约为56%，其次为植物/传统保健品和体重管理产品，分别占22.8%和8.6%。2014年中国保健品行业规模1610亿元，预计2020年突破5000亿元。嘉康利（Shaklee Corporation）是全球最大的天然营养品制造商。每年进行超过100000次产品测试。通过检索该公司近15年申请的植物提取物专利，发现有5项专利涉及植物15种，其中3项专利应用的物种主要来自中国或东亚（如黄精、灵芝、西洋参、蝙蝠蛾拟青霉菌粉和枸杞子等），主要用于生产两款以人参为原料的营养膳食补充剂——茶草参胶囊和优芙安酵母松参粉。前者价格270元/瓶（5.7克/90粒），后者价格520元/30袋（共69克）。关于企业获利和原料产地（例如投资建设原材料基地或采购渠道）的情况暂无信息。

因此，为更好地规范和管理企业的生物勘探行为，使之通过提供货币及非货币形式的收益，成为我国多元化、市场化生态补偿机制的有益补充，拟提出以下具体建议：

（1）完善国内ABS法律框架，加大对未经授权无偿获得生物资源或侵占传统知识进行开发、利用和商业控制的行为，即"生物剽窃"的执法力度，减少和杜绝我国资源的非法流出；

（2）开展生物勘探的调查与编目，建立遗传资源的地方台账和国家账户促进可持续利用，防止过度开发造成生物多样性丧失；

（3）研究外国获取我国遗传资源的隐蔽性和复杂性，制订相应的管理办法和工作流程，例如，勘探对象已经从源植物转变为源植物的功能基因、提取物、传统知识或相关信息；

（4）引导生物产业的相关行业在指引中纳入ABS的要点和要求，提高企业意识和部门规划能力；

（5）制订科学的评估指标体系，监测企业生物勘探的实施进展与成果，减少社会和环境影响，为后期可能的合同谈判提供参考数据；

（6）开发可供参考及应用的ABS协议或合同模板，纳入事先知情同意（PIC）和共同商定条件（MAT）、产权认证、传统知识保护以及其他国际最佳实践的经验并通过试点示范进行推广；

（7）确保除了经济利益，在适当情况下，当地社区获得非货币形式的惠益，例如培训机会和基础设施建设，尤其侧重对弱势群体和女性的福祉公平；

（8）采取措施，将生物勘探附加值高的阶段留在国内（例如研发和生产），创造高质量的就业机会；

（9）面对跨国公司生物勘探的挑战，通过加大对本国遗传信息的基础研究投资，促进国内生物技术创新和生物产业发展——风险变为机会；

（10）结合国内外重点工作，例如与精准扶贫，或自然资源资产负债表编制（目前尚未计量遗产物质）；

（11）加快生物遗传资源研究与管理人才队伍建设。

参考文献

［1］ https://www.cbd.int/doc/articles/2005/A-00345.pdf.

［2］ https://www.cbd.int/doc/meetings/sbstta/sbstta-11/official/sbstta-11-11-en.pdf.

［3］ https://www.cbd.int/abs/doc/protocol/factsheets/policy/ABSFactSheets-Agriculture-ZH-web.pdf.

［4］ 屠呦呦. 青蒿素是中医药献给世界的一份礼物［D/OL］. http://www.xinhuanet.com/politics/ 2019-01/10/c_1123973265.htm.

［5］ "ABS is Genetic Resources for Sustainable Development"（UDDP 2019）.

［6］ https://www.cbd.int/abs/doc/protocol/factsheets/policy/ABSFactSheets-Overview-ZH-web.pdf.

［7］ https://www.cbd.int/abs/.

［8］ https://www.cbd.int/dsi-gr/.

［9］ https://www.cbd.int/abs/doc/protocol/factsheets/nagoya-zh.pdf.

［10］ 张小勇《名古屋议定书》在微生物领域的实施：影响、最佳做法及我国立法选择［J］. 生物多样性: 1-9.

［11］ 张渊媛. 生物多样性相关传统知识的国际保护及中国应对策略［J］. 生物多样性, 2019, 27（07）: 708-715.

［12］ https://www.sdfinance.undp.org/content/sdfinance/en/home/solutions/bioprospecting.html#mst-4.

［13］ 国家发展和改革委员会高技术产业司，中国生物工程学会（2016）中国生物产业发展报告［M］. 北京: 化学工业出版社, 2017.

第三章

生物多样性价值

一、从生物多样性到自然资源资产
——企业践行"生态文明"的价值发现之旅

赵 阳

摘要： 本文回答企业最为关心的问题：生物多样性是自然资源或生态资产吗？如何理解生物多样性与生态系统服务，自然资源与自然资源资产，自然资本与生态资源，存量与流量，效益与价值之间相互依存和转化条件的内在关系，以及定性评价、定量估值与货币化核算方法的适用性选择？不同领域、部门和行业对上述价值和方法理解的差异如何影响公司直接运营和供应链管理？

在当今世界威胁人类生存的十大环境问题中，生物多样性、全球气候变暖和臭氧层破坏被联合国认为是最主要的三大挑战。生物多样性是人类社会赖以生存和发展的基础，提供食品、医药、植物纤维和能源，不仅是农、林、牧、副、渔业经营的主要对象，还是重要的工业原料，在保护土壤、涵养水源、调节气候、维持生态系统的稳定性等方面也具有重要的作用。《生物多样性公约》指出："对企业来说，不论风险规避或商业机会的动机，还是业务流程或价值链的考量，生物多样性都是关键要素"；提示："商业风险与机会——资源稀缺、合规监管、责任投资、生态补偿所带来的配额、成本、公司形象受损甚至产品遭受抵制等相关风险；以及市场份额增加、迎合责任消费、利益相关方沟通改善、员工忠诚度提高、技术和产品创新、更精益、持续的生产工艺或商业模式等机会"；号召："企业采取切实行动，将之纳入到运营与决策当中。"

"人类经济活动是造成全球生物多样性丧失的最大因素"（联合国《千年生态系统评估》2005）。"全球主要生产和加工部门每年的环境外部性成本总额高达7.3万亿美元"（《TEEB商业联盟报告》2013）。"生物多样性的价值在决策中被低估；运用传统的国内生产总值（GDP）方法衡量经济增长，间接增强了生物多样性丧失的驱动因素"（《IPBES全球报告》2019）。"承诺将促进生物多样性、生态系统及其提供的服务价值纳入到政府、商业和经济部门的主流决策中"（《梅斯生物多样性宪章》2019）。这些反映出包括企业的不同部门多个利益相关方对于生物多样性的价值存在分歧，评估目的、范围、用途和估值方法大相径庭，难以协调统一而导致数据和结果千差万别，无法监测或比较，更无从协同增效。关于价值识别、计量、估值与核算的方法在本书其他章节多次涉及，本文主要回答企业最为关心的两个问题：生物多样性是自然资源吗？怎样才能成为生态资产？

1 价值梯度

自然的价值分布广泛，在山水林田湖草，也在地火风木土金。使分析简单化，需要从存量和流量两方面理解。

1.1 存量是否具有价值？

存量（stock）是地球上可再生和不可再生自然资源的总称。具有如下特点。

（1）"内在价值"（intrinsic value）：不取决于人类是否认为它有用或有价，而独立存在的价值。

（2）"存在价值"（existence value）：人们对物种或生态系统的持续存在所赋予的价值，无论他们自己是否会遇到物种或体验景观。

存在即有意义和价值——无关乎功用、受众、权属、供需和损益绩效等人为或主观因素。

（3）"价值"（value）：物品的重要性（importance）、意义（worth）或用处（usefulness）。

很多自然资源如土地，即使处于未开垦或撂荒的"存量"状态，也具有潜在的巨大用处。但其市场价值的开发和经济性，需要核算投入产出，以及对更多市场流通因素的考量，才能确定成本收益率。

1.2 流量具有哪些价值？

流量（flow）是为企业和社会提供有价值的生态系统服务或非生物服务。

当存量转化为流量，进入流通领域，与权属性质、供需关系、消费群体、需求差异化和市场化水平等很多因素相互作用，在不同维度上产生了价值，按照成为"资产"的难易程度排列如下。

（1）经济价值（economic value）：物品对人们的重要性、意义或用处。包括所有相关的市场和非市场价值。通常用商品或服务供应的边际（marginal）或增量（incremental）变化来表示，使用货币作为衡量标准（例如元/单位）。

（2）市场价值（market value）：买卖特定市场的物品所需的数额（通常用价格表示）。

（3）价格（price）：买卖特定市场的物品所需的货币数额（通常需要市场存在）。

2 自然资源

2.1 自然的存量＝自然资源＝生物多样性＋非生物资源

自然资源是指自然物质经过人类发现，被输入生产过程或直接进入消耗过程变成有用途的，或能给人与舒适感，从而产生经济价值，以提高人类当前和未来福利的物质与能量的总称。

生物多样性包含三个层次，分别是：生态系统，构成自然资源中的森林资源、海洋资源或珊瑚礁资源等；物种，构成诸如植物资源、动物资源等自然资源；基因和微生物，构成了自然资源中的种质、基因、病毒抗原体等资源。能量、物质和信息在它们之间流动和交换，使人类诞生和繁衍，使自然拥有自我修复从灾害中恢复生机的能力。因此，联合国"生物多样性十年倡议（2010—2020）"对此通俗地解释为："生物多样性是生命，生物多样性就是我们的生命！"

非生物资源指的是自然界中的非生命物质所蕴含的能量，包括处于未开发利用状态的风、阳光、潮汐、地热、矿石等。

2.2 自然的流量＝服务（利益）＝生态系统服务＋非生物服务

生态系统服务源于自然存量中的生物多样性，分为供给、调节、支持和文化四大类，提供木材、纤维、授粉、水调节、气候调节和休闲娱乐。非生物服务源于自然存量中的非生物资源，包括矿物、金属、石油和天然气供应，以及地热、太阳能、风能和潮汐等。生物多样性对维持自然的健康和稳定至关重要，例如生态系统具有的"复原力"，也称为"生态韧性"，属于"环境承载力"的一部分，帮助自然从灾害中弹性恢复，或对废物同化吸收。在利用自然资源产生利益或生产生活的服务时，由于人们很难意识到生态系统的调节服务和支持服务，因此要注意使开发活动的影响始终处于环境承载力或生态恢复力的阈值范围内，一旦"临界点"被突破，则可能出现生态功能断崖式下降且不可逆转的"边际效应"。

以珊瑚礁为例，它是生态系统，因此是生物多样性，也是一种自然资源。在被人类发现前，或者由于地处偏远而不具备开发价值时，处于"存量"状态。随着城市扩张和旅游消费需求增大，被企业投资开发成为"鱼类观赏的浅海生态旅游服务"，产生巨大的经济利益和市场价值，从"存量"变为"流量"。在上述转化过程中，需要投入各种类型的"资本"，例如资金、贷款等"金融资本"（financial capital），道路和园区施工等基础设施的"建造资本"（built capital）雇佣工作人员进行园区管理等"人力/智力资本"（human capital），获取运营资质需要去政府机构申请，这属于"社会资本"（social capital）。珊瑚礁作为自然资本（natural capital）使5种类型的资本结合在一起，产生了效益。珊瑚礁也是生物多样性，具有生境自我修复的功能。因此珊瑚礁是自然资源，更是生态资源，既能为人类提供生态系统服务、又有环境承载力和生态恢复力（韧性）的自然资源，自然资源转化为生态资源主要取决于是否稀缺和具有清晰产权，对于维护资本安全性十分重要。

3 自然资源资产

资产是会计核算最基本的要素，是指企业、自然人、国家拥有或控制的，能以货币来计量收支的经济资源，包括各种收入、债权和其他。自然资源资产是具有资产的产权（拥有或控制）、价格（货币计量）和交易（收入和支出）特点的自然资源。根据价值梯度理论，由于受到稀缺性、产权、可替代程度、市场流通、供需关系和经济性等众多因素限制，因此，只有占全部地球自然资源的一小部分才有可能成为资产——这一点对于经济部门、生产行业和实体企业尤为重要！自然资源具有提供"潜在"价值的"存储"性质，但要让它产生经济价值则必须投入其他资本使之"流动、流通"起来，符合供需关系和市场要求。从存量到流量不仅要投入资本，还有机会成本、交易成本和市场（准入）等成本。理论上自然界中所有物质都有用，但如果考虑"投入产出比"（ROI）等经济性就不是这样了。例如一座荒山可开采石料用于建筑，但如果算上获取经营许可证和运输到工地上的花费等，则可能不如直接采购。根据古典经济学理论，商品化与市场竞争越充分、劳动分工越细化、投资和贸易越透明越能帮助弥合"自然"（生物多样性）到"自然资源"再到"自然资源资产"的界限。因此，自然资源资产是自然界天然产生的具有稀缺性与使用价值，产生效益及产权明确且被社会利用提高人类当前和未来福祉的自然环境总体。

在套用财务恒定公式"资产＝负债＋所有者权益"后，自然资源资产在很多情况下沦为负值——多种类型的资本组合投资后所实现的经济生产总值，扣除生产所消耗的资源、土地退化成本、生态修复资金投入和其他社会成本后，经过综合核算"价值为负"。仍然以上文珊瑚礁旅游业务为例，经过企业将土地抵押给银行获得贷款，建设休闲度假园区为消费者提供有偿服务，实现了经济收入和市场价值。公司在偿还银行债务之前的资不抵债使得其所有者权益为负值。

在世界有些地方农业生产造成环境污染，农业生产总值比农业造成生境破坏和生物多样性丧失的估值，以及生态修复资金投入之和还要低，换句话说，农业是该地方政府的"负资产"。这对我国自然生态空间用途管制和生态保护红线划定都具有借鉴作用。例如回答以下问题：哪些自然资源是"资产"？这些资产的产权、所有权益和负债是如何划分的？在绿色GDP核算甚至纳入更多生态系统服务指标的考核中是怎样的？如何最大化"绿色资产"规模和价格？哪些生态系统服务的实物量已具备（流动）资产性质？哪些不具备成为资产的条件，制约在哪里？如何在自然资源和自然资源资产之间取得权衡？哪些资产由于破坏生态或自然恢复力（韧性）应被评级为"负资产"？哪些资产因为可增值自然资本而被评级为"优质"？如何为优质的"生态资产"提供金融贷款和其他支持使存量变成流量？

4 生态资产

目前在世界范围并无对生态资产的统一定义，核算方法也没有融合的标准。一般指在一定时间、空间范围内和技术经济条件下可以给人们带来效益的生态系统，包括森林、草地、湿地和农田等，是生态资源、环境及其服务之和。从广义角度来看，生态资产是指以价值形式统计自然环境中的一切生态资源；从狭义角度来看，生态资产是指国家所拥有的，能够以货币价值计量的，并拥有直接、间接或潜在经济效益的生态经济资源。在国际上通常称为"自然资本国家账户"，包括自然资源实物量、价值量和生态系统服务3个账户。以我国"自然资源资产负债表"编制试点工作为例，它是按照自然资源类型，以账户为单位对土地、林木和水3类资源进行核算（允许各地探索编制"矿产"等其他资源资产负债表），形成实物量和价值量2个账户，为地方政府制定经济发展和生态保护的权衡决策提供必要信息。"生态系统生产总值"（GEP）是我国另一套方法体系下的生态资产核算试点工作。GEP按照生态系统类型，以产品及服务为单位，对森林、湿地、草地、荒漠、海洋、农田和城市共7大生态系统的供给服务、调节服务和文化服务3类价值进行统计与核算。

因此，生态资产核算需有明确的行政边界，通常以自然年度为单位进行核算。包括直接价值核算和间接价值核算两个方面，如森林、土地、水、矿产资源实物价值即为直接价值；净化空气、昆虫授粉、涵养水源、固土保肥、固碳释氧、调洪蓄水等生态服务的效益为间接价值。直接价值的核算采用生产函数法、物料平衡法、市场和金融价格法计算经济活动。间接价值的核算较为复杂，包括价格法、成本法（如替代成本法、机会成本法、影子价格法、旅行费用法等）和消费意愿法（如陈述性偏好法或条件估值法等）。常见的国家生态资产核算参考指南包括《环境经济核算体系2012中心框架》《森林生态系统服务评估规范》等。企业核算参考指南包括已翻译并在环境出版社出版的《自然资本议定书》（*Natural Capital Protocol*）和《企业生态系统价值评估》（*Guide of Corporate Ecosystem valuation*，CEV）等。关于生态资产含义和方法的更多阐释，请参考本书《国内外不同类型的"生态资产"账户应用研究》和《定性评价、定量估值和货币化核算方法》等文章。

长久以来，不同领域、部门和行业对生物多样性与生态系统服务，自然资源与自然资源资产，存量与流量、效益与价值之间相互依赖和转化条件的内在关系，以及定性、定量与货币化估值方法等认知方面，都存在着较大差异。自然资本定义——"组合起来能够产生带给人们利益或服务流量的地球上可再生和不可再生的自然资源存量"有利于理解、辨析和弥合不同人群对上述四组概念及内涵外延的价值分歧。自然资本是在自然资源里，能够通过组合产生向社会和市场流动的服务和利益的那一部分存量，因此，二者是全集和子集的关系。而生态资源又是自然资本中具有稀缺性和产权明晰的那部分存量，二者又是全集和子集关系。自然资本通过引入存量和流量概念和价值梯度分析，填补了生物多样性与自然资源，自然资源与自然资源资产、生态资源与生态资产之间的缺环，阐明了它们的内涵及外延，内在的所属和相互依存关系，有利于不同部门统一估值方法、监测指标和评价绩效。

自然资本长期以来是企业熟知的管理语言和应用工具。在我国也有很广泛的认知基础。2015年2月9日《自然资本未来新经济上海宣言》经过来自金融部门、企业和国内外机构40多位精英人士共同签署后发布。宣言旨在促进绿色投资纳入自然价值核算，提出建立自然资本负债表、投资关键的自然资本领域、开发面向自然资本的PPP合作模式等举措。这促进了国内绿色金融发展，而SEEA关于源于自然资源实物量和价值量、综合国家财富核算纳入生态系统服务等理念和方法推广，则推动我国率先开始"绿色GDP""自然资源资产负债表"《生态系统服务和生物多样性经济学》（TEEB）和"生态系统生产总值"（GEP）等相关核算工作的探索实施。2019年1月31日《推动我国生态文明建设迈上新台阶》发布："绿水青山既是自然财富、生态财富，又是社会财富、经济财富。保护生态环境就是保护自然价值和增值自然资本，就是保护经济社会发展潜力和后劲，使绿水青山持续发挥生态效益和经济社会效益"，首次将自然价值与增值自然资本联系起来。

经济部门、生产行业和实体企业关注的是可开发、利用的自然资源。从生物多样性到自然资源，再从自然资本到生态资产是人类对自然价值认知的一次里程碑式的飞跃。世界公认的五大资本中，自然资本被认为是所有其他形式资本的基础，是吸引其他资本，促成不同形式资本相互吸引和转化为服务或效益流量的关键。生态资产是具备"经济价值"和"市场价值"，拥有"价格属性"，可变现为"货币收入"，可作为产权登记抵押作为"债权"的自然资源资产。表3-1的内容并非研究结论，仅供参考。

表3-1　自然的价值属性与分类示例

类别	状态	价值属性	核算	估值
生态资产	流量、价值量存量、实物量	稀缺性、产权、市场价格、权益、负债	可核算	－
自然资源资产	流量、价值量存量、实物量	稀缺性、产权、市场价格、权益、负债	可核算	－
自然资源	存量、实物量	价值、经济价值、可计量	不可核算	部分可估值

（续表）

类别	状态	价值属性	核算	估值
自然资本	存量	可计量	流量的资产部分可核算	流量可估值
生态系统服务	流量、价值量	经济价值、市场价值、价格	供给服务可核算	调节和文化服务可估值
非生物服务	流量、价值量	可计量	包含的资产部分可核算	可估值
生物多样性	存量	内在价值、存在价值、可计量	不可核算	可估值
非生物资源	存量、实物量	可计量	不可核算	可估值

　　我国将生态文明写入宪法，坚持"绿水青山就是金山银山""山水林田湖草作为生命共同体"的发展道路。生物多样性是将生态价值向产品品质、品牌价值和企业无形资产转化的关键要素，深刻理解自然的价值有利于企业规避风险，抓住商业机会，实现供应链管理和可持续发展。

参考文献

［1］　张风春，刘文慧，李俊生.中国生物多样性主流化现状与对策［J］.环境与可持续发展，2015，40（2）：13-18.

［2］　胡理乐，翟生强，李俊生译.国际及国际决策中的生态系统和生物多样性经济学［M］.北京：中国环境科学出版社，2015.

［3］　李文华等.生态系统服务功能价值评估的理论、方法及应用［M］.北京：中国人民大学出版社，2008.

［4］　李俊生，翟生强，胡理乐译.生态系统和生物多样性经济学生态和经济基础［M］.北京：中国环境科学出版社，2015.

［5］　自然资本联盟著.自然资本议定书［M］赵阳，译.北京：中国环境出版社，2019.

［6］　http://shcci.eastday.com/c/20150211/u1ai8578672.html.

［7］　http://www.teebweb.org.

［8］　http://www.qstheory.cn/dukan/qs/2019-01/31/c_1124054331.htm.

二、《自然资本议定书》标准化流程

赵 阳

对大多数企业而言，与自然的关系不会影响其市场价值、产品价格、原材料采购成本、现金流量或风险状况，因此属于不产生财务后果的"外部性"问题。然而一些导致"外部性内部化"的趋势已现端倪，例如2016年《生物多样性公约》在墨西哥缔约方大会（COP13）上发起《企业与生物多样性承诺书》签署倡议，要求"企业识别、理解和评估对生态系统服务的影响和依赖，报告相关进展"，市场力量和运营环境持续变化（如负责任的生产与消费、可持续投资和绿色采购等）法律法规和政府监管不断加强，内外部利益相关方关系推陈出新，企业履行社会责任和透明度的动机增强，同时也是出于资源可获得性和产业可持续性的考虑，私营部门开始重新审视对自然的依赖和影响所导致的潜在成本或收益，以及认证认可、特许经营、绿色金融、配额和许可证等监管措施对供应链造成的风险与机会。2014年，自然资本联盟（NCC）由"生态系统与生物多样性经济学"（TEEB）商业联盟的原班人马成立，由世界自然保护联盟（IUCN）和世界可持续发展工商理事会（WBCSD）联合召集了近200个国际组织、跨国公司和研究机构，通过企业试点实施和案例研究，于2016年制定发布了《自然资本议定书》，并陆续开发了纺织服装、森林产品、食品和饮料，以及金融领域的部门指南，作为该体系的配套教程，针对不同行业的产业特性，提供更深入的分析指导与更具体的企业应用案例。

《自然资本议定书》旨在整合、协调包括TEEB和《企业生态系统估值指南》（CEV）等已有研究成果，形成全球多利益相关方普遍接受的统一框架，以结束在自然价值核算领域多种倡议和举措并存的困惑及混乱局面。它是包含四个阶段和九个步骤，用来生成关于识别（identify）、计量（measure）和估算（value）对自然资本依赖和影响的成本及效益，潜在风险和机会的可靠、可信且可操作信息的标准化流程，为决策制定提供支持。适用于任何组织，但主要针对企业，目前已被译成中文（译者即为本书作者），2019年7月由中国环境出版社出版。本书包含多个中外企业应用该《议定书》开展自然资本核算的案例研究，供读者参考。

从结构和内容上分析，《自然资本议定书》的四个阶段（stage）包括设立框架、确定范围、计量和估算、应用结果在流程方法学的逻辑关系上循序渐进，共细分为九个连续步骤（step），每一步骤均包含若干个需要企业投入实施的操作（action）（表3-2）。整个流程遵循相同结构：首先提出本步骤要解决的具体问题，例如"对自然资本的哪些影响和依赖对企业具有实质性——导致已有或潜在重大成本和效益？"其次介绍相关概念或方法，侧重比较不同工具在定性、定量和货币化估值的适用性；然后详细说明要完成本步骤所需操作，例如在确定评估范围时，基于产品、项目和公司三个不同级别确定估值焦点，价值链上中下游、基线、情境、价值观类型和时间空间范围等一系列规划因素；最后排列出完成本步骤的预期产出（output），例如步骤7的产出包括：完成对成本和收益的估值，将所有关键假设、数据来源、估值方法和结果记录存档。

表3-2 《议定书》流程

阶段	设定框架	确定范围			计量和估算			应用结果	
步骤	1 启动评估流程	2 确定估值目标	3 确定估值范围	4 确定影响和依赖	5 计量影响驱动因子和依赖	6 计量自然资本状态的变化	7 估算影响和依赖	8 解读和测试结果	9 采取行动
要解决的问题	为什么要进行自然资本估值？	评估目标是什么？	达到目标的适当范围是什么？	哪些影响和依赖性是实质性的？	如何计量影响驱动因子和依赖？	与企业影响和依赖相关的自然资本状态及趋势有哪些变化？	对自然资本的影响和依赖价值几何？	怎样解读、验证与核实评估流程和结果？	怎样应用结果并纳入企业当前管理体系？

第一阶段"设立框架"包含步骤1：启动评估流程。开篇定义自然资本："组合起来能够产生带给人们利益或服务流量的地球上可再生和不可再生的自然资源存量"。阐释相关概念的内涵和外延，帮助企业理解生物多样性与生态系统服务，自然资源与自然资源资产，存量与流量、以及效益与价值之间相互依存和转化的内在关系。自然资本核算是"针对某区域或生态系统总的自然资源存量和服务流量的计算过程"（联合国《《环境经济综合核算体系》SEEA）。其中，存量=自然资源=生物多样性+非生物资源；流量=服务=生态系统服务+非生物服务。本阶段回答企业为什么要进行自然资本估值的问题，指导如何"将概念应用于特定企业环境"等操作，并提供矩阵工具，分析依赖和影响自然资本导致的风险或机会。

第二阶段"确定范围"包含步骤2—4，对评估目的、范围和实质性标准进行确定。首先分析企业如何识别使用估值结果的受众（如股东、董事会），以及内外部利益相关方的适当参与（步骤2）。其次实施估值焦点、价值链边界、基线、情景、价值观类型、空间范围和时间期限等一系列操作，进一步确定能够满足评估目标的估值范围（步骤3）。最后确定"实质性标准（步骤4），包括：（1）作用于公司财务报，例如违反法律合规或丧失投融资机会；（2）对运营具有潜在的环境和社会后果，例如与行业规范或标准不符导致销售下降；（3）重要利益相关方关注，例如投资机构、政府监管部门、行业协会和消费群体等。如果某一议题符合上述全部，则被优先排序用于评估。

本阶段提供一系列方法，例如在确定目标时使用"广泛但浅显"的方法，评估公司或价值链中的多重生态影响，或者"局部但深入"方法强调对少量问题的充分分析。评估范围中应包含哪些成本或效益很大程度上取决于价值观选择——追求投入产出比，代表公司财务或股东价值的"商业价值观"，以及代表更广泛社会成本和及效益，称为外部、公共或利益相关方价值（或外部性）的"社会价值观"。企业开展评估是为决策制定提供信息。决策既可以是一次性的项目投入，又可以是自然资本与公司内部管理体系的长期整合，如原材料采购、期权评估、估算"净影响"或采取缓解生态影响的措施。同时，对估值结果的某些应有或许与外部受众有关，譬如用于对公司估值的第三方资产评定，或对监管机构出示环境净影响证明，或对索赔损害补偿的利益相关方分析，或者用于编写企业公共报告。书中概括了评估应用的5种类型：（1）分析风险机会（如探索新的土地用途或碳汇、水权交易市场）；（2）比较备选方案

（如哪种并购或投资计划的生态风险最低；（3）评估利益相关方（如哪些群体受企业活动影响最大，性质和规模如何）；（4）估算总值或净影响（如企业拥有的土地、自然资源或生态资产价值几何以及如何降低环境、社会成本；（5）改进内外部沟通（如发布报告吸引投资机构和消费者），并提供矩阵工具，用来分析构成完整评估的"三要素"：

要素一：对自身影响。企业活动影响自然资本"反过来施加了"对企业自身的影响"，即来自直接经营，或价值链上、下游转嫁的威胁因素，对公司财务底线的当前影响，或者对未来成本收益率的潜在影响。

要素二：对社会影响。可发生在原材料勘探和开采、中间加工、成品生产、分销、消费和处理回收等价值链的任何环节。即使企业目前无须对这些影响直接负责，也有必要了解它们的性质和规模。

要素三：企业依赖性。从自然获得的关键生产要素，如土地、原材料、水和能源等，以及对生态系统调节服务的依赖，例如水的过滤净化和废物的吸收同化等免费服务。依存度过大容易将企业置于风险边缘。

第三阶段"计量和估算"包含步骤5—7。"影响驱动因子"（步骤5），指的是用作生产、可计量的自然资源投入（量），例如用于建筑的沙子和砾石的体积，或业务活动中可计量的非产品输出，例如制造设备向空气中释放的氮氧化物排放量。影响驱动因子与影响不同，后者作为后果，是由于前者导致发生的自然资本数量或质量变化（步骤6），例如土壤污染物浓度增加，或自然栖息地中指示性物种数量下降30%。选择使用3种估值类型的近20种方法（步骤7）评估自然资本变化导致的环境后果（如生态修复的投入）和社会成本（如健康损害蒙受的医疗费用）。

（1）定性估值，包括意见调查法、审议法和相对估值法。

（2）定量估值，包括结构化调查法、指数法和运用计分或加权的多准则分析法。

（3）货币化估值，分为如下4类。

① 基于市场和金融价格，包括生产函数法、机会成本法、缓解成本法、厌恶行为法和疾病成本法。

② 基于成本，包括替代成本法和损害成本法。

③ 基于消费意愿，包括享乐定价法、旅行成本法和陈述偏好法。

④ 基于转移的价值，包括价值转移法。

通常从定性开始，然后定量，最后估算货币价值，三个步骤循序渐进、互为因果，下一步以前一步作为基础——步骤5计量企业从自然界获取的土地、淡水等生产资料（依赖），排放空气、土壤和水体等各种污染物（影响）的数量；步骤6计量企业对自然资本的依赖和影响导致生态系统服务数量（如"渔获量"）和质量（如"一类水"）发生的变化；步骤7估算生态系统服务变化造成环境成本（如生态修复投入）和社会成本（如健康和收入损失）的货币价值。举例来说，某公司通过从河流采水用于生产（a）。确定河水水量的自然变化，以及竞争加剧和水权变更引起的人为变化（b）。理解这些变化给企业造成的潜在成本或收益，发生机率（c）和变化程度（d），计算每个因素的概率加权变化（e）。（a）-（e）表示评估过程中的注意要点——步骤5将生产所需"用水量"作为影响驱动因子，计量企业在河流中的采水量（立方米）。步骤6对采水量导致自然资本改变产生的"对社会影响"和"对自身影响"进行定性估值。步骤7对上述因果关系"影响—后果—损失"进行货币化估值。值得注意的是，仅在步骤5计算采水量并不能充分揭示企业用水导致的影响规模。通过在步骤6中对影响规模定量估值，企业才能确定采水是否已经使当地淡水生态系统入不敷出，是否有足够水量可满足其他用户当前或未来需求。步骤7对后果造成损失的成本（例如水价提高、监管趋严、限时供水、生态补偿和环境诉讼等）进行货币化核算。

第四阶段"应用结果"包含步骤8—9。解读和验证估值结果的可靠性，提供企业应用评估结果采取下一步行动，为决策提供信息，并将自然资本融入现有管理体系和企业长期战略。为避免"过度估值"和"估值不足"等问题，须对评估开展"敏感性测试"，改变假设或变量以观察所导致估值效果是否波动过大，尤其在涉及到"生态阈值"时，为避免物种灭绝风险，务必要使用谨慎保守的估值工具（步骤8）。采用"分布分析法"了解受企业决策影响的人群及得失情况。帮助确定企业对自然资本的影响或依赖将给利益相关方带来哪些损益，以及企业根据估值结果采取措施将对他们带来何种影响（步骤9）。企业传统的管理体系如环境和社会影响评估（ESIA）、产品组合、管理会计和成本效益分析等，在纳入生物多样性指标后，将具备新功能。以生命周期分析（LCA）为例，货币化估值有助于通过量化产品排放、资源消耗以及环境和健康影响，阐明公司哪些直接或间接成本、收益、资产和负债与自然资本有关，从而建立一套基于"环境损益账户"（E P& L）的财务报表或影子价格机制，为企业的产品组合和品牌美誉度提供更全面的定价策略和投资决策，同时提高风险规避、法律合规和履行社会责任的能力，最终改善公司可持续发展的绩效水平。

《议定书》阐释、厘清和界定了以前环境经济学没有解决而私营部门最为关注的核心问题：生物多样性与自然资源和生态资产有哪些相互依存的内在关系？自然资本作为它们中间的过渡环节，弥补了从自然存量（实物量）到市场流量（价值量）之间的"缺环"，弥合了不同部门利益相关方对价值的分歧，填补了相关领域的理论空白——自然资本是在自然资源里，能够通过组合产生向社会和市场流动的服务及利益流量（生态系统服务是流量的基础）的那一部分存量（生物多样性是存量的基础），并提出了影响驱动因子、定性、定量和货币化估值等自然资本核算的概念、流程与方法，解决了企业"如果不能计量它，就无法管理它"（If you can't measure it, you can't manage it.）的理念困惑和技术难点。《议定书》中的价值（value）、损益、成本效益等数值并不是商品价格，而是企业从自然中获得收益的等价（worth）或相对重要性。货币化有助于企业提高生物多样性保护和可持续利用的意识，激励通过技术创新或增加投入降低生态影响和自然物料的消耗。

《议定书》作为标准化流程框架，有利于推动自然价值核算领域的众多相关方法学，尤其是生态系统服务估值与自然资本实物量及价值量计算之间的融合，使不同评估之间比较成为可能、重复计算、估值过度或不足尽可能降低，不同应用之间的信息转化得到促进，以及提高跨领域学习、宣传和沟通效率，有助于实现政府、公民社会和工商企业界达成共识。例如为自然资源资产负债表编制提供基于多标准分析的工具，在行业指引和标准中纳入影响和依赖估值指标，帮助社会公众更好地理解生态文明内涵，生物多样性和生态系统服务等专业概念。最重要的是，为企业投资自然资本、生物多样性融资和披露信息提供了技术支持。

参考文献

1. 自然资本联盟.自然资本议定书［M］.赵阳，译.北京：中国环境出版社，2019.
2. https://naturalcapitalcoalition.org.
3. 赵阳.《自然资本议定书》介绍［J］.生物多样性，2020，28（4）：536-537.

三、定性评价、定量估值和货币化核算方法

赵 阳

行业和企业为理解对包括生物多样性（存量）和生态系统服务（流量）的自然资本及自然资源造成的影响和依赖，相关直接或间接的成本和效益，潜在的风险与机会，需要运用一系列工具方法，首先通过实质性分析识别要评估的议题，然后计量各种物料投入、污染物和排放，以及造成的生态系统的变化，最后估算这些变化将导致什么性质、多大规模和具体多少社会后果。举例来说，为评估温室气体排放（GHG），企业将使用《温室气体议定书》（*GHG Protocol*）计量GHG排放量的二氧化碳当量（CO_2e）。请注意，这并不能反映出这些排放所造成的实际"影响"。为理解"影响"，必须了解排放CO_2e）到大气中所导致的自然资本变化。这需要关于大气化学、气象学和预测气候变化对降雨模式、海洋酸度、风暴频率和强度以及海平面等相关数据及知识；然后对自然资本变化给人们带来的后果进行估值。在CO_2e）加剧气候变化的情况下，这意味着，使用经济计量方法对现在与将来自然及社区所遭受的影响进行估算。

因此，企业要理解识别、计量和估算，定性、定量和货币化估值，影响驱动因子、影响和后果，以及生物多样性、生态系统服务和自然资本等相关概念不但具有连续性，而且重点在通过对"变化"的计量，预估"对社会影响""对自身影响"和"企业依赖性"（即评估三要素）的后果（表3-3）。

表3-3 预估"对社会影响""对自身影响"和"企业依赖性"的后果

例1：评估对河水的"企业依赖性"	例2：评估"对自身影响"和"对社会影响"
企业通过从某河流采水用于生产（a）。确定河水水量的自然变化，以及竞争加剧和水权变更引起的人为变化（b）。理解这些变化给企业造成的潜在成本或收益，发生机率（c）和变化程度（d），计算每个因素的概率加权变化（e）	企业使用一条河的淡水（a），导致该河流供水量减少。影响路径确定了与河流流量相关的自然资本的关键变化，以及水体和河岸淡水生态系统的相关变化（b）。由于气候变化加剧和生产需求增加，预计未来几年水资源供应量将继续减少（c）。企业希望能预测气候变化如何对生产和运营造成影响，以便在策略上及时做出调整（d）

在例1中，实施步骤5—7须注意操作要点（a）—（e）。步骤5将生产所需"用水量"作为影响驱动因子，计量在河流中的采水量（立方米）。步骤6对采水量导致自然资本改变导致"对社会影响"和"对自身影响"进行定性估值。步骤7对上述影响致使企业和社会蒙受的损失进行货币化估值。值得注意的是，仅在步骤5计量采水量并不能充分揭示企业用水导致的影响规模。通过在步骤6中对影响规模定量估值，企业确定采水是否已经使当地的淡水生态系统入不敷出，以及是否有足够水量可满足其他用户当前或未来的需求。步骤7对后果造成的损失和成本（例如水价提高、监管驱严、限时供水、生态补偿和环境诉讼等）进行货币化核算。

1　计量方法

计量既可定性，也可定量。

（1）定量指标（Qualitative indicator）基于专业判断或利益相关方的意见。定性计量可能涉及高、中或低，或者其他定义为标准的主观评估。

（2）定量指标（Quantitative indicator）通常以物理单位表示，例如不同污染物排放量（吨）或消耗的资源量（立方米水、公顷栖息地）或项目期间的消耗率（立方米/天）。虽然提供了一定数量，但由于需要估算，因此很少精确。

1.1　确定数据和计量方法

确定将用于定性或定量计量影响驱动因子和/或依赖的数据源（data source）。可用的潜在数据源包括：

一手数据Primary data：专门为本次评估而收集的数据。

（1）为本次评估而收集的公司内部业务数据；

（2）为本次评估而收集的供应商或客户数据。

二手数据Secondary data：当初旨在为不同目的或其他评估而收集和发布的数据。

（1）公开信息、同行评议和"灰色文献"（例如生命周期影响评估数据库、行业、政府或内部报告）；

（2）以前的评估；

（3）使用建模技术（例如环境扩展的投入产出模型、生产力模型、物料平衡模型等）得出的预估。

　　虽然一手数据可为具有特定目标的本次评估提供更为精确的结果，而且最为贴近公司业务活动，但收集起来需要更专业的技能和更大的努力。一手数据仅在获取当时和当地具有准确性，而评估则是一个时间跨度比较长的过程。所以大多数企业应考虑使用一手数据和二手数据的组合，这更加实用，足以为决策提供充分信息（表3-4）。

表3-4　计量和预估自然资本变化方法的示例

自然资本的变化	直接计量法	建立模型法	关于建模的更详细方法
气候变化	不适用，可建模了解企业目前排放贡献未来气候变化的情况。然而由于某些变化尚未发生，因此不作直接计量	气候模型是一门复杂的科学。IPCC发布了几种可应用于企业评估的场景，以确定当前和预测全球或区域的气候变化情况。定制模型也是可行的，但对大多数公司而言可能并不具有成本效益	
土地覆盖情况的变化	评估横断面植被和其他物种的密度、年龄和/或物种分布	可从土壤、降雨数据、人类住区和基础设施等预测土地覆盖情况变化的可能性	遥感数据可用于计量和模拟与土地覆盖相关的一系列变量（例如碳汇、初级生产力和水循环）
空气、水和土壤的污染物浓度变化	直接计量水、空气或土壤质量	"生命周期影响分析"（LCIA）相关文献提供了"特征因素"，用来描述由于企业排放或资源使用（即"废物输出流量"和"要素投入流量"）而导致的自然资本变化。这些因素只能作为潜在变化的一般观点，而很少考虑当地环境或社会经济条件，如富营养化或酸化的可能性	使用不同的"命运模型"（fate model）可根据化学品的化学性质和生物物理条件，分析特定污染物在不同介质中的持久性和转移。大多数空气和水的相关方法则运用可展示时间和空间性质的"扩散模型"（dispersion modelling）。对于向土壤排放，首先需要估算污染物在土壤、空气和水之间转移的路径

（续表）

自然资本的变化	直接计量法	建立模型法	关于建模的更详细方法
缺水情况的变化	直接计量可再生淡水储备	不同地理空间尺度的水稀缺和压力指数可用于估算企业增加或减少用水量后的变化	水文模型（hydrological model）提供了水循环过程的简化视图，用来估量改变这些过程的平衡将如何影响系统中不同部分的水的可用性
洪水变化情况	直接测量洪水频率与洪灾导致损失的变化	基于历史事件的风险评估	根据景观和气候预测的物理特征，水文模型可用于计算风险因子
侵蚀的变化情况	直接测量地表土流失和当地水道沉积	根据对已给定类型的公开因子，包括土壤、气候和土地管理技术等，进行估算	过程模型（process model）可用于同时考虑景观的局部物理特征，导致侵蚀的水文和气候系统，以及人格化的驱动因素及反馈
鱼类种群的变化情况	基于捕获量或生态调查法的直接计量（变量取决于物种和地理位置）	具有通用数据输入的基本人口动态模型（basic population dynamics model）	基于关于人口存量的主要数据、现有压力和人口恢复统计数据而形成的详细人口动态模型

1.2 评估变化概率的方法

对于内部和外部因素，需要识别哪些可导致你公司业务具有实质性影响和依赖的自然资本发生重大改变。然后估算该因素的发生机率。此外，应考虑因素发生导致自然资本变化的可能程度、规模、时间尺度以及地理范围。这对于评估企业依赖性（依存度）尤为重要。

一种好的方法是开发变化的概率加权估计。这种基于风险的方法尤其与依存度相关，因为许多外部影响驱动因子并非由企业直接控制，因此其精确度未知或不确定。因此，这部分价值属于"受险价值"（value at risk），或者相反，是收入增加的风险加权机会。

对于直接实时（real time）观察到的变化，相关概率为100%。然而对于未来或难以观察的变化，则存在结果的不确定性。可以使用各种方法来评估变化的可能性，包括：

（1）概率分析法（Probability-based analysis）：测试内在关系的统计重要性，可得出可能性的定量估算。例如，多变量回归用于识别可观察趋势的关键因素，蒙特卡洛分析法（Monte-Carlo analysis）则用于测试多个可能的数据点和假设、判断潜在排列，以及通过集中趋势（central tendency）确定最可能的结果。（注：在统计学中，集中趋势或中央趋势，在口语上也经常被称为平均，表示一个概率分布的中间值）

（2）多标准分析法（Multi-criteria analysis）：在多个因素导致变化可能性的情况下，可使用本方法分析、生成不同因素导致自然资本变化总体可能性的影响权重。这类似于上述多变量分析，但通常使用判断和专家意见而不是统计来确定权重。

（3）专家意见法或多方利益相关方评估法（Expert opinion/ multi-stakeholder assessment）：在某些情况下，无法获得定量数据，需要定性判断或专家意见。例如，影响自然资源获取权限的政策发生变化的可能性取决于政治背景。此时，专家和其他利益相关方的观点可帮助估计变化发生的概率。

将变化发生的概率或机率乘以变化的程度或规模，从而估算出自然资本的概率加权变化。对自然资本变化可能性的分析将对评估最终结果产生重要、成比例的影响。然而分析具有内在不确定性，可能存在主观印象特点，特别是在使用定性方法评估风险时更为明显。因此，对评估结果做敏感性分析（sensitivity analysis）时，应考虑一系列有关概率的替代值，允许你评估确定可能导致不同决策的阈值水平。通常更容易判断给定的机率大小是否"合理"，而不是先验地确定所选阈值的准确概率，因此阈值分析是证明评估结果合理，支持决策有效的常用方法（注：阈值也称为临界点，指由某一种状态或物理量转变为另一种状态或物理量的最低转化条件，或由一种状态或物理量转变为另一种状态或物理量）。

2 流量估值方法

在环境经济学和本书中，估值不仅仅意味着货币化。估值是指在特定的背景下，估算自然资本对人们的相对重要性、价值或用处的过程。它包括定性估值、定量估值和货币化估值方法，或者这些方法的组合。通过不同的估值技术衡量支付意愿与商品或服务的市场价格是两个不同概念。支付意愿衡量的是为一件商品或服务所准备支付的最高金额。它是由个人品味和喜好决定的，并受到收入限制——譬如受访人群的支付能力。市场价格则代表商品或服务的实际价格，由市场和制度因素决定，例如市场结构和竞争、监管干预以及产权等。了解支付意愿与市场价格之间的差异，有助于洞察企业对社会影响的估值。对于每一个已识别的成本和/或效益，都需要选择相应适当的估值方法，这取决于企业要采用何种估值类型。不同因素会影响最佳估值方法的选择。除了识别最适合评估范围的方法之外，还需要考虑数据可用性、预算和时间限制、利益相关方参与度以及评估目标所需的数据和结果的精确度。举例来说，定性评估法有利于发现背景的详细信息和无形价值，但无法保证提供精准数据、样本内方差的度量、以及可直接与企业财务成本和收益进行比对的结果。

定性估值是通过定性和非数字的方式，提供成本和/或效益潜在规模的信息，如借助定性的、非数值的内容来表示成本和/或效益，如大气排放污染物的增长，休闲娱乐等社会福利的降低。

定量估值提供可用作成本和/或效益指标的数值数据，如污染物的变化吨量，享用休闲的人数减少量。

货币估值将成本和/或效益的定量估值转化为单一共同货币。

估值类型的选择主要取决于企业想要评估的自然资本影响驱动因子或依赖，企业秉承的商业价值观、社会价值观或二者兼具的价值导向，评估的最终目标以及可用的时间和资源。考虑到相对准确性、时间、成本和期望的现实性，不同估值法之间可能需要权衡。所有的估值法都有各自优劣势（TEEB 2010），一般而言，在可能条件下建议采取有顺序的且实用的方式，即从定性开始识别和估计成本或效益，然后定量和货币化。估值的局限性往往即为未来潜在成本或效益的不确定性，在接近重大临界点和潜在不可逆的生态系统变化时尤其如此。

货币估值的关键问题是避免重复计算。当评估中间成本和/或收益而不是最终成本和/或收益时，这种情况就有可能发生。例如车轮的价值已经包含在了出售车辆的价格当中。所以在资产负债表中同时记录车轮和车辆价格就属于重复计算。如果没有足够数据、时间或资源支持你开展本次评估，最经济有效的方法是借鉴前期已发布的研究结果，使用"价值转移法"可帮助你快速上手。然而，价值转移法在可靠性方面无法与专门为本次评估收集的一手数据相媲美——须谨记。

2.1　定性估值（Qualitative valuation）

定性估值既可以是对"重要性"的简单描述，也可以是对影响和依赖相对价值更为正式的评估。

（1）意见调查法（Opinion surveys）　通过询问一系列问题（如半结构化访谈）来展示广泛利益相关方的观点。在一定背景下，可以通过自然资本的相对重要性或价值，来估计其定性价值。访谈所采用的问题一般基于实际或假设的场景，寻求来自一定范围的利益相关方的回应。调查既可以面对面进行，也可以通过电话或互联网。设计调查时，有必要考虑潜在误差的来源，包括样本选择、场景框架设定、问题措辞和数据分析。调查通常也可用于定量分析（参见下文"结构化调查"），但应该始终包含定性的问题，以验证结果，并核实受访者对被询问问题的理解。

（2）审议法（Deliberative approaches）　是一种结构化的框架，例如促进小组讨论或聚焦小组。该方法让利益相关方在特定的背景中讨论自然资本的相对价值。当代表不同意见的各方都可以从促进小组讨论中获益时，该方法就起到其应有作用，并有助于了解不同观点背后的主要动因，以及弥合分歧就适当的定性估值达成一致意见。

（3）相对估值法（Relative valuation）　是在特定环境下对价值的相对表达。可以用低、中、高表示，并在适当情况下显示正值还是负值。有时使用简单的颜色，如红色、琥珀色和绿色（RAG）突出正负值。如果使用数值范围，例如5分制或10分制，或+3至−3，则评估就具有了定量意义。

① 相对估值法的关键步骤

a. 根据所评估积极（正面）和消极（负面）的价值变化，识别并确定你要评估的潜在相关影响的范围。

b. 对于不同影响的定性值的范围（例如，高、中、低，或者在使用定量方法时采用0~5分值）达成一致，并定义这些用来衡量范围的术语的含义。

c. 使用前后一致的方法和相关信息为每个影响（或价值变化）分配一个定性值。这可能需要基于专业判断、利益相关方访谈、研讨会或对可获取数据（包括定量信息）的审查，才能正确地分配。

d. 最好是采取多利益相关方互动并建立共识的举措（例如，促进企业内部员工、外部专家、利益相关方和学术研究者参与相对估值法的确定工作），从而增加自然资本评估结果的可靠性及可信度。

② 注意

a. 在可能情况下，对不同层次的定性数值采用前后连贯且一致的计量方法，并做出明确定义。

b. 如可行，使用定量信息支持定性估值。

c. 相对估值最好由环境经济学家进行，并有其他有关专家参与，特别是生态学专家，但也可能需要水文、空气质量、社会学等领域的专业人士。

d. 在估值或对评估结果审查过程中纳入更广泛的利益相关方，从而增加整个评估的稳健性和可信度。

2.2 定量估值（Quantitative valuation）

自然资本评估过程中会使用到各种定量估值方法，可为定性估值增加数值数据，从而为自然资本的货币化估值奠定基础。定量估值法包括结构化问卷调查、非货币性指标，例如"残疾调整生命年"（Disability-Adjusted Life Years-DALY）可作为健康影响的评判指标，以及模拟建模或多准则分析（MCA）等更复杂的分析技术。MCA通常应用于环境研究中，作为比较备选方案的一种手段。

（1）结构化调查法（Structured surveys） 是获取量化价值的有效手段，通常可以引导出关于包括人群偏好（结果排名）、大众行为（消费水平）或其他事实（地理区域）等数据。用于调查的问题一般基于实际或假设的场景来收集、捕捉在广泛范围内的利益相关方反馈。调查通常包含一系列问题和"闭环选项"（例如"是"或"否"），既可以面对面询问，也可以远程通过电话或互联网进行。在设计结构化调查法时，有必要考虑潜在的误差来源，包括样本选择、调查方式、场景框架设定、问题措辞和结果分析。定量调查的结果通常可作为其他估值方法（如多准则分析或货币估值）所需的输入变量。定量调查也应该包括定性问题，用来验证结果，并核实受访者对被询问问题的理解（见上文"定性意见调查法"）。

（2）指数法 用来量化对自然资本的计量。然而，通常计量只表示在设定背景中价值的指示值。例如，简单的输出单位如水的立方米数值（m³）只有依托于上下文才能评估价值，既可以表示每单位产量的，也可以表示水源地采水的消耗量。通过结合各种信息源的定量指标能够增强对自然资本价值的深入理解，例如用水量（每单位产出的m^3）与水资源短缺指标结合可以计量单位产出导致水资源状态的变化。定量指标也可直接用于评估人类福祉和健康的改变，如残疾调整生命年（DALYs）或质量调整生命年（QALYs），这两项指标在卫生部门已被广泛用于评估和比较特定人群健康状况的决定因素。

（3）多标准分析法（Multi-criteria analysis，MCA） 涉及识别和评估通常包括环境、社会和经济议题（包括财务成本）的一系列参数，用于企业比较、选择备选替代方案或制定决策。这些参数首先根据影响程度（如设定10或100分值）给予评分或分级，然后根据它们在项目/决策环境中的相对重要性进行加权。通过计算所有标准的加权平均数，最后对所有备选的替代方案整体评分并按顺序排名，确定出最优方案。MCA最鲜明的特点就是评分和加权，这使该方法变得高效。

① 多标准分析法（MCA）的关键步骤

a. 根据目标、决策者和其他关键利益相关方，设定评估所要支持的决策背景。

b. 确定相关备选方案（备选方案可能是某个项目或决策）。

c. 明确目标并确定一组标准（参数），越能反映不同备选方案后果的估值越好。

d. 基于该标准及相关参数，对每个方案的预期表现进行评分。

e. 为多个不同标准分配权重，以反映它们在决策中的相对重要性。

f. 将每个方案的的权重和分数加起来，得到一个总数值。

g. 通过调整得分或权重，审视结果的变化情况，即分析敏感性。

②注意

a. 确保使用的多个标准是全面的，但又不相互排斥。

b. 与广泛的利益相关方就得分和权重达成一致。

2.3　货币估值（Monetary valuation）

特别是对于货币估值，必须要在使用其他研究的二手数据，还是自行开展估值研究以获得符合特定背景、更为可靠的一手数据之间做出选择。如果数据量不够，或者时间和资金限制无法进行一手研究，最经济的办法是采用"价值转移法"，借鉴前期其他研究已获得的数据并适当应用于自己所需的评估背景中。因此请注意，由于价值转移法依赖于来自其他背景的数据，因此通常可靠性受到局限。在某些情况下，价值转移法仍能提供有用信息帮助设计一手估值研究或验证估值结果。

货币化估值主要分为基于价格的市场和金融价格法、基于成本核算的成本法、基于消费意愿的偏好法，以及价值转移共四类技术。

一、基于市场和金融价格

如果能获得所需数据，那么该方法很好用。通常用于评估对企业的影响和企业对自然资本市场和金融价格的依赖。在使用该方法时，应记住价格对于那些买卖特定产品或服务的人们来说，是一个价值指标。因此，它们无法代表自然资本的变化对社会所产生的全部价值。市场价格也可以用于评估企业对社会的影响，这时可以作为社会价值的替代指标。例如，即使在存在水资源交易市场的地方，水价也往往是由行政部门制订的，而且可能低于其真正的经济价值，这是因为水资源通常可以获得的政府补贴。这同样适用于其他生态系统服务和非生物服务。例如，垂钓者可能会为特定水域的捕鱼权支付许可证费，但这个价格可能比他支付意愿要低得多。然而，自然资本提供的产品和服务（例如生态系统的调节服务）通常没有市场，因此没有直接可见或可交易的价格。对于自然资本的消费使用，可以使用各种基于市场价格或市场成本的方法。市场和金融价格法如下。

（1）派生需求函数法（Derived demand function） 也称为"反向需求函数"（inverse demand function）可以确定家庭或企业在自然资本投入方面的总值，该函数需要以不同价格买进数量的数据，以及统计回归分析，这需要有关于使用量或消费量的有效数据，而自然资本通常无法获得这些数据。

（2）机会成本（Opportunity costs） 由于执行某项操作而丧失的价值（例如机会损失的成本），有时被用作替代值。例如，享用农业用地休耕获得的收益，至少可以被认为等同于该土地用于农业生产所产生的价值（扣除补贴）。

（3）缓解成本法/厌恶行为法（Mitigation costs/aversive behavior） 为减轻环境影响而付出的成本，可能代表对承担减排治污责任的人群造成影响的最低替代价值。例如水处理的成本作为衡量水污染损害价值的替代指标。需要注意的是，减轻环境损害的假设成本不一定是价值的完全体现——只有当个人或组织（企业）实际上准备承担有关费用，或在相关法律要求下强制这样做时才可认为相关支出体现环境损害价值。在后一种情况下，国家立法大体涵盖了对于环境损害价值的评估，认为它至少与减缓相关环境损害的成本大小相当。

（4）疾病成本（Cost of illness） 污染成本可以根据人们健康受到影响

而导致的疾病成本来推断。相关费用包括医疗支出以及劳动生产率下降造成的损失。如果一家企业主要对自然资本变化可能给企业自身带来的财务影响（例如创收或成本控制）感兴趣，那么利用市场价格评估自然资本的影响或许是合适的。

（5）生产函数法（Production function）　也被认为是关于"产量的变化"或"对生产的影响"方法。将市场商品化的产品或服务的产出（产量）的变化，与生态系统服务质量或数量相关且可衡量的变量联系起来。例如，人们能够预估由于自然资本所产生的产品或服务的数量或质量的减少，而导致农业或商业产出的降低。但从技术层面来讲，这样的因果关系可能难以确定，而且往往需要复杂的公式和计算才能保证结果的准确。

①生产函数法关键步骤

a.首先，识别要评估的哪些企业产品和服务是建立在自然资本质量或数量与为企业和社会提供的利益之间深入关联基础之上的。

b.其次，识别将生态系统服务和非生物服务作为投入（例如作物产量或采矿产量）的企业相关生产过程。

c.然后，估算生产函数。收集有关生产投入和产出的数量和单位成本的数据，或参考以前其他的评估和类似假设，并根据背景差异进行必要调整。

d.设定生态系统投入之前和之后的情景，用来反映自然产品或服务的变化。计量或预估当前条件和模型，或者预计未来的条件。

e.估算生态系统投入（ecosystem input）变化之前的净收益。

f.估算生态系统投入变化之后的净收益。

g.最后，计算净收益变化。

②注意

a.识别与企业产品价格相关的生态系统服务和非生物服务的数量或质量变化，或者自然资本的其他变化，这样做是值得的。要注意要那些大到足以导致价格波动的变化，而不是可以被市场轻易抵消的微小变化。

b.其他类似研究的经验或外部专家意见可以为你公司用来估算产出的变化提供借鉴（例如，假设当用水量增加10%时，农作物产量相应也增加10%）。但移植外来证据必须谨记并遵循价值转移的基本原则。

二、基于成本

（1）替代成本法（Replacement cost approach）　是一种基于成本的方法，

通常用于货币化估值。特别是用来评估企业对生态系统调节服务的影响和依赖。同时，该方法也经常被用来证明自然资本投资的合理性。在第一种情况下，可认为自然资本提供譬如水源净化和洪水防控等调节服务的价值，与自然资本流失后所需替代人工服务的成本相同，即通过基础设施建设达到自然资本丧失前的服务水平。这些类型的评估应考虑到人工基础设施的长期维护和运营成本，以及同等自然资源提供的其他生态系统服务和非生物服务价值的损益。由此得出的估值往往基于这样一种假设，即人们通常倾向于投资于对生态系统服务和非生物服务损失后服务缺失的人工替代，尤其是在这种投资行为能够满足相关法律（对于维持自然资本及服务水平）规定的情况下。例如饮用水的质量标准。在其他情况下，该假设可能不成立。，此时可应用其他估值方法对降低的生态系统服务和非生物服务进行估值（例如，当某种市场商品或服务受益于生态系统服务时，采用生产函数方法，或者陈述偏好法）。总之，替代成本可被预估、观察或建模等方法进行估算。

①替代成本法关键步骤

a. 识别要估值的生态系统服务和/或非生物服务。

b. 评估生态系统服务和/或非生物服务的使用规模和范围。

c. 确定在当前使用规模下，替代生态系统服务和/或非生物服务所需的人工产品、服务或基础设施的性质。

d. 通过预估、观察或建模等方式估算人工替代的成本（包括资本、运营、维护和退役成本）。

e. 识别并说明其他受影响的生态系统服务和/或非生物服务。

②注意

对替代成本（replacement cost）的估值应该考虑生态系统提供的更广泛的服务组合（例如，湿地环境提供多种供应、调节和文化服务）。替代服务的质量或水平应能反映原始生态系统提供的服务。例如，如果某个湿地只提供部分水过滤功能，那么它的价值并不等同于一个高规格配置的滤水厂，而是一个滤水量与湿地相同水平的滤水厂。"最小全寿命成本"（least full-life cost）人工解决方案可反映一个完成的替代成本价值。确保在建议方案中包含一定时间跨度的维护成本。如果自然资本能够永久提供生态系统服务和非生物服务，那么评估结果可能会因为时间尺度和贴现率产生波动。

（2）损害成本法（Damage costs avoided） 对于评估生态系统的调节服务

和气候变化的影响非常有效。该方法往往基于对损害价值的预判，可在是否存在我们关注的调节服务或影响的情况下比较并预测损害程度的价值。二者的差异即损害值，等同于提供的服务价值。预测损害值的方式取决于所涉及的不同生态系统服务或非生物服务，但"消费型估值"方法可作为方式之一（例如，空气污染增加造成的疾病成本）。如果需要精确值，这种方法可能会变得非常复杂。例如，确定洪水相关的数据和数值需要计算，并与不同洪水返回期的"年平均损失"（例如，两年一遇、五十年一遇、百年一遇）进行比较。有些必要的数据可能并不存在，而且或许难以建模，尤其对于气候变化来讲更是如此，尽管如此，仍可使用已发布文献（特别是基于IPCC的工作）中已有模型的输出结果。保险公司已经开始调查极端自然事件的损害成本，并开始将其与自然资本退化和气候变化联系起来。

① 损害成本法关键步骤

a. 识别要估值的生态系统服务（通常是调节服务）和/或非生物服务。

b. 在没有服务提供或者没有企业对服务造成影响的情况下，预估损害的可能成本。这个成本可能是一个概率函数，或是结果的数值。

c. 使用相同的估值方法，当存在生态系统服务，或企业对生态系统服务产生影响的情况进行估值。

d. 确定上述"存在"和"不存在"场景之间的价值差异。

② 注意

如果一手估值的依据是从其他研究中转移过来的，请遵循价值转移的基本原则。

三、基于消费意愿

主要分为"显示偏好法"（revealed preference approaches）和陈述性偏好法两种，前者包含如下内容。

（1）享乐定价法（Hedonic pricing） 是一种显示偏好的方法，用来评估自然资本如何影响市场商品价格。例如，位于靠近或远离自然景观的住宅市场价格通常不同，价格差异可部分展示这些地段的不同舒适性价值。统计分析可用来梳理影响商品价格的各种因素，可能包括卧室的数量、房屋大小、景观视野，或与如河流或公园等重要环境特征的距离。

① 显示偏好法关键步骤

a. 整合数据（例如房地产价格的数据集或一手调研数据，包括作为评估重点的环境特征）。

b. 针对一系列解释变量（包括环境产品或服务），对房地产价格进行回归分析。

c. 导出一个整体的综合价格函数。

d. 根据兴趣特征，预计需求曲线。

e. 通过整合需求曲线，估算由于环境产品或服务的边际变化而引起的总价值变化。

② 注意

a. 为合理开展工作，此方法可能需要大量数据和时间。

b. 一种更为简单的方法是要求当地房地产中介为特定环境属性提供价格溢价的估算值，以百分比计。

c. 使用从其他背景转移过来的二手数据用于计算近似值是划算的，并且往往足以满足需要。例如，已有大量研究表明，靠近绿地的房产价值增加呈现一定比例。使用这些转过来的数据或依据应遵循价值转移的基本原则。

（2）旅行成本法（TCM） 是另一种可以用来确定自然环境产生的休闲或舒适价值的方法，比如游园、钓鱼或其他非消费型性享用。旅行成本法基于这样的观点：对个人来说，一次休闲的价值至少与出游履行所花费的时间及其他费用成本一样大。问卷调查经适当设计后可获得游客的旅游信息，然后通过需求曲线推断单独、平均和整体的需求价值（即，对景观的访问频率作为旅游成本的函数）。可以针对个人或景观进行旅行成本调查，前者更常见。为确定该方法的适用性，应虑各种问题，例如景点是否容易到达，以及游客目的是否包括其他附近景点等。

① 旅行成本法关键步骤

a. 设计问卷（需要收集的数据包括：居住地、人口统计、出游期望、旅行目的和频率、参观景点的时间和花费）。

b. 向旅行者（须确保足够的样本容量和具有代表性的游客）发放调查问卷。

c. 分析数据并估算一个可代表同一景点所有游客的需求函数（基于门票数量、抵达景点所需花费等因素，使用计量经济学的专业知识确定需求关系）。

d. 估算旅游休憩的平均价值（基于需求曲线，整合整个景点的数据，用以估算每个人享受到的的平均休闲价值）。

e. 将平均个人享受到的休憩价值乘以在特定时期内游客的数量，估算出该景点所能提供的总休憩价值。

② 注意

a. 在使用旅行成本法之前请仔细考虑，人们花钱旅行去参观某地（一般指景点、景观地或纪念地）的原因可能有很多。而参观的频率、时间和花费并不总能是反映该地点对人们而言的全部价值。

b. 旅行成本调查可以与陈述偏好调查相结合。比较两组不同调查得出的估值可以验证并和提高评估结果的可靠性及可信度。

c. 可以应用粗略的近似值，举例来说，通过将游客成本（例如，旅行花费和时间）的估值乘以游客数量。如果用于估算的游客支出是从其他景观地转移而来的，则应遵循价值转移的基本原则。

（3）陈述偏好法（Stated preference approaches）　陈述偏好法针对特定人群中的代表群体进行咨询的问卷调查，主要关注他们对某一特定产品或服务的偏好如何。通常用于确定消费者对自然资本数量或质量边际改善的"支付意愿"（WTP），或他们对边际损失应得补偿的"受偿意愿"（WTA）。

陈述偏好调查主要有下列两种类型。

条件估值法（CV）通常要求消费者直接说明他们对某种产品或服务（通常选取可提供不同水平的非市场化收益的选项）的支付意愿，或者接受补偿的意愿。

选择实验法（CE）也称为"选择模型法"，首先准备一套备选选项，并对其采用5或6个不同属性的参数进行具体描述。然后要求受访者备选中选择一个喜欢的选项并支付，最后，通过计量经济学建模得出每个属性不同级别的货币价值。

不论条件估值法还是选择实验法的主要优点是在评估任何特定环境、社会或经济资产或影响方面可保持灵活性。实际上，它们是唯一能够确定"非使用"或"存在"价值的一手估值方法。此外，允许对特定议题进行一手数据收集和评估，确保结果能够代表受影响个体。

陈述偏好法的缺点包括：全面而稳健的调查可能既费时又费钱。这在一定程度上是由于在假设的情况下需要克服各种潜在的误差来源，否则会导致糟糕或无意义的结果。举例来说，受访者可能会表现出较高或较低的支付意愿，或者他们可能不熟悉被要求估算的价值，从而可能导致不准确的回答。同样重要的是须认识到，结果只是基于受访者陈述他们会做什么，而不是他们的实际行为。然而，设计和使用陈述偏好法方面的经验增长迅速，这将不断提高该方法的可靠性并降低其应用成本。此外，基于互联网的调查方法也越来越被人们所接受，这将进一步降低成本。

① 条件估值法（CE）或选择实验法（CV）的关键步骤

a. 进行关于确定评估范围的初步研究。包括审查现有的估值依据及应用，并通过价值转移更好地理解相关价值。

b. 选择适当的调查方法（例如，当面访谈、邮件或电话沟通）和估值方法（例如，CE或CV）。

c. 选择要抽样的目标人群，例如所有潜在受到影响的人，或抵达某地的游客，或者某国或某地家庭数量总和，以及抽样策略（例如，随机或分级）。

d. 调查问卷的设计和格式（例如，开放式的支付意愿调查和支付梯度），以及支付凭证（如账单、税收、捐赠、停车场收费）。

e. 当调查涉及较为生僻或新颖的问题时，通过小组讨论并测试样本，审查问卷的措辞是否合适以及是否易于理解。

f. 调查需要使用数量足够大的样本才能确保具有统计学意义的结果。

g. 完成计量分析，包括识别异常值（例如，受访者表示愿意出极高价格购买）和拒绝出价（例如，受访者不愿接受被提出的情景）。

h. 测试有效性和可靠性。

i. 整合数据和结果，并报告。

② 注意

a. 确保一位经验丰富、受过适当培训的专家参与陈述偏好调查的设计以及结果分析。虽然方法看起来简单，但很容易发生设计的问卷产生无意义结果的情况。糟糕的分析和对偏差回答不正确的处理也会限制估值结果的有效性。

b. 确保调查样本代表目标人群，通过对调查结果进行调整，从而给出具有代表性的总体价值。

c. 确保所选的样本量是适当且合理的。建议完成约250份问卷（假设目标人群为100万人，概率样本的置信区间为95%）。但如果充分阐明注意事项，仅仅100个左右的样本数量也可能产生有效作用。

d. 确保努力克服与此方法相关的大多数偏差，例如假设、信息、策略、起点和支付工具等。

e. 在设计调查时，考虑使用简单但有效的视觉信息来帮助解释估值内容。

f. 检查受访者表达支付意愿的场景是否真实且可接受。检查评估所使用的假设是否保守、谨慎而且被清楚地阐述。

四、基于价值转移

（1）价值（或收益）转移法（Value transfer）　是可替代一手货币估值
（primary monetary valuation）的低成本方法。将其他估值研究（原始研究地）已
有的的价值估算转移并应用到正在估值的背景当中。因此，如果背景情况类
似，或者为解释差异而进行了适当调整，那么价值转移则能够提供合理的价值
估量 。为获取针对评估地和背景的详细信息所进行的一手估值研究，很大程度
上可为企业自然资产评估提供最准确的数据。然而，由于资源、专业知识或时
间的限制，一手估值研究（primary study）往往不具备可操作的条件，并且很多
评估目标通常也并不非要企业耗费大量资源开展一手估值研究才能实现。企业
可借鉴和使用从其他环境（原始研究地）已经做过的类似研究及取得的相关成
果，转移到自己所需的生态和社会经济背景中（目标评估地）—通常被描述为
"价值转移"（value transfer）或"效益转移"，被认为是一种不完善但通常有效
替代企业直接进行一手估值研究的选择方式（Liu et al. 2012）。虽然价值可以随
空间转移、跨越不同地点，也可以随时间转移，但仍必须谨慎处理，因为大多
数自然资本价值是基于特定环境的。要想更可靠地进行价值转移，并理解进行
这种转移的时间及转移是否恰当，必须具备大量的专业知识和应用经验。

① 价值转移可通过不同方式实现

a. 单位价值转移：将其他原始研究地的影响或依赖的平均估值或中位数，
   用于预估企业目标评估地内相似的影响驱动因子或依赖的价值。

b. 调整价值转移：计算原始研究地的影响或依赖的平均值或中位数时需
   要考虑一些背景因素，如平均收入的微小差异，以预估目标评估地类
   似的影响驱动因子或依赖的价值。

c. 价值函数转移：借助多个原始研究地对一个或多个影响或依赖的多重估
   值来开发一个函数或模型。该模型可用于预估一个或多个目标评估地中
   类似影响驱动因子或依赖的价值。价值函数转移尝试考虑不同地点之间
   的差异性，如生态系统的规模、所使用的估值方法以及在预估价值时需
   考虑的社会经济特征。

价值转移预估受到各种限制和潜在误差源的影响，通常与归纳泛化
（generalization）有关，例如当价值转移到具有不同生态和社会经济特征的目标
评估地而不是原始研究地时，就会受到影响。其他误差来源包括原始研究地点
的测量误差等，这些误差可能在目标评估地被复制，也有可能在转移过程中产

生。要更有效地利用价值转移来预估自然资本的影响和/或依赖的经济价值，需要做到以下3点：

    a. 全面回顾前期研究成果，对影响和/或依赖自然资本的经济价值进行可靠预估。下面列出了几个数据库，其中有些数值可用于价值转移；

    b. 在目标评估地对考虑中的影响驱动因子和/或对自然资本依赖的变化进行全面描述，并在适当情况下，以定性和/或定量术语的方式展示；

    c. 了解经济价值如何随原始研究地的影响驱动因子和依赖的变化而发生改变（影响程度和依赖程度与愿意为小规模变化付费之间的关系）；以及了解哪些环境因素以及在何种程度上决定了经济价值，例如，受自然资本变化影响的个体数量，他们对自然资本的使用，以及收入、年龄、性别、教育等社会经济特征，替代品或服务的可获取性和价格。

当你面临不同评估方法生成的证据时，可选择特定的原始研究地进行价值转移。如果只有一个数据源可用，则必须确保它与你目标评估地具备足够相关性，在后期报告评估结果可靠性时，需要阐述二者的相关程度，可从影响驱动因子或依赖，它们的变化、位置和对人口的影响以及市场结构等角度，考虑原始研究和本次评估之间的相似性和差异。同时，还应仔细考虑转移估价证据的研究质量。这需要对原始研究中使用的数据和程序进行评估（例如，样本人口代表性，是否使用了最佳方法等）。最后，你还须考虑价值转移的结果是否与预期一致，或者如有任何重大差异是否能够圆满诠释。

五、价值转移数据库

（1）效益表（Benefits Table–BeTa）

ec.europa.eu/environment/enveco/air/pdf/betaec02a.pdf

BeTa是为European Commission DG Environment专门开发的数据库，用于预估空气污染的健康和环境外部成本。

（2）赋值（ENVALUE）

www.environment.nsw.gov.au/envalueapp

ENVALUE是位于澳大利亚的主要估值数据库，包含400多项研究，其中三分之一基于澳大利亚本土，涵盖了9种不同的环境产品。该数据库在2001年后已停止更新。

（3）环境估值参考清单（Environmental Valuation Reference Inventory– EVRI）

www.evri.ca

EVRI 是目前英国在该领域研究覆盖面最广、最全面的数据库。

（4）自然资源保护服务（Natural Resource Conservation Service– NRCS）

www.nrcs.usda.gov/wps/portal/nrcs/main/national/technical/econ/tools

NRCS 是预估不同娱乐活动单位价值的数据库和清单。

（5）外部性数据回顾（Review of Externality Data–RED）

www.isis–it.net/red

RED 是一份基于产品生命周期关于能源和其他部门环境成本的研究清单，主要包含价值转移实践的细节，而不是一手估值研究。

（6）《生态系统与生物多样性经济学》估值数据库

www.fsd.nl/esp/80763/5/0/50

TEEB 是一个可检索的数据库，包含1310项生态系统服务的货币价值估算。

（7）瑞典环境变化估值研究数据库

www.beijer.kva.se/valuebase.htm

包含一项瑞典研究的"方法和成果"。

六、不同类型的估值方法总结表

该表概括了企业常用定性估值、定量估值、货币估值和价值转移等不同评估方法，可用于评估自然资本存量总值，流量增加或边际值的变化。它们都适用于构成完整评估的"三要素"："对自身影响""对社会影响"和"企业依赖性"。大多数货币估值的方法都适用于上述三要素，但是包括陈述性偏好法和显示性偏好法在内，体现支付意愿（WTP）价值的方法可能更适用于估算企业"对社会影响"这一要素。该表还提供了估值方法所需时间及预算等级的示例，$ – $$$ 表示所需预算逐渐增加。等级都是相对的，并非真实测量值。例如，$或 $$表示此估值方法如果用于收集更为详细的数据，将需要更高的预算。高预算方法通常要求收集更多一手数据，或自然资本、社会经济变化的精细模型。

*一般不考虑"估值"方法本身，但该方法能够获得并显示价值。

**需要注意，这是一种用来对不同参数进行评估的分析工具。

***在分析社会影响时，要注意市场价格可能会因税收、补贴等因素而有所调整。

****由于要使用以前其他类似评估或研究的二手数据，因此价值转移法是一个"二手方法"（secondary approach），但具有低成本和快速上手的特点，对企业来说不失为"捷径"（表3-5）。

表3-5 不同类型的估值方法总结表

估值类型和方法	描述	所需数据	所需时间	所需预算	所需技能	优势	劣势
定性估值（Qualitative valuation）							
意见调查法*（Opinion surveys）	通过设计调查问卷，以及询问一系列同题观点的调查（如受访者构化的半结构化面试）	用于确定抽样范围的利益相关方信息	几周—几个月	$$	问卷设计、访谈	开放式有助于获取更广泛的信息	不支持更大程度的量化 结果可能会限于受访者的个人偏见
审议法（Deliberative approach）	促进小组讨论或聚焦小组的学习和研讨，例如头脑风暴会议、研讨会、聚焦小组、深入讨论	用于确定抽样范围的利益相关方信息	几周—几个月	$$	问卷设计、引导	开放式有助于获取更广泛的信息	不支持更大程度的量化 很难获得具有代表性的参与者样本 结果可能会受偏见和样本受访者选择，所以在本质上是假设性的
相对估值法（Relative valuation）	采用高、中、低估定值收益和/或成本在分类方面的相对价值，采纳可用的数据和专家判断	用于估值的全部参数信息	几天—几周	$	分析性思维	数据收集范围广泛，可包含任何想要的参数	具有主观性 结果可能会受偏见和样本受访者选择，所以在本质上是假设性的

（续表）

定性估值（Qualitative valuation）

估值类型和方法	描述	所需数据	所需时间	所需预算	所需技能	优势	劣势
结构化调查法*（Structured surveys）	结构化调查或问卷调查可用于量化估值：采用一套合理的问题开展一对一问询，问题包括可以用于后期数据分析的"封闭式"回答选项，如是/否、打分、数值选择	用于确定抽样范围的利益相关方信息	几周-几个月	$$	问卷设计、访谈、数据统计	支持更大程度的量化	获取更广泛信息的机会减少了；结果可能会受限于受访者的个人偏见
指数法*（Indicators）	各种不同指标均可用于量化信息，如大气排放量、公顷产量、物种灭绝风险或绝对游客数量	所有关于主要被估值的参数信息，最好是量化信息	几周	$$	分析和统计	或许会非常庞大，包含所需任何参数	可能无法捕捉到全部相关估值
使用计分和加权的多准则分析法（MCA）**（Multi-criteria analysis, MCA using scoring and weighting）	包括选择系列参数和评级并通过打分和加权进行排名，也可借助研讨会、可用数据和/或专家判断"等形式。由于有评分和加权，所以该方法是有效的"估值"方法	所有关于主要被估值的参数信息，最好是量化信息	几周-几个月	$$	分析和统计	或许会非常庞大，包含所需任何参数，可灵活作简单化处理	评级和排名也许会变得过于复杂；比较敏感

（续表）

估值类型和方法	描述	所需数据	所需时间	所需预算	所需技能	优势	劣势
货币估值（Monetary valuation）							
市场和金融价格法*** （Market and financial prices）	包括以下相关方法：用于支付在市场上流通的货物和服务的成本/价格，例如木材、碳、水费或排污许可证；其他内部/财务信息，例如负债、资产、应收款项的估算财务价值；对市场数据的其他解释，如派生需求函数、机会成本、减缓成本/厌恶行为和疾病成本等	生态系统产品和/或服务的市场价格，加工和产品市场推广相关的成本，例如作物	几天—几周	$	经济学或计量经济学	基于市场数据，是一种透明和可靠的方法，可反映实际的支付意愿（WTP）	仅在市场数据、商品或服务都是随时可用的情况下适用，市场价格可能因不完全的竞争或偏差，因此而不能很好地衡量社会价值
反映产量变化的生产函数法 （Production function）	是一种基于经验的建模方法，可以将商品或服务的销售量变化与自然资本投入（例如生态系统服务的质量或数量）的可测量变化联系起来	产品产量变化的数据，与因果关系有关的数据，例如可用水资源的减少导致作物产量下降	几天—几周	$	经济学，可能包括农学、水文和/或工艺工程等	如果能获取所需数据，那么该方法将十分容易操作，可以将自然资本依赖与财务账户相关联	有必要认识和理解自然资本、生态系统服务和/或物品服务的变化与生产产品产量之间的关系，获取有关自然资本、生态系统服务和对生态系统影响的相关数据生产化的数据可能会比较困难

（续表）

估值类型和方法	描述	所需数据	所需时间	所需预算	所需技能	优势	劣势
替代成本法（Replacement costs）	用产品、基础设施或技术等人工替代品代替自然资本的成本。可对其进行估值、观察或建模	用人工等价物替换自然资本或相关产品或生态系统服务的投资（以市场价格**计算），例如用防洪工程取代栖息地的流量调节功能	几天—几周	$	基础经济学和工程学	可为难以通过其他方式估值的生态系统调节服务提供替代计量，是一种基于即时市场数据、公开透明的方法	在某服务缺失的情况下，无法考虑社会对该服务或行为的偏好替代服务一般只能代表自然资源所提供的全部服务中的某一部分
基于成本的方法（Cost-based approaches） 避免成本法（Damage costs avoided）	由于自然资本退化而造成的财产、基础设施和生产损失的潜在成本，被视为一种由保护自然资本而产生的"节约"或收益。可对其进行估值、观察或建模	有关自然资本减少或生态系统服务损失导致财产、基础设施或生产新增成本的数据不同场景发生的损害赔偿	几周	$$	工程学和生物物理工程	可为难以通过其他方式估值的生态系统调节服务提供替代计量，例如，洪水风暴和侵蚀控制	该方法很大程度上受限于财产、资产和经济活动相关的服务可能会高估实际价值

159

（续表）

估值类型和方法		描述	所需数据	所需时间	所需预算	所需技能	优势	劣势
显示性偏好法（Revealed preference）	享乐定价法（Hedonic pricing）	根据观察，环境因素是某些特定环境质量会影响该地区房产价格（例如这些地区的环境质量会影响该地区房产价格）市场价格的决定因素之一。这种方法模拟市场价格以显示控制其他因素影响，价格随该环境因素变化的程度则代表它的价值	与资产价格或工资差异有关的数据，可归因于不同的自然属性，如河流、绿地面积，与森林的距离等	几天——一几个月	$$$	计量经济学	是一种基于市场数据和支付意愿的、趋于透明和便于解释的方法。良好的价值指标与不动产和工资等市场的反应速度同样迅速	该方法主要关注与不动产和工资相关的成本和效益，不动产和工资市场除了受到环境因素外，还受到许多因素的影响，因此需要对所需数量进行识别和控制
	旅行成本法（Travel costs）	基于观察发现环境与市场上的商品和服务通常是具有相互补充的关系。例如，某人花钱和时间旅行到达一个可以欣赏自然风景的地方观光，通过衡量旅游的费用，可以得出自然景观的价值。该方法假设这笔花费是个人体验价值的最低表达（否则人们将不会为此花费时间和金钱）	人们参观娱乐和休闲景点所花费用、时间和费用、旅行的动机	几周——一几个月	$$$	问卷设计、访谈、计量经济学	基于人们的实际行为（做什么）而不是假设的支付意愿，结果比较客观，易说明和解释	方法仅限于休闲娱乐当往返于多个地方或有多个旅行动机时，相关费用的明细和计算起来会比较困难

（续表）

估值类型和方法	描述	所需数据	所需时间	所需预算	所需技能	优势	劣势
条件估值法（CV）（Contingent valuation，CV）	通过询问个人对于享受由自然资本产生的非市场商品或服务特定变化的最大支付意愿或愿意接受受的补偿，来推断出生态系统的价值	调查对象的社会经济和人口信息	几周一几个月	$$$	问卷设计、访谈、计量经济学	获取使用值和非使用值非常灵活，可以用来估计几乎任何事物的经济价值	受到众多受访者偏见的影响，在本质上估值结果是基于假设得出的
陈述性偏好法（Stated preference）选择实验法（CE）（Choice experiments，CE）	向所有受访者展示替代商品或选择集的特点，包括不同的属性或特质，如距离、物种数量或自然资本的其他方面。要求受访者选择他们较为喜欢的，以供推断出相关的非市场商品或服务的价值	As for CV above 内容如上，与条件估值法相同 需要一套话当的"分级"关键参数，如水质，差、中等、好、极好等	几周一几个月	$$$	问卷设计、访谈、计量经济学	捕捉使用和非使用价值有助于提供小规模变化的趋势细节，例如珊瑚覆盖面积每增加1%的价值	结果会受到受访者偏见的影响，在本质上估值结果是基于假设得出的，给受访者的选择项仅限于他们在调查期间能够理解和衡量的内容

（续表）

估值类型和方法	描述	所需数据	所需时间	所需预算	所需技能	优势	劣势
价值转移（Value Transfer） 价值转移法*****（Value transfer）	使用以前在其他类似背景条件下开展的关于因子的估值已得出的估值证据和相关二手数据。对于两个不同背景的"原始研究"（用于借鉴）和正在进行的"本次评估"）的差异必须做出关于调整的说明	基于上述方法的估值适用于其他类似研究，对大多数公司来说非常常用且便于快速入门来源于不同研究的关键变量数据（例如人均GDP）	几天一几周	$	使用价值转移法时，应了解并采用表格中的一种或多种方法用于二手数据研究；使用函数进行计量经济分析	是一种低成本、快速且受欢迎的估值方法，主要运用以前类似评估得出的结果，而不是重新收集一手数据进行评估	使用简单、但准确性和可信度受限，需要谨慎，由于价值转移法旨在使用其他价值研究的相关成果和二手数据，因此与目的而专门进行的一手估值研究（primary research）及可获得的一手数据相比，很可能具有更大程度的不确定性，因此二手数据的适用性取决于你企业决策的背景，现有的估值面不均衡，对有些方面或影响的估值研究要比其他方面数量更多或质量更高

3　存量估值方法

大多数企业的自然资本评估主要针对自然资本的流量（flow）。现在简要地讨论如何将自然资本作为"存量"（stock）进行估值（valuation），而不是以流量的变化产生的成本和效益进行估值。

3.1　定性估值

自然资本产能（capacity）部分取决于存量的规模和状况，但也取决于其他更多的定性属性，比如历史重要性或法律地位。例如，根据《联合国世界遗产公约》（*UN World Heritage Convention*），澳大利亚大堡礁（Australia's Great Barrier Reef）被指定为世界自然遗产，该认证可以被认为是一个特别引人关注的自然资本存量价值的定性指标。

3.2　定量估值

"存量"是指在特定时间点的资产总量和质量的物理术语，如特定区域内未伐木材的数量，某种类型土地的公顷数，特定渔场中有商业价值的物种的生物量、特许经营的矿产探明储量，或在大气中二氧化碳当量的吨数（UN 2014）。此外，可以使用各种指标来计量生物资源存量的状况，例如栖息地破碎化或连通性。这些和其他定量的存量指标可以按照共同的尺度加以规范化、加权并汇总成为展示生态健康水平的综合指数。

3.3　货币估值

自然资本存量的货币价值可以从预期的未来收益流（flow of benefits）中推断出来。净现值（NPV）是从特定的资本资产角度出发，评估未来收益流折扣的常用工具之一。基于对收益流价值的预估（该预估可能包括市场及非市场产品和服务），同样的方法可以用来评估自然资本存量。

对自然资本存量的货币估值所需数据可能包括：

（1）在不损害产能且可持续的条件下对未来收益流或资源开采的预测结果；

（2）由于人口趋势或经济增长导致收益的实际边际价值或价格在一段时间后变化的预测；

（3）对诸如资源开采等获取收益的未来成本预估；

（4）对可能因为管理制度和资源的性质而无法确定、以年为单位的资产寿命的评判结果；

（5）视情况对适当的市场贴现率或社会贴现率的评判结果。

3.4　估值贴现

受到气候变化或其他环境条件的影响，自然资本的未来状况以及由此产生的收益流存在着很大的不确定性。同样，对自然资本目前提供现有收益的未来需求也不稳定，这可能因社会经济或技术变化而有所不同。这种将来的不确定性也是为什么在以货币计算存量价值时通常将贴现应用于未来价值的原因之一。事实上，贴现率通常是对存量净现值预估最敏感的单一参数。在自然资本估值中仅涉及企业的专有成本或利益时，可使用企业正常的财务贴现率（financial discount rate）来表达未来的成本或收益的现值，即项目评价标准中的"最低资本回报率"，或企业的加权平均资本成本（WACC）。然而，企业对自然资本的决策导致的后果完全由企业自己承担这种情况是非常少见的。因此，在做价值估值的时候通常要考虑第三方的成本和收益（即"对社会影响"的评估要素）。

当考虑到这些未来的社会成本或利益时，采用贴现率反映所有受影响的利益相关方当前的消费偏好与未来消费偏好之间的比较与平衡——这被称为社会贴现率（SDR）。虽然社会贴现率各不相同，但几乎总是比正常的财务贴现率低，主要是因为它们需要反映后代和当代人的福祉。在自然资本的背景下，这一点尤为重要。与大多数其他形式的资本不同，如果管理得当，自然资本可以无限期地提供持续收益。典型的社会贴现率在2%~5%波动，但在某些情况下，出现更高、更低甚至是负贴现率都是合理的。解决关于适当贴现率争论的一种常见方法是使用多种不同贴现率来测试结果和结论的敏感性。

参考文献

［1］　自然资本联盟.自然资本议定书［M］.赵阳，译.北京：中国环境出版社，2019.

［2］　赵阳.《自然资本议定书》介绍［J］.生物多样性，2020，28（4）：536-537.

四、"责任沟通，彰显价值"——企业生物多样性信息披露

赵 阳

企业与自然的关系是双刃剑。企业依赖并影响生物多样性和生态系统服务。另一方面，作为提供生态环境保护多元化、市场化资金来源的"现金奶牛"，以及创新科技和应用行业解决方案的"发动机"。《生物多样性公约》（以下简称《公约》）指出："不论风险规避或商业机会的动机，还是业务流程或价值链的考量，生物多样性都是关键要素"，并致力于通过"资源调动""资金机制"和"部门主流化"议题谈判，建立企业全球伙伴关系，推荐工具和传播最佳实践等措施，促进企业参与和推动全球治理。企业在报告中披露信息已经成为达成上述目标的有效手段，同时有利于实施可持续消费、公共采购、责任投资和绿色金融等国内政策，以及大宗产品认证认可（如棕榈油、大豆和牛肉）、配额、许可证和特许经营等市场化机制。国际最新经验表明，企业承诺和参与信息披露正在自然资本核算、生物多样性"抵偿信用"（biodiversity offset）交易、生态系统服务付费（PES）、基础设施绿色债券投资等生物多样性融资和"基于自然的解决方案"（NBS）领域，发挥越来越重要的作用，同时也是企业通过与利益相关方"责任沟通"，实现品牌"价值彰显"的有效途径。

1 公约要求和国际进展

《公约》历年来逐步对企业参与提出了越来越具体的要求，包括倡导通过"外部性内部化"实现"零净损失"（zero net loss）目标，公司披露对生物多样性和生态系统服务影响和依赖的信息。1996年第三次缔约方大会（COP3）首次提出企业参与生物多样性的概念；2000年COP5将企业参与正式列入《公约》议题；2002年COP6将企业参与纳入《公约》的战略内容；2006年COP8开始形成独立的企业参与生物多样性《公约》决议；2009年COP9拟定了首个企业参与行动框架；2010年COP10鼓励制订在国家和区域层面促进企业参与的倡议；2012年COP11"成立为国家和区域提供分享和对话的平台，为企业在决策和

运营中纳入生物多样性提供信息、知识、资源和解决方案，促进私营部门主流化"；2014年COP12"鼓励工商界分析企业决策和运营对生物多样性和生态系统功能和服务的影响，并编制将生物多样性纳入其运营的行动计划"。并在《企业参与》决议中，要求各方采取如下进一步行动。

——鼓励企业界："将与生物多样性和生态系统功能和服务相关的问题纳入其报告框架，确保了解公司所采取的行动，包括供应链……"

——邀请缔约方："与企业界与生物多样性全球伙伴关系及其相关的国家和区域倡议合作，以便协助企业界报告与《公约》及其议定书的目标以及《2011–2020年战略计划》的相关进展。"

——敦请秘书处："支持企业界与生物多样性全球伙伴关系及其相关国家和区域倡议并与其协作，编制关于企业界将生物多样性纳入主流的进度报告。"

2016年，公约秘书处在COP13举办的"企业全球论坛"上，发布《企业与生物多样性承诺书》，提出："识别、计量并在可行的情况下估算公司对生物多样性和生态系统服务的影响和依赖""制订生物多样性管理计划，包括解决供应链的行动""定期报告公司对生物多样性和生态系统服务的影响和依赖""将生物多样性因素更好地纳入企业决策"。

国际最早关于企业披露生物多样性信息的研究可追溯到2004年。英国投资公司Insight Investment采用浏览企业网站的方法，对采掘业部门共计60家公司进行了为期两年的连续调查，均显示出类似的结果：生物多样性披露的信息量非常有限，基本上都属于定性数据，而且零散分布在不同网页。公众或机构投资者很难评价该企业是否有效管理所面临的生态风险。

2008年，普华永道通过查阅全球收入100强企业公布的报告，发现只有18家企业在《年报》中提及生物多样性或生态系统服务，其中6家企业报告了为减少公司对生物多样性丧失和生态系统服务退化影响所实施的行动，2家企业将生物多样性识别为关键的"战略"议题。同时经查阅这100家公司中89家企业所公开发布的《企业社会责任报告》或《可持续发展报告》，24家企业披露了生态影响减缓措施，9家企业将生物多样性影响视为可持续发展的重要威胁。调查还发现，对生物多样性依存度高或影响大的行业，例如生物制药、采掘业、公共基础设施、化工和食品零售等，通常更愿意将其作为关键的战略问题，也更倾向于报告为消减生态影响所制订的长期目标和采取的具体行动。

2009年国际野生动植物保护协会面向食品、饮料和烟草行业，对31家公司开展了一项调查。有15家公司主要采取案例展示和定性说明的方式披露了生物多样性内容。虽然这些企业都严重依赖生态系统的供给、调节、支持和文化四大类服务，但是报告大多没有提出明确目标，而且缺乏定量数据与绩效量化指标。

2010年在麦肯锡对1500位企业家所开展的问卷调查中显示，三分之二的受访者认为，生物多样性对他们公司而言"至少有点重要"，但其重要性在问卷与环境和可持续发展相关的12个问题中，仅列第10位，不仅低于气候变化，而且排在污染和人权之后。同时，有近45%的受访者表示政府在保护生物多样性方面并未取得应有成效。

2010年11月国际标准化组织（ISO）在发布的《ISO26000社会责任标准指南》中指出："可持续发展关乎维护地球生物多样性的能力"，并首次在全球范围内定义社会责任："组织为其决策与活动在社会和环境中所产生的影响负责，所采取的透明和道德的行为"。指南包括7个核心主题，其中"环境主题"提出"环境保护、生物多样性和自然栖息地恢复"的要求，包括环境影响识别、外部性内部化、避免外来物种入侵、利益相关方分析纳入生物多样性专业组织、生态管理、自然生态保护优先和动物福利等具体要点。

2013年，作为《联合国全球契约》的报告标准和超过9000家企业采用的报告框架，全球报告倡议组织（GRI）发布了《可持续发展报告指南》，包含6条生物多样性指标，涉及企业高管的职业经验、运营所在地、经营方式、产品和服务对生物多样性影响的定性和定量披露要求。

2014年11月欧盟颁布《非财务信息披露指令》（*Directive on Non-Financial Information*），要求大型企业和集团披露非财务相关的多元化信息。截止到2017年底，欧盟28个成员国根据该指令全部完成本国法律制定或政策出台，强制企业通过《社会责任报告》提供与生态环境、社会、劳工、人权、反贪污以及贿赂等信息，包括与规定事项相关的风险、行动和进展。公司必须对未披露内容的原因向政府作书面说明。

为回应《公约》多年来的相关决议和要求，2018年9月公约秘书处制订了《企业生物多样性行动报告指南》（*Guidance For Reporting By Businesses On Their Actions Related To Biodiversity*），将披露信息的行动类型简化为"承诺—参与—计量"三个主题，以满足不同企业的实际情况、需求和能力。该指南提出增强企业对相关概念的理解，识别具有实质性的议题，制订可及的目标、可测量的指标和具体的行动计划，以及运用识别、计量和估算生态系统服务影响和依赖的技术方法。附件指南提供了已验证在不同部门行之有效的信息披露工具，为不同行业的企业提供参考。

2 国内企业披露情况

2012年6月，中国社会科学研究院开发了《中国企业社会责任报告编写指南CASS-CSR2.0》，提出环境评估和生物多样性保护作为新建项目扩展指标的要求。2012年9月商务部指导中国对外承包工程商会编制《中国对外承包工程行业社会责任指引》，提出"保护珍稀动植物物种及其自然栖息地，减少承包工程对生物多样性的影响""在承包工程项目执行过程中，注重生态系统（湿地、野生动物走廊、保护区和农业用地）保护，对造成的损害给予及时修复""倡导和组织企业员工和项目所在地居民开展保护和恢复生态系统的公益行动"。

我国首次调查企业在《社会责任报告》中披露生物多样性信息可追溯至2013年。在截至当年7月8前所发布约 1000 份企业社会责任报告中甄选100份，覆盖大型基础设施部门（采掘、水电、建筑和制造）、生物多样性直接相关行业（农林牧渔副、生物制药、化妆品、动植物加工和贸易）、依赖型绿色产业（种植、养殖、可再生能源和旅游）和其他（金融、保险、商业规划和咨询）的中央企业（28份）、国有控股（27份）、外资（31份）和民营（14份）等4种类型企业。调研发现，21个报告提到了生物多样性，其中仅有 8 份视之为重要议题。11份报告在企业内部环境管理体系中提出了生物多样性保护计划，而非将之作为独立的战略。同时，提到企业运营、产品和服务对生态环境产生影响的报告分别占53%、45%和19%。披露在保护地内部或附近拥有业务或土地的公司约占10%。另外，占总数17%的报告涉及水体排放和径流影响，7%涉及濒危物种保护等内容。总体而言，大多数报告对生物多样性相关议题的识别分布零散且分析粗浅，或者与水资源和废弃物一起被整合在企业环境管理体系中，或者被企业社会责任框架纳入，与野生动植物保护、自然教育、扶贫、社会投资、生态林保育等内容关联，因此，并未作为独立领域或策略框架，运用国际主流方法学，从生态系统服务分类、价值评估和实物量计算等多角度进行研究与报告。

2014年6月,中国医药工业信息中心发布"2013中国医药工业百强榜"。经过对其中28家中药企业年度报告的检索,发现都没有提及生物多样性。2015年生态环境部对外合作与交流中心(FECO)与工信部中小企业联合会联合开展问卷调查,历时两个多月,覆盖全国多个区域,涉及10个行业的企业。共发放问卷3470份,回收问卷3395份,回答率89.18%,其中有效问卷3092份。研究表明:企业普遍对《生物多样性公约》和政府在推动公共参与方面所做的工作了解不足,企业希望了解生物多样性的基础知识,但是对于参与合作或实践的动机不积极或需求不明确。电力、水利、采矿和农林渔等部门的保护意识较强,外资、信息软件和服务业等行业则了解较少。公司决策层与普通员工相比,认知程度与风险防范意识更高,但由于监管部门和行业协会的要求并未以指标量化,因此企业在基层开展的实际工作较少。调查还显示,公众的受教育程度与生物多样保护意识和认知并无明显关联性。

2015年6月国家质量监督检验检疫总局和国家标准化管理委员会共同制订发布《社会责任指南》(GB/T36000-2015)、《社会责任绩效分类指引》(GB/T36002-2015)和《社会责任报告编写指南》(GB/T36001-2015)三项国家标准,用以对标《ISO26000社会责任标准指南》。生物多样性被纳入该三项标准当中,作为环境议题4:"环境保护、生物多样性与自然栖息地恢复",明确了具体的指标要求。

2018年底,商道纵横公布的《沪深300指数成分股CSR报告实质性分析(2018)》对250家沪深300上市公司本年度发布的CSR报告进行了"关键定量指标"(MQI)评估,覆盖中农林牧渔、采矿业、房地产、煤炭开采及水利、环境和公共设施管理业5个部门,共计2家企业。评估发现,即使MQI做出了明确要求,但生物多样性披露率仅为6.67%,21家公司中仅有1家采矿与1家采煤共2家企业披露了相关信息,其他3个行业披露率均为0%。研究还显示,部分企业虽然披露了生物多样性相关内容,但数据来源多是单一项目,而非公司整体数据,缺乏信息完整性;有的仅报告了保护生物多样性的相关举措,但没有公开公司践行这些规划的投入、产出、绩效等具体数据,因此信息披露的实质性不足。

3 2016—2019年《企业社会责任报告》研究

为进一步扩大评估的样本数量,本文将采用5个生物多样性指标:"依法保护珍稀物种""采取减少影响生物多样性的措施""增加生态保护资金""建立生态保护制度"和"倡导公众采取行动",对2016—2019年《金蜜蜂企业社会责任报告评估指数》数据库中的所有CSR报告进行梳理和比较分析。由于目前不同行业和企业对生物多样性的意识与认知参差不齐,绝大多数并未使用工具计量、估值或核算对生态系统服务和自然资本的影响和依赖,相关成本及效益,因此《名古屋议定书》所倡导的"依法获取(生物遗传资源)和公平公正惠益分享"(ABS)暂未采用作为通用指标。据统计,我国2016年有281份企业CSR报告包含生物多样性内容,占当年报告总数(1327份)的21.19%。2019年则分别增加到404%、1598%和25.28%。因此,总体趋势为报告数量和占比呈逐年缓慢增长,从报告内容看,则具有以下特点(图3-1)。

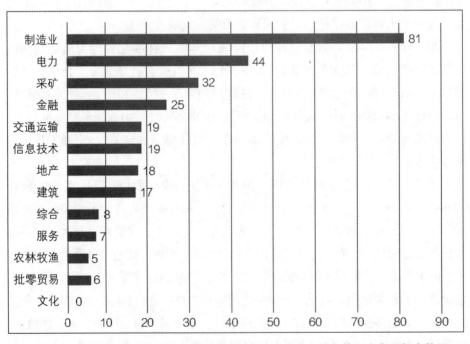

图3-1　2016年金蜜蜂中国企业社会责任报告评估中各行业披露生多的报告数量

3.1　行业和企业差异明显

电力和采掘行业披露生物多样性信息的企业报告数量最多,分别占该行业报告总数的67.12%和50.44%(2019年)。金融、建筑和交通运输报告数量增长明显。行业组织指导和企业自律发挥了作用。对外承包工程商会制订的《中国对外承包工程行业社会责任指引》和五矿化工商会《中国对外矿业投资行业社会责任指引》及《天然橡胶行业企业社会责任指引》均纳入了生物多样性指标。伊利集团和中广核集团除了发布《社会责任报告》，为深入理解生态风险和机会，还分别公布了专门的《企业生物多样性报告》《生物多样性简报》和《自然资本核算企业案例》，展示了敢于加强透明度和责任担当的意识与动机，为企业探索产业可持续发展和理解生态文明建设提供了全新的视角。

3.2　侧重实施效果展示

共有299份报告阐述了公司在直接运营和供应链管理中，实施了哪些减缓生态影响的行动，以及取得何种进展和效果（2019年），占报告总数的18.71%，比2018年（248份）增长20.56%。比较而言，外商投资企业在这方面的信息披露更具有计划性，内容更连贯且更倾向于长期目标的实现。

3.3　物种保护的内容比较丰富

物种通常是企业最易识别的生物多样性议题，因此报告数量和内容相对较多，成为企业披露采取措施和实施效果等信息的重点。例如，南航2017年签署《白金汉宫宣言》，宣布参与遏止非法野生动物及其制品非法运输及交易的行动，并对员工进行培训，增强对野生动物运输规定的理解。中海油开发环境敏感资源智能化识别系统，实施黄渤海江豚保护项目监测种群数量与洄游分布，建立滩涂贝类种质资源名录。

3.4　重视公司制度建设

2019年有107份报告披露公司内部营建的生态系统保护制度，占报告总数的6.70%，比2018年减少14.40%。中医药、生物制药和化妆品等依存性较高行业的企业将生物多样性从传统的"环境管理体系"中分离出来，形成独立的战略框架。例如，西藏奇正藏药针对战略性药材和濒危及稀缺性药材进行价值分析和风险评估，制订了公司《原药材可持续采购指南》。

3.5　资金投入披露保守

2016年至2019年，披露生态保护资金的企业社会责任报告数量小幅波动，呈下降趋势。2016年是48份。2019年为42份，仅占比2.63%，比2018年减少14.29%。发布的内容主要涉及资金投入总额，鲜有对各项活动投入明细款项的阐明。而且不仅在企业层面，即使是公司基金会对活动预算和实施花费的信息披露也不充分。然而，毕竟企业报告还是反映出一些关于"投入—产出"的有用数据。例如，亿利资源集团官网"社会责任专栏"披露在近30年治沙实践中，集团投入近30亿元用于库布其沙漠治理，沙漠生物多样性由1988年的不足10种增加至2016年的530种，同时发展生态产业，总资产实现1000亿元，创造生态财富5000多亿元。

3.6 倡导公众采取行动

为增加内容披露和报告影响力，企业联合公益组织、客户和社区等利益相关方共同举办生态环境类的公益活动。2019年此类报告数量从2016年的172份增至178份，占比11.14%，但与2018年（189份）相比，则小幅降低。例如，截至2017年4月，蚂蚁金服和阿拉善SEE基金会在沙漠种植梭梭树共845万棵，蚂蚁森林用户超过2.2亿，日均减排5000吨，累计减排67万吨。有些企业则利用产业优势，贡献地方扶贫、社区融合和基于生物多样性的文化多样性传承，例如化妆品公司植物医生和云南生物与文化多样性保护中心在丽江市玉龙县鲁甸乡和西双版纳州景洪市勐罕镇曼远村分别成立了"民族生物文化示范园"。

4 建议

2010年碳信息披露项目（Carbon Disclosure Project，CDP）在英国发起，目前已成为100多个国家不同行业的领先企业首选披露温室气体排放、水足迹管理和气候变化战略的统一框架，为全球机构投资者（如瑞银、德银和瑞典、挪威的国家养老基金）提供作为评估重要依据的"非财务信息"。近年来我国年营业收入前1000家企业和银行连续参与了该项目，CDP已成为世界最为广泛采纳和中国最为广为人知的"自愿性环境披露倡议"之一。其中重要启示有三：

一是得益于CDP等项目开展，私营部门已经熟悉碳足迹和水足迹的计量方法，这有利于企业认同和理解"生物多样性足迹"的概念；

二是企业"信息披露"与银行业"责任投资"挂钩。目前法国已开发了《生物多样性足迹评估工具》，在试点银行中实施，公司对生态系统服务的影响作为"非财务指标"纳入投融资风险评估和企业筛查；

三是类似于企业识别、计量和管理（中和）碳足迹及水足迹促进了碳交易和水市场，生物多样性信息披露将触动企业提高关于生物多样性价值和机会（如生态标签），规避生态系统服务潜在风险（如供应链断裂）的意识与能力，以及进一步采取生态影响缓解和抵偿的行动，这将推动生态补偿多元化、市场化解决方案，为全球和中国带来企业贡献的保护资金和创新技术。

企业在获取和利用具有"公共产品"属性的生态系统服务时，由于存在"外部不经济性"（external dis-economies），往往导致"市场失灵"（market failure）。而且与耗水量、碳排放相比，生物多样性在实物量"识别与计量，以及"价值量"定性、定量和货币化估算方面都存在着较高难度，因此，需要政府引导、行业推动、国际合作和社会监督共同促进企业承诺、参与信息披露，评估生态系统服务的成本及效益，采取缓解和抵偿生物多样性丧失的进一步行动。

（1）政府从社会责任立法、生态补偿政策、环境认证和部门监管等领域，使用例如生态标签、公共采购、绿色消费和责任投资相关的奖惩办法和激励机制引导企业在报告中纳入生物多样性考量。

（2）行业协会作为连接政府与企业的桥梁和纽带，在指引和规划中纳入信息披露较为具体的原则、标准和指标，不但提出要求，而且要通过开展能力建设满足企业需求。

（3）国际合作有利于企业了解《生物多样性公约》倡导关于议题识别、价值核算和足迹中和的主流方法学，相互学习经验，借鉴同行最佳实践，在不同平台有效传播应用案例。

（4）社会参与充分发挥舆论监督作用，营造有利于生物多样性公共治理的良好环境。

（5）披露信息促进企业为生态保护贡献资金与技术，有利于产业升级、绿色增长和企业优胜劣汰。同时，将为我国市场化生态补偿机制和绿色金融体系纳入生物多样性融资发挥重要作用。

5　附件

2018年9月公约秘书处发布《企业生物多样性行动报告指南》，并在附件

《生物多样性管理和报告的准则范例》中，为不同行业披露信息提供以下参考：

（1）全球报告倡议组织（Global Reporting Initiative，GRI）；

（2）《自然资本议定书》（The Natural Capital Protocol Toolkit）；

（3）碳信息披露项目（Carbon Disclosure Project，CDP）；

（4）全球生物多样性评分：计量公司生物多样性足迹（Global Biodiversity Score：measuring a company's biodiversity footprint）；

（5）森林足迹披露倡议（Forest Footprint Disclosure Initiative）；

（6）生物多样性综合评估工具（Integrated Biodiversity Assessment Tool，IBAT）；

（7）自然价值倡议（Natural Value Initiative，NVI）；

（8）可持续棕榈油圆桌会议（Round table on Sustainable Palm Oil，RSPO）；

（9）能源与生物多样性倡议（Energy and Biodiversity Initiative，EBI）；

（10）可持续生物燃料圆桌会议（Round table on Sustainable Bio-fuels，RSB）；

（11）国际采矿与金属委员会（ICMM）采矿与生物多样性的最佳实践准则（Good Practice Guidance for Mining and Biodiversity）；

（12）国际石油工业环境保护协会（International Petroleum Industry Environmental Conservation）；

（13）水泥可持续发展倡议（WBCSD Cement Sustainability Initiative）；

（14）森林足迹披露项目（Forest Footprint Disclosure Project）；

（15）水足迹网络（Water Footprint Network）；

（16）特色作物管理指数（Stewardship Index for Specialty Crops）；

（17）从农田到市场的可持续农业联盟（Field to Markets Alliance for Sustainable Agriculture）；

（18）石油和天然气行业自愿可持续发展报告的指南（Oil and Gas Industry Guidance on Voluntary Sustainability Reporting）。

参考文献

［1］　https://www.cbd.int/meetings/COP-12.

［2］　http://csr.mofcom.gov.cn/article/ref/201503/20150300911726.shtml.

［3］　http://www.china-csr.org/bgzn/.

［4］　金蜜蜂中国企业社会责任报告数据库.

［5］　《中国企业生物多样性信息披露研究报告2016》.

［6］　https://www.globalreporting.org.

［7］　https://www.naturalcapitaltoolkit.org/.

［8］　https://www.cdp.net/en.

［9］　http://www.mission-economie-biodiversite.com/wp-content/uploads/2017/11/N11-TRAVAUX-DU-CLUB-B4B-INDICATEUR-GBS-UK-BD.pdf.

［10］　https://www.ibatforbusiness.org.

［11］　https://www.naturalvalueinitiative.org.

［12］　https://www.rspo.org.

［13］　https://www.theebi.org.

［14］　http://cgse.epfl.ch.

［15］　https://www.icmm.com.

［16］　https://www.wbcsdcement.org.

［17］　https://www.forestdisclosure.com.

［18］　https://www.waterfootprint.org.

［19］　https://www.stewardshipindex.org.

［20］　https://www.keystone.org.

［21］　https://www.ipieca.org.

五、国内外不同类型的"生态资产"账户应用

邹玥玙　赵　阳

摘要： 本文介绍了国内外在不同层面应用，以生物多样性为基础的生态资产或自然资本账户，帮助企业了解"自然资源资产负债表"编制、"生态系统生产总值"（GEP）核算、"绿色GDP"统计与"环境损益"财务报表等实践经验，以及对公司直接运营和供应链管理具有的潜在影响，有利于工商企业界与政府部门、公民社会和媒体对"自然的价值"展开讨论对话，消除分歧并达成共识。

1 国内外背景

2019年6月，联合国"生物多样性和生态系统政府间科学—政策平台"（IPBES）发布的《全球评估报告》指出："生物多样性的价值在决策中被低估；运用传统的国内生产总值（GDP）方法衡量经济增长间接增强了生物多样性丧失的驱动因素"。同月，七国集团（G7）环境、海洋与能源部长级会议通过了《梅斯生物多样性宪章》："承诺将促进生物多样性、生态系统及其提供的服务价值纳入到政府、商业和经济部门的主流决策中。"

国际社会多年来一直呼吁建立一套与GDP相对应和协调，能够衡量自然价值和生态资产的统计与综合核算体系，用来反映可持续发展的"多重效益"。2010年联合国制定《环境经济综合核算体系》（SEEA），加之环境经济学的发展，如《生态系统和生物多样性经济学》（TEEB）和自然资本核算，促进了国内外各个层面的创新实践。以摩洛哥为例，在确定了"蓝色经济可持续发展"的国家战略后，政府建立了国家自然资本账户，计算了海洋与海岸带生态系统的供给服务（捕鱼量），调节服务（防止岸线被海水侵蚀）和文化服务（旅游/休闲）所具有的"实物量"和"价值量"。通过建模分析投资人工堤坝的成本和效益，与对红树林和滩涂的保育投入相比，发现自然基础设施的造价和运维成本更低，产生的综合社会环境和经济效益更多。考虑到"建造资本"（built capital）的折旧与贴现，时间越长，自然资本的综合效益就越显著。因此"基于自然的解决方案"将更多地运用于政府权衡沿海开发与保护的投资决策制定当中。

在国家层面，联合国《2012年环境经济核算体系：中心框架》是各国建立"自然资本国家账户"遵循的统一规范，为我国"自然资源资产负债表"编制工作提供支持。在地方政府层面，建立账户所用的核算方法学处于竞争局面，包括自然保护联盟（IUCN）与中国科学院生物多样性委员会合作主导，旨在核算一定区域在一定时间内生态系统的产品和服务价值总和的"生态系统生产力"（GEP），以及"经济生态生产总值"（GEEP）和"绿色GDP"——在GDP核算中扣除消耗的资源价格和生态修复成本。在生态系统层面，肯尼亚为弄清森林对GDP的贡献，设立了森林核算账户，印尼苏门答腊设立了泥炭地帐户。在私营部门层面，"环境损益账户"（EP&L）是按照财务会计学方法，将企业对生态系统服务的依赖和影响进行计量和货币化估值后，核算相关成本与收益，纳入公司财务分析和商业决策。本文将对上述不同类型的账户分别进行研究，并提供综合分析与建议。

2　账户类型

2.1　其他国家：自然资本账户

世界银行是自然资本核算的全球推动者。副行长蕾切尔·凯特说："自然资本是世界各国财富的基础，如果没有数据表明经济增长在多大程度上依靠自然资源，就无法在实现绿色发展与包容性增长之间做出抉择。自然资本核算能够为政府做出该抉择提供所需数据"。2010年在《生物多样性公约》COP10大会上，世界银行启动了"财富核算与生态系统服务估值"（Wealth Accounting and Valuation of Ecosystem Services–WAVES）项目，目标是通过在国民经济核算和发展规划中纳入自然资本价值的范例和方法，推动绿色经济转型和可持续发展。项目活动包括促进试点国家应用联合国制订的《环境经济综合核算体系》（SEEA），内容涵盖自然资源实物量账户和价值量账户，以及生态系统服务的拓展账户，包括每年产生的生态系统服务的实物量、效益分布和货币价值，生态系统退化的成本，成本在不同利益相关方之间的分担，以及生态系统服务纳入国家财富综合核算体系等。

加拿大、日本、韩国、英国、法国、澳大利亚和挪威及一些国际非政府组织为该项目提供了资金和技术支持。墨西哥、印度、菲律宾、博茨瓦纳、哥伦比亚、马达加斯加、哥斯达黎加、乌干达等国实施了自然资本核算试点项目。自然资本核算（Natural capital accounting，NCA）是针对某区域或生态系统总的自然资源存量和服务流量的计算过程。涉及实物量和货币价值量的计量与估值。纳米比亚在将自然价值纳入国家财富综合核算体系后，撤销了将土地用途转为农业生产的决定，设立野生动物保护区开展旅游业。博茨瓦纳根据农业占全国用水总量45%，但对国内生产总值（GDP）贡献仅为2%的水资源核算结果，重新布局产业，规划了多样化的经济增长结构。卢旺达将自然资本核算作为国家减贫战略的重要组成部分。肯尼亚为弄清森林生态系统对GDP的贡献，设立了森林核算账户。加拿大、荷兰和挪威每年开展能源核算，为降低温室气体（GHG）排放的同时实现经济增长的规划提供决策数据和依据。最新数据显示："七个工业化发达国家的GDP和GHG关系已经呈现强脱钩特征"（表现为GDP上升，但是GHG平稳甚至向下的两条不并行曲线）。

2.2 中国：自然资源资产负债表

《中共中央关于全面深化改革若干重大问题的决定》提出，"探索编制自然资源资产负债表，对领导干部实行自然资源资产离任审计；建立生态环境损害责任终身追究制"。该《决定》扩大了自然资源范畴，不仅涵盖传统意义上投入经济活动的自然资源部分，而且也包括作为生态系统和聚居环境的环境资源，如空气、水体、湿地等。

"自然资源资产负债表"借鉴联合国《环境经济综合核算体系》（SEEA）关于自然资源实物量账户、价值量账户和生态系统服务拓展账户的技术方法，采用企业"资产负债表"管理模式进行创新，主要反映矿产、石油天然气、森林、土地、水、海洋、旅游等资源的形成、开发、配置、运用、储存、保护、综合利用和再生等各个环节的情况，揭示特定地区特定时期的资产负债存量及其变动情况。例如，河北省承德市作为国家生态文明先行示范区，于2015年开展了自然资源资产负债表编制工作，共形成1张总表、4张分类表（土地资源资产负债表、水资源资产负债表、森林资源资产负债表、矿产资源资产负债表）、2张扩展表（环境综合核算、生态综合核算）和47张辅助表。结果表明，2010年承德市自然资源资产价值量为18.71万亿元，2013年承德市自然资源资产价值量为19.44万亿元，分别是当年GDP总量的213倍和150倍，反映出承德市可持续发展的自然资源基础较好。

由于缺少相关概念内涵外延的国外参考和国内规定，自然资源实物量统计和分类标准、价值量核算方法、自然资源资产账户范围、资产权属和负债标准等技术性问题一直是实施难点。例如，根据"资产=负债+所有者权益"会计学公式，核算自然资源开发后成为资产能给哪些人群带来多少利益，或者评估在何种条件下，自然资源资产将沦为负值（不值得投资开发）——扣除生产所消耗的资源、土地退化成本、生态修复资金投入和其他社会成本后，经过综合核算发现不具备经济型。有些生态脆弱地区的农业生产创造的价值，比造成生境破坏和生物多样性丧失的估值，以及生态修复资金投入之和还要低，换句话说，农田是该地方政府的"负资产"。

当前试点主要是统计森林、土地、水和矿产这四类较为简单自然资源的存量（实物量），并核算它们的货币价值量。通过与印度尼西亚的国家自然资本账户比较，可以发现我国自然资源资产负债表目前并不全面考量相对复杂的生物多样性所具有的价值，即除了"供给服务"之外的其他生态系统服务为生产生活产生的成本（例如发展的机会成本）和效益（例如应对极端气候的调节服务、昆虫授粉的支持服务和、休闲旅游的文化服务等）并不包括在负债表中（表3-6）。

表3-6　我国与印度尼西亚的自然资源账户比较

	土地覆被账户	土地扩展账户	综合财富账户	泥炭地生态系统帐户
空间	全国	苏门答腊和加里曼丹	全国	苏门答腊和加里曼丹
时间	1990—2015每5年	2017和2015单年份	1995—2014	1990—2015
重点	土地的自然属性	土地的自然和经济属性，侧重后者	自然资本	泥炭地

（续表）

				统计土地覆被、水和经济作物。将泥炭地提供的生态系统服务价值货币化，例如木材和生物质能源供给、碳封存、生物多样性，以及农业生产，如棕榈油和稻谷
账户内容	统计22类覆被，包括森林、灌木、人工林、灌丛和沼泽等	除土地覆被以外，还统计水、以及（以公顷为单位生长多年的作物，例如棕榈树、橡胶、咖啡、香蕉、桉树、油棕等	统计与国家宏观经济相关的所有自然资本，包括农田、能源、矿产、森林、牧场和保护区等	
方法	定性+定量	定性+定量	货币化核算	定性+定量+货币化估值

以印度尼西亚评估将泥炭地转变为油棕种植园时的决策为例，既要计算投资回报，如作为劳动密集型产业，油棕种植园创造就业岗位，出口增长和减少化石能源使用的碳排放等，又要考量生物多样性丧失、放火清地对健康影响和土地开垦碳释放等，对两方面的成本和效益在10年或20年的社会和企业贴现率基础上核算后，做出权衡与取舍的决策。

2.3　地方政府：生态资产账户

生态系统生产总值（Gross Ecosystem Product，GEP）通过计算作为"生态资产"的自然生态系统（如森林、海洋和湿地）、自然为基础的人工生态系统（如农田、牧场、水产养殖场）和物种资源在供给、调节和文化服务3个维度上的生产总值，同时纳入资源消耗、环境损耗和生态效益等指标，以货币化方式展示生态系统的价值。因此，GEP表示一定区域在一定时间内（通常以一年为期）生态系统提供的最终产品和服务价值的总和，即生态系统为人类福祉提供的产品和服务及其经济价值总量。

GEP是中国自主创新的核算方法学，由IUCN中国代表处和中科院合作在多地试点实施，账户编制有利于向地方政府直观地展示生态资产的性质、分布和价值规模，支持规划与决策。2016年贵阳生态论坛发布了当年贵州省生态系统生产总值（GEP）约为17578.96亿元，贵州习水县GEP约为253.47亿元。

2018年厦门市政府组织编制《厦门市生态系统生产价值统计核算技术导则》，对本市陆地生态系统和海洋生态系统价值进行了核算。经计算，2018年厦门市GEP为1827.02亿元，与2015年相比，增加了624.01亿元。其中，休憩服务价值最高，占比83.08%。

2019年1月，云南省丽水市获批全国首个生态产品价值实现机制试点城市，制定并实施了价值核算试行办法，包括三大类（生态物质产品、调节服务产品、文化服务产品）共40小类的指标体系。结果显示，2017年丽水市级GEP为4672.89亿元，与同年1298.2亿元的市GDP比较，GEP向GDP的转化率只有27.78%，表明仍有大量生态产品的价值未实现转化。2018年丽水试点项目发布了大田村村级GEP为1.6亿元，其中生态系统调节服务总价值最高，为1.27亿元，占79.61%；其次是生态系统物质产品，总价值为0.25亿元，占15.32%；生态系统文化服务总价值为0.08亿元，占5.07%。目前GEP已纳入生态环境部和国家林草局等多个部委的研究立项规划，正在扩大实施范围。

《推动我国生态文明建设迈上新台阶》提出："绿水青山既是自然财富、生态财富，又是社会财富、经济财富。保护生态环境就是保护自然价值和增值自然资本，就是保护经济社会发展潜力和后劲，使绿水青山持续发挥生态效益和经济社会效益。"GEP既可作为衡量"绿水青山就是金山银山"经济价值的指标，纳入生态文明核算体系，展示可持续发展的国家总体进展，又可在地方层面为重点生态功能区县政府生态绩效考核、领导干部离任审计和生态补偿机制提供量化依据。

2.4　企业：环境损益账户

环境损益账户（Environmental Profit & Loss，E P&L）是企业按照财务会计学方法，将直接运营及供应链对生态系统服务的依赖和影响进行计量和货币化估值后，核算相关成本与收益，并纳入公司财务分析和商业决策的具体应用。账户中的数值并不是商品价格，而是企业从自然中获得收益所等同的价值或相对重要性。货币化有助于提高生物多样性保护和可持续利用的意识，激励通过技术创新或增加投入降低生态影响和自然物料的消耗。

E P&L通常从定性开始，然后定量，最后估算企业对自然依赖和对社会影响的货币价值，循序渐进，下一步以前一步作为基础。可灵活应用于从单一原材料投入或产品到整个业务部门或集团公司，通常通过识别、计量和估值3个连续步骤实施。

（1）识别并计量企业从自然界获取的生产资料（依赖），以及各种排放（影响）的数量。

（2）计量企业对自然资本的依赖和影响（步骤1）导致生态系统服务数量（如"渔获量"）和质量（如"一类水"）的变化。

（3）估算生态系统服务变化（步骤2）造成环境成本（如生态修复投入）和社会成本（如健康和收入损失）的货币价值。

以企业生产影响周围湖泊的渔业生产力导致生态补偿为例，首先定性估量影响的相对规模或程度，4个村落的渔民家庭生计受到影响，通过签订《补偿协议》化解对企业的风险，因此定性为"中等"；其次量化企业影响导致生态系统服务数量发生的变化，经统计，4个村庄共40位渔民每年的渔获总量将下降25%；最后将定量结果转化为货币，25%意味着5万美元的经济收入损失。

2017年法国奢侈品公司开云集团（Kering）采用《自然资本（核算）议定书》，量化企业直接运营和供应链对自然资本和生态系统服务的主要依赖（土地和淡水）和影响（大气污染物、温室气体、固废和水体污染）的"足迹"，用分布图显示并核算每一项的货币价值。在建立"环境损益账户"的过程中发现：直接运营（店铺、仓库和办公室）主要是温室气体排放，在全部环境影响中只占7%，其余93%全部源于供应链。其中，为获取皮革和动物纤维的圈养动物占用土地占比最大，其次是原材料生产（如棉麻种植）和加工（如纺织）。进一步分析揭示：在供应链中，皮革作为原材料，耗用量最大（约6000万千克）。为圈养牲畜以获取皮毛占用了大量土地。同时，温室气体排放（牲畜反刍、打嗝、放屁）也是生态影响的主要驱动因素。经核算，土地使用（1.3亿欧元）、温室气体排放（0.9亿欧元）、大气排放（500万欧元）及淡水消耗（300万欧元）共计产生约2.3亿欧元的社会成本。其次为纺织品，需要大量使用植物、动物与合成纤维，因此对环境生态影响也较为显著，尤其是在淡水消耗方面（植物种植）。人造宝石和金属虽然使用量比较小，但造成的环境影响呈几何倍数增长。以金属为例，用量约为200万千克，但水体污染的成本约7000万欧元；比较之下，纸张、橡胶用量虽然较大，但由于回收利用措施得当，因此生态足迹相对较小。基于账户提供的数值和信息，企业做出了优化产品设计、采购标准和制造工艺，改变土地用途并采取碳中和、水足迹核查等措施，保证供应链可持续性。

3　分析与建议

建立生物多样性账户或自然资本账户纳入生物多样性是生态保护红线大政方针的落实方法，同时也是"绿水青山就是金山银山"价值量化的展示手段。本文中四个账户案例都强调反映在传统核算体系中未计入的"隐藏的"或"被低估"的自然价值，都涉及生物多样性、生态系统服务、非生物服务、自然资本、自然资源和生态资产，它们都属于自然资源范畴，只是处于存量和流量的不同阶段。自然资本是存量向流量转化，对特定人群产生成本和效益的关键环节。

自然资本定义为"组合起来能够产生带给人们利益或服务流量的地球上可再生和不可再生的自然资源存量"。"服务"是指生态系统服务和非生物服务。前者有生命，后者没有，指的是矿物、金属、石油、天然气、地热、风和潮汐，统称"非生物资源"。而自然资源既是生物多样性与非生物资源的总称，又分为可再生（如种植生物质作物，或风能）和不可再生（如煤矿或石油天然气）。但在很多情况下，自然资源仅仅具有"存在价值"尚不具备经济价值或市场价格，这是因为，需要投入其他类型的资本，包括金融资本（如银行贷款）、智力资本（如制造工艺）、建造资本（基础设施如污水处理）和社会资本（如采矿许可证）。自然资源能否成为"生态资产"取决于很多因素，除了成本，还包括产权、稀缺性、市场流通、公平交易和外部性等。自然资本是在自然资源里，能够通过组合产生向社会和市场流动的服务和利益的那一部分存量，因此，二者是全集和子集的关系。自然资源依赖于"具有生命"特征的生物多样性所特有的"修复再生"能力，在不同文献中被称为"生态韧性"、"环境承载力"或"生态系统恢复力"，一方面对生产生活排放的污染物进行同化吸收，另一方面通过动植物、微生物和生态群落之间物质、能量的传递交换，促进自然修复生境，为人类提供源源不断可再生的"服务"。

因此，自然资本阐明并厘清了生物多样性和生态系统服务与自然资源，自然资源与生态资产之间的所属关系、概念内涵和外延范围，有利于在不同层面进行的多个核算体系和估值标准之间的融通与协同增效。"自然资本核算"是针对某区域或生态系统总的自然资源存量和服务流量的计算过程。涉及到实物量和货币价值量。其中，存量＝自然资源＝生物多样性＋非生物资源；流量＝服务（福利）＝生态系统服务＋非生物服务。推广自然资本核算有利于推动自然价值核算领域的众多相关方法学，尤其是生态系统服务估值与自然资本实物量价值量计算之间的融合，使不同评估和账户之间比较成为可能、重复计算、估值过度或不足尽可能降低，不同应用之间的信息转化得到促进，以及提高跨领域学习、宣传和沟通效率，有助于实现政府、公民社会和工商企业界达成共识。例如为自然资源资产负债表编制提供基于多标准分析的工具，在行业指引和标准中纳入影响和依赖估值指标，帮助社会公众更好地理解生态文明内涵，生物多样性和生态系统服务等专业概念。当前中国正值2021年昆明举办COP15，而且被联合国选为"基于自然的解决方案"（NBS）的牵头国家，在协同增效生物多样性应对气候变化的国际事务中，运用基于自然资本已形成的共识和语境，有利于获得其他国家的认同，为企业参与、部门主流化和生物多样性融资提供具有中国智慧的行业解决方案和实践示范。

参考文献

［1］ 周国梅.企业参与生物多样性保护的机遇与平台［J］.中外企业文化，2019（07）：30-31.

［2］ 封志明，杨艳昭，闫慧敏，潘韬，江东，肖池伟.自然资源资产负债表编制的若干基本问题［J］.资源科学，2017（09）.

［3］ https://www.wavespartnership.org/.

［4］ 高敏雪.《环境经济核算体系（2012）》发布对实施环境经济核算的意义［J］.中国人民大学学报，2015（06）.

［5］ 欧阳志云，朱春全，杨广斌，徐卫华，郑华，张琰，肖燚.生态系统生产总值核算：概念、核算方法与案例研究［J］.生态学报，2013，33（21）：6747-6761.

［6］ 彭绪庶."两山"转化的"丽水样本"有何启示？［N］.中国环境报，2020（003）.

［7］ 赵阳.国外企业参与生物多样性新范式：建立"环境损益账户"案例分析和对我国启示［J］.环境保护，2020，48（06）:70-74.

［8］ 张志强，徐中民，程国栋.生态系统服务与自然资本价值评估［J］.生态学报，2001，21（11）:1918-1926.

［9］ 自然资本联盟.自然资本议定书［M］.赵阳，译.北京：中国环境出版社，2019.

第四章

行业分析

一、生物多样性保护议程下的农业食品行业转型①

何加林　李　立　张艳艳　陈济远

摘要：农业食品系统造成了全球40%的土地利用变化和生物多样性损失，给全球自然资本带来的隐性损失高达1.7万亿美元/年。在中国，农业用地占据了56%的陆地面积，农业活动给生物多样性和生态系统带来的负面影响相当可观。中国政府自1993年加入《生物多样性公约》以来，颁布了一系列国家层面的战略和政策，以促进生物多样性保护和农业可持续发展。

本文通过案例分析，展现了农业食品行业在保护和利用传统品种资源、发展生态循环农业、权衡土地利用方式等方面对可持续道路的探索。广西马山县古寨村案例以妇女合作社的发展为主线，介绍了基于农村妇女参与的传统品种资源的活态保护、改良和利用，并以此为基础逐步发展生态循环农业，通过与多利益相关方合作，实现经济、生态和社会效益"三丰收"的故事。在坦桑尼亚马赛草原可持续景观管理案例中，研究团队运用"针对农业和食品的生物多样性与生态系统经济学"（TEEBAgriFood）框架开展评估并发现，当前草原的关键生态服务给当地农户和政府管理部门带来约9100万美元/年的效益；但若放任农业种植高速扩张并侵占牧区，则会在未来造成高达13亿美元的内部自然资本损失（与低速转化情景相比），剥夺了草原发展的可持续性；同时，因土地转化释放的二氧化碳还会导致150亿~240亿美元的外部自然资本减损，给全球人口带来威胁。

两个案例的共同之处在于，它们都体现了：（1）农业食品行业私营部门（个体农户、农业合作社及相关企业）的运营对生物多样性和生态系统的依赖和影响，以及它们在农业可持续转型过程中的重要作用；（2）系统化思维的重要性，强调要发挥生物多样性保护、生态系统恢复与应对气候变化、扶贫、妇女赋权等其他环境和社会目标的协同效应。关于如何更有效地促进农业食品行业可持续转型的建议还包括：通过多方参与推动农业合作社的发展和赋能；推

---

① 本文由中国科学院A类战略性先导科技专项资助，任务编号XDA20010303。感谢孙明星先生和William Speller先生在本文撰写过程中提供的支持。

动基于广泛农村发展的技术创新和机制创新、技术支持和能力建设；运用新的分析工具改变不可持续的发展思维定式，并鼓励引入旨在促进外部性内部化的经济机制（如生态系统服务付费）。

本文旨在以生动实例和相关数据，展示农业食品行业向可持续方向转变的可能路径，为提高行业的自然资源管理水平、规避风险抓住机遇带来启发，进而为转型提供支持。

背景： 农业食品行业是人与自然相互作用的关键媒介。农业活动以生态系统（包含土地、水和生物多样性）为基质生产农作物和牲畜，并给生态系统带来影响。现代农业的发展对粮食安全和消除贫困做出了很大贡献，但土地利用方式的转变、化肥农药的使用等因素给生物多样性和生态系统带来的负效应也相当可观。据统计，农业用地占据了50%的栖息地；农业系统贡献了25%的温室气体排放，40%的土地利用变化和生物多样性损失，以及70%的淡水消耗；其给全球自然资本带来的隐性损失高达1.7万亿美元/年（2018年价格基准）。而生物多样性丧失和生态系统退化的趋势仍在加剧，当前全球有高达100万的物种在濒临灭绝的边缘，千年生态系统评估所列举的24项农业生态系统服务中，已有15项处于不可持续或退化状态。农业食品行业亟需思考，在通往2050年的道路上，如何在自然资源条件约束下，满足全球90亿人口的粮食需求。

作为北半球生物多样性最为丰富的国家，农业用地占据了中国56%的陆地面积（数据截至2017年）。有数据表明，截至2000年，土地利用等相关活动已导致中国部分地区约30%的生物多样性损失，其中农业活动是主要因素之一；由农业系统产生的空气污染已造成相当于320亿元人民币的经济损失。为保护生物多样性和发展可持续农业，中国政府颁布了一系列国家层面的战略和政策：1993年正式加入生物多样性公约（CBD）；1994年提出国家级生物多样性保护策略；2013年，中国政府开始全面践行"生态文明建设"发展战略，将生态保护理念嵌合到经济、政治、文化和社会发展的每一个层面，农业生态系统的保护和可持续管理是该战略的重点之一。

由于农业的生产、加工和消费涉及多产业链和多利益主体，农业的可持续转型不是单靠政府力量就能顺利完成，而是需要依靠社会各方的共同参与和努力。政府、农民、合作社、企业、科研机构、社会组织以及公众都是重要参与方。生态系统和生物多样性经济学企业报告指出，在自然资源管理、保护和可持续使用方面，私营部门的角色将越来越重要。作为重要的市场力量，私营部门通过财税和金融支持体系、科技研发、市场引导等因素与其他参与方紧密互动、形成合力。

未来，农业食品行业相关企业、合作社及个体农户所面临的挑战和机遇并存。当前世界排名前五的经营风险全部与环境相关，其中生物多样性丧失风险位居第四。如何在被生物多样性丧失和生态系统退化所约束的经营环境中实现经营模式的绿色转型将至关重要。其中，发挥生物多样性保护与其他环境和社会目标的协同效应（如应对气候变化、扶贫、农村妇女赋权等）将是一条值得探索的道路。

本文从识别行业实践对生物多样性的依赖/影响、经营模式、多方参与等多角度出发，介绍农业食品行业的两个案例。旨在以生动案例和相关数据，为提高农业食品行业的自然资源管理水平、规避风险抓住机遇带来启发，进而为农业食品行业的可持续转型提供支持。

案例一　农业传统品种活态保护与循环农业下的社区可持续发展：来自广西马山县古寨村妇女合作社的故事

广西是中国生物多样性和文化多样性最为丰富的省区之一，在长期应对自然环境变化和适应饮食文化需求中，农户选育出丰富的农家种质资源，在农户生计和作物品种改良中占有非常重要的地位。20世纪90年代末，国际玉米小麦改良中心（CIMMYT）发布了一份关于中国西南地区小农对玉米品种影响的评估报告，得出的结论之一是正规种子系统和农民种子系统之间存在系统性分离，在地农家种质资源快速消失，育种基础趋于狭窄。从2000年开始，在中国科学院参与式行动研究项目组（以下简称"项目组"）的协调下，联合中国农科院作物所、广西农科院玉米研究所等科研机构在广西的6个村庄实施了参与式植物育种（PPB）项目，科学家、育种家联合农户一起开始了"参与式育种①方面的尝试和研究。马山县古寨村就是第一批项目社区之一。经过20年的

---

① 参与式植物育种（PPB）是国家正规育种系统与农民非正规育种系统相结合的育种方式。中国首个PPB计划始于2000年，在广西的六个社区实施。它的目的是解决农民田地遗传生物多样性减少的问题，改善农民生计，以及为农民开发改良作物品种。该计划促进了地方协定的谈判，农业社区可通过与育种机构分享他们的遗传资源和相关传统知识而受益。

发展，古寨村在一位妇女领头人的带领下正式注册了专业合作社，近100户合作社社员共同开展生态循环农业，在保护和利用地方传统品种的同时，提高农户的经济收益，保护当地的生态环境，发展与传承壮族的传统文化，促进了社区的可持续发展。

1　社区概况及妇女合作发展历程

马山县古寨村（行政村与社区属同一尺度，以下简称"社区"）坐落在广西的一个偏远山区，距离南宁市约150千米，陡峭的喀斯特山区地形和湍急的小溪是当地自然环境的主要特征。这是一个以壮族和瑶族为主的行政村，下辖26个自然村。2018年社区有1515户3987口人。社区里老年人占比30%，老龄化较严重；共有劳动力1800人，务农劳动力700人，女性务农者占七成，农业女性化突出。社区共有耕地136.8公顷（2052亩），户均土地面积900平方米（1.35亩），均为无灌溉设施的旱地。农民在岩石之间的陡坡和平坦窄小的土地上种植玉米（播种面积占比86%）、蔬菜和多种杂粮。2018年人均收入6500元，其中农业收入占比仅为20%。

2000年开始，项目组从引导农户了解本地资源开始，尝试做社区种质资源的收集与登记，并与当地妇女合作小组合作开展参与式选育种活动。在2008年，出于对生态环境保护、食物健康、农业生物多样性保护与利用等的关注，一妇女带头人带领上古拉屯（古寨村下辖的自然村）的5名老年妇女开展种养循环的生态农业。在项目组的支持下，采用社区支持农业（CSA）[①]模式，与非政府组织（NGO）合作，通过南宁一家有机饭店销售生态产品提高农户收益。逐渐形成了"玉米—土猪—蔬菜"的生态循环农业模式，探索出适合当地的小规模农业的发展出路。

经过4年的发展，2012年3月妇女小组正式注册为生态种养专业合作社（以

---

① 社区支持农业（CSA，Community Supported Agriculture）的概念于20世纪70年代起源于瑞士，并在日本得到最初的发展。CSA拉近消费者和生产者的关系，缩短农产品销售渠道，促进提升农业供应端质量，促进城乡一体化发展，是国际具有人文主义精神的一种生态农业模式。2005年由香港民间组织社区伙伴（PCD）引入广西省、贵州省、云南省和四川省，之后CSA理念及其影响的农业实践在中国发展迅速。

下简称"合作社"），有28名社员，以妇女和老人为主。到2019年底，合作社已经延展到周边5个村的17个屯（自然村），社员发展到96户，共种植生态蔬菜10多公顷（150多亩），蔬菜品种26个。

2 妇女合作社的综合效益分析

2.1 逐渐优化和扩充生产经营范围，提高农户参与面和经济收益

合作社的发展规模从28户发展到96户，带动的社区农户数逐渐增加。在2013年合作社有57户社员，生态蔬菜和土猪的全年总收入60.5万元，户均收入约1万元。随着合作社不断发展壮大，2019年合作社开始拓展与公共部门的合作，获得古寨社区村级集体经济项目扶持资金80万元，用以建设蔬菜冷库、购买冷冻车、收购生态无公害佛手瓜苗等，促进合作社的进一步发展。预计2020年实现蔬菜销售收入157万元，户均年收入达到1.5万元。与此同时，合作社积极担负扶贫的社会责任，鼓励吸收贫困户加入（图4-2）。

图4-1　古寨村妇女带头人陆荣艳和宋一青博士（摄影：王彤，中国国家地理）

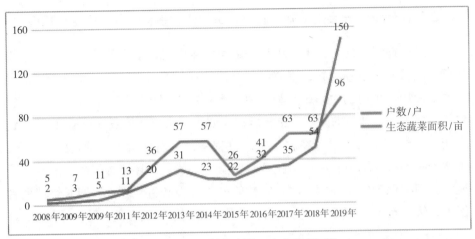

图4-2 合作社农户数及生态蔬菜面积

注：1亩约等于666.67平方米。

图4-3 采摘生态蔬菜（摄影：Simon Lim）

2.2 因地制宜开展生态循环农业，保护生物多样性及社区生态环境

合作社探索出的"玉米—土猪—蔬菜"生态循环农业模式，是用玉米粉和剩余蔬菜叶来喂养土猪，猪粪经沼气池处理后既可以肥田，又能产生沼气供家庭使用，种植的生态蔬菜和养殖的土猪主要用于销售。在此过程中，农户不断探索生态种植的防病防虫技术，比如将葱头与其他蔬菜间种可以防虫，利用灭虫灯控制虫害等。在整个生产过程中，生态种植不使用化肥、农药，土猪养猪不添加饲料，减少了化学品对土壤环境、水环境的污染，节约生活能源，切实保护生态环境，改善农村的种养环境和生活环境；同时给消费者提供天然、无污染、高品质的生态农产品，得到了消费者的认可（图4-4）。

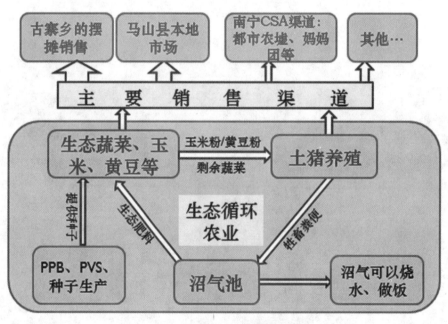

图4-4　马山古寨村的生态循环农业示意图

2.3 活态保护和可持续利用地方作物和传统品种

在项目组、农民种子网络、广西农科院玉米研究所等合作伙伴的支持下，合作社长期开展传统品种的保护和改良工作，比如社区资源登记、建立乡村种子库、开展品种试验、社区种子生产等。

乡村种子库：2018年建立了乡村种子库，目前保存了27种传统品种（其

中豆类 15 种、玉米 2 种、瓜类与菜类 10 种）。乡村种子库与政府种质库也建立了联系，2019 年广西农科院玉米研究所的科研人员从上古拉屯收集墨白玉米、本地黄玉米、本地糯玉米 3 种地方种质资源，放到国家种质库和广西农科院种质库保存。

社区资源登记：到 2019 年底，社区共登记传统品种资源 124 种（包括玉米 9 个品种、豆类 11 个品种、瓜类 8 个品种、蔬菜 24 个品种、中草药 53 个品种等）。合作社目前着重发展的蔬菜、玉米和旱藕等农产品，主要都是来自传统品种资源。

传统品种的改良、选育与技术传播：从 2000 年开始，社区妇女长期围绕着玉米、黄豆等作物的传统品种开展了一系列的的保护、提纯复壮、育种等活动，保障了社区传统品种的延续和发展。2006 年至 2008 年，她们与育种家一起开展 PPB 育种试验并成功培育"桂糯 2006"品种，这个品种的生苞受到社区内外消费者欢迎，一直延续至今。2014 年在农民种子网络组织的交流活动中，古寨妇女还把制种技术传授给云南宝山石头城村的妇女。

野生蔬菜驯化：合作社社长带头进行野生蔬菜驯化，正尝试对野生一点红、枸杞菜、决明菜和麻叶进行驯化，希望以此开发本地资源，拓展社区蔬菜品种。

2.4 保护传统知识和实践，传承生态文化载体

妇女合作社在保护传承传统文化方面，发挥了重要的作用。她们成立了农民剧团，恢复和传承民族传统舞蹈——打榔舞。打榔舞是壮族先民庆祝丰收、祈求来年风调雨顺，以"娱神"为目的的舞蹈，已经有 1300 多年的历史，被列为广西壮族自治区非物质文化遗产。目前剧团有 25 人，2019 年每月能组织公开表演 2~3 次。

2.5 提升农村妇女领导能力发挥及能力建设，促进社区可持续发展

20 年来带头人一直带领社区妇女进行传统品种的保护与改良，坚持生态循环农业和公平可持续发展的理念，积极参与和协助组织项目组的培训交流活动。在她的带领下，从妇女合作小组发展到合作社，参与合作的妇女数量逐渐增加，妇女骨干积极参与合作社经营和管理活动，能力得到了很大的提升。目前合作社管理运营层面的骨干以妇女为主，开展生态种养的主体也是以妇女为

主。在这个过程中，参与合作的农村妇女的主体意识被唤醒，综合能力也得到了提升，促进了社区的可持续发展。

3 分析与总结

从2000年的参与式选育种开始，到可持续利用农业生物多样性增加农户收入，改善社区生态环境，从1位妇女领头人到8名妇女组成的合作小组，再发展到将近100户的合作社，实现了经济、生态和社会效益的"三丰收"。在经济效益方面，通过CSA模式销售生态农产品，直接提高了当地农户、尤其是贫困户的经济收入。在生态效益方面，推广生态循环农业，减少农药化肥的使用，改善了当地的生态环境；改良和利用传统品种，促进农业生物多样性保护。在社会效益方面，合作社即带动妇女和老年人，又积极吸引年轻人加入，提高了发展的包容性和可持续性；带动传统文化打瑭舞剧团的发展，传承社区的传统文化；同时提高社区农户的生态理念和健康理念，正如一位村民所说："我们比以前更健康了，因为我们每天种植和吃健康的生态产品。"

案例二　TEEBAgriFood框架下的可持续草原景观管理：以坦桑尼亚马赛草原为例

2019年，联合国环境署《衡量农业和食品系统中的重要因素》报告指出，生态系统脆弱性增加的根本原因之一，是人类难以全面了解农业和食品系统对自然的依赖和影响。这一方面是由于农业食品系统的价值链牵涉广泛，从支持其的生态系统，到农业原料公司、农场、中间商，再到食品和饮料制造商，以及零售商和消费者；另一方面则因为价值链上各环节所处的经济环境都被大量或积极或消极的外部性[①]扭曲。例如，淡水、气候调剂和授粉等自然投入来自农场之外，而肥料或杀虫剂造成的污染成本却在农场下游产生。有些外部性在经济上是可见的，可以在社会核算或者企业账目中得以体现，但更多影响却是不可见且难以估价的。

---

① 外部性定义为双边经济交易产生的第三方成本（或效益），其中交易方在从事交易时并未承担此类成本（或效益）。

生态系统和生物多样性经济学（TEEB）是由联合国环境规划署（UNEP）主持的一项全球倡议，旨在推动将生物多样性和生态系统服务的价值纳入各级决策考量。TEEB农业食品框架（TEEBAgriFood）是生物多样性公约（CBD）将政策纳入主流的长期战略方针（http：//cbd.int/mainstreaming/）的一个例子，体现了如何将自然资本思维纳入2020后全球生物多样性框架。作为TEEB的子计划之一，TEEBAgriFood强调对农业食品价值链各环节有关的重要外部性进行评估，从而帮助人们做出兼具经济回报和环境、社会可持续性的决策。图4-5展示了在TEEBAgriFood框架下，与农业食品行业相关的各类资本库存与价值流动。此图有助于理解与农业食品行业有关的决策将给自然、人力和社会造成怎样的效益和损失，并以此估算其造成的自然资本存量变化。下文将通过坦桑尼亚马赛草原的案例，介绍TEEBAgriFood的系统分析方法。该案例来源于联合国环境署TEEB办公室委托，由挪威发展合作署资助，属于瓦赫宁根大学和研究机构Trucost和True Price开展的6项"TEEB探索性研究"之一，旨在为促进TEEBAgriFood倡议提供案例基础。

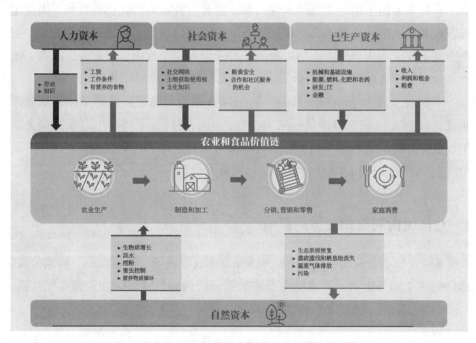

图4-5 生态农业食品系统中的资本库存和价值流动

坦桑尼亚境内的马赛草原，是该国野生动植物最集中的地区之一。其地理范围包括两个幅员辽阔而人烟稀少的地区——蒙都利和西曼吉罗，以及两个相邻的国家公园——塔兰吉雷和曼雅拉湖。该地区的总面积为290万公顷，其中72%的面积是牧民和野生动物共用的牧区，15%是混合农业用地，11%是自然保护区，2%是退化土地。长期以来，野生动物的生存方式和牧民的放牧方式都高度适应了这里干旱的极端条件，形成野生动物和人畜在草原上共存的局面。同时，在过去的40年中，随着当地游牧人口和其他地区的移民定居下来并建立农场，该地区的耕地一直在快速扩张。马赛草原的牧民和定居农民通常属于相似的群体，共同形成农牧民社区，他们从马赛草原获取食物、衣服、医药、建材、燃料等生活必须品，同时出售农牧产品以挣取收入。国家公园则由当地政府运营，马赛农牧民几乎没有从中获得旅游收益。

马赛草原居民在土地用途转变方面面临着权衡。与传统的放牧相比，耕作是从土地上获取价值以满足紧急粮食需求的一种更有效的方式。但粮农组织指出，这种趋势是不可持续的。农田的扩张正在改变该地区的景观，对牧民和野生动植物都产生了负面影响，隔断了迁徙路线，侵占了最肥沃的牧区。此外，由于马赛草原的土地通常是干旱的，并不适合耕种或集约化饲养牲畜，因此定居农业表现出生产力低下，土壤肥力下降的特点，加速了土地退化和废弃。更全面地了解土地为当地人创造的价值，对于做好这个权衡至关重要；此外，地方和全球决策者也需了解该区域土地利用类型转变造成的外部性。

由瓦赫宁恩大学和True Price、Trucost合作的坦桑尼亚马赛草原景观管理研究，以TEEBAgriFood评估框架为指导，第一次揭示了当前生态系统服务的年效益，并尝试从当地"内部自然资本价值"和全球"外部自然资本价值"的角度[①]，分析不同土地转化情景下的自然资本价值。

1　对区域内利益相关方的影响

表4-1展示了由马赛草原不同地表景观（放牧牧场、种植农业、国家公园）提供的生态服务类型。考虑到生态系统服务间的相互联系，为避免重复计算，

---

① 当选择一个特定的地理区域时，自然资本的价值可区分为内部自然资本价值和外部自然资本价值，前者代表一个地区内所有利益相关者从自然资本中获得的利益，而后者为区域外所有利益相关者从中获得的利益。

该研究只对为人类直接创造经济价值的终端生态系统服务进行了量化估值①。

表4-1　马赛草原生态系统服务类型

作物和牲畜	贸易产品	生活用品	休　闲
牛肉和牛奶	蜂蜜和蜂蜡	野生木材	旅游收入
作物	树胶	用水	
动物皮毛	药用植物	非木材林产品	

结果显示，每公顷农业种植用地通过提供粮食和牲畜类产品每年可创造73美元的效益，高于国家公园（52美元/公顷·年）和放牧牧场（18美元/公顷·年）。虽然放牧牧场的平均效益创造最低，但生态系统效益却最多样（涵盖了木材、用水、贸易产品、医药产品、牲畜类产品等）。从区域总效益来看，马赛草原关键生态服务的总效益估值为9100万美元/年（其中放牧牧场4000万美元/年，农业种植用地3400万美元/年，国家公园1700万美元/年）；放牧牧场的牲畜养殖和农耕地的作物产出是马赛草原生态系统效益的主要来源，分别为2600万美元/年和2700万美元/年，占该地区年度生态系统服务总效益的28%和30%。

当前土地利用状况下，农业种植似乎是目前最有效的利用自然资源创造效益的途径，但从长远来看，大肆扩张农业种植是否可行呢？为回答这个问题，研究人员分析了不同转化情景下，马赛草原提供给区域内居民的从现在到未来生态系统服务效益的折现值，并以此代表"内部自然资本价值"，以此检验定居农业与低生产率放牧之间的权衡。三种土地转化情景如下（图4-6）：

（1）牧场向耕地高速转化（年转化率8%），由于对野生动物栖息地和对肥沃土地的侵占，某些生态系统服务随着时间的推移而减少；

---

① 即供给服务和文化服务（家庭使用的产品，农作物和牲畜产品，国家公园和娱乐场所），排除了调节服务（因为部分调节服务可以看作是未来供给服务和文化服务的原料）。

（2）牧场向耕地中速转化（年转化率4%），处于中间状态，耕地扩张速度较慢，但最终仍达到导致生态系统服务下降的临界值；

（3）牧场向耕地低速转化（年转化率2%），农田扩张速度在安全范围内，不会损害野生动物栖息地和生态系统。

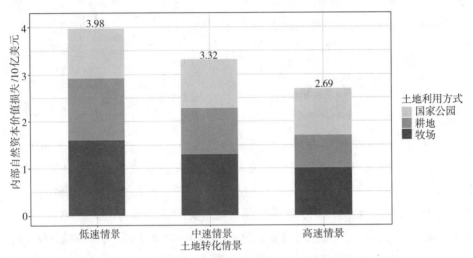

图4-6　不同土地转化情景下马赛草原的内部自然资本价值

结果显示，在高速土地转化情景下，内部自然资本价值约为27亿美元，中速土地转化情景约为33亿美元，低速土地转化情景约40亿美元；高速转化与低速转化情景的内部自然资本差异约为13亿美元。值得注意的是，在高、中、低速三种转化情景下，耕地生态系统的内部自然资本价值（中蓝色部分）大致相同，高速的耕地转化率并没有带来内部自然资本价值提升——因为在高转化率情况下，耕地面积的扩张往往意味着对肥力较低地区的开发以及严重的土地退化，进而拉低区域的耕地平均产量。另一方面，当耕种农业增长较快时，导致野生动物栖息地破碎化和对肥沃地区的侵占，使得牧场和国家公园的内部自然资本价值（深蓝色和灰色部分）相应降低。

内部自然资本价值既取决于组成它的生态系统效益的规模，也取决于生态系统效益在长期的可持续性。由于最富饶的地区首先被改造为耕地，随着耕地面积向肥力较低地区扩张，单位面积扩张所获得的边际效益将减少。同时，持续的扩张会对自然保护区和放牧牧场的生态系统效益创造产生负面影响，因为它们都需要关键的走廊地区保持开放以供季节性野生动植物和牛的觅食。

2　对全球利益相关方的影响

　　草原景观提供的"调节服务"可以产生外部生态系统效益，如水循环和碳固定服务。在半自然或自然生态系统（例如牧场或国家公园）中，这些生态系统效益通常比在耕种农业生态系统中更高。以固碳为例，耕种每年以农作物和农作物残渣的形式释放大量的碳，同时耕作增加了土壤微生物的呼吸，也增加了二氧化碳的排放。在一定时期内，这些对区域外产生的生态系统效益可以积累成一定的外部自然资本价值（图4-7）。

　　研究人员分别比较了在高速和低速转化率下，转化前、后土地的碳储量差异，并用二氧化碳的社会成本来代表外部自然资本价值变化。其中，高转化情景意味着将20年内马赛草原可转化为耕地的土地面积全部转化。根据文献调研，牧场、农业用地和退化土地的碳储量分别被假设为87吨碳/公顷，59吨碳/公顷和31吨碳/公顷。

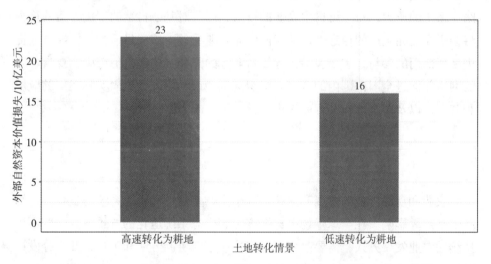

图4-7　不同土地转化情景下马赛草原因碳排放导致的外部自然资本损失

　　结果显示，仅考虑碳固存这一项生态系统服务，土地转化对外部自然资本价值的影响（减损）约在150至240亿美元之间，远远高于内部自然资本价值的规模。但值得注意的是，受碳库损失影响的利益相关者是全球人口，而受内部自然资本损失影响的是当地人。低速转化情景给内部自然资本带来较高积累的同时，给外部自然资本价值带来的损失也相对较小，这表明本地和全球利益相关者的利益是一致的。

3　TEEBAgriFood在中国

为了促进农业的可持续发展，TEEB于2019年启动了"生态系统和生物多样性经济学：促进农业和食品系统可持续发展"项目，中国是该项目的七个试点国家之一。项目核心目标是促进农业领域的生物多样性保护和生态系统服务供给，避免由于低环境标准导致的不公平竞争。在4年执行期内，中国的项目将在欧盟的资助下，以TEEBAgriFood框架的系统性思维以及"绿水青山就是金山银山"这一发展理念为指导，通过案例研究，评估识别农业政策在自然、人力、社会和已生产资本方面存在的不可见的影响，支持可持续农业政策的制定，以维护生物多样性、恢复退化景观。同时，该项目认识到，改革农业食品行业的切实需求可以为企业和社会带来诸多机会：更加健康多样的饮食会减轻医疗系统的压力，对于可再生农业的投入、以及对基于自然的解决方案的重视将会提高食品生产的稳定性，从而使食品企业受益。该项目通过多样的方式促进私营部门的参与，主要包括指导私营业务的开展、构建价值链中主要参与者的网络并促进全国范围内的合作、组织圆桌会议和培训、巩固实际案例的应用和共享，以及向全球相关行业提供指导[①]。

4　启　示

农业和食品行业的发展和繁荣依赖于生物多样性和生态系统的支持，也给其带来巨大影响。在全球生物多样性丧失、生态系统退化的背景下，转变不可持续的农业发展方式，需要改变思维定式、创新机制方法和工具，并充分发挥各利益相关方的作用。本文案例从传统品种资源保护和利用、发展生态循环农业、权衡土地利用方式等角度，展示了农业食品行业向可持续方向转变的可能路径，并形成了以下关键信息。

---

① 本项目面向公共部门和私营部门的工作分别由联合国环境规划署国际生态系统管理伙伴计划（UNEP-IEMP）和Capitals Coalition负责实施。

（1）基于农民参与的传统品种资源的活态保护、改良和利用，通过"农民合作社多元综合的发展"与"农业的多功能性"强有力的结合，可以成为中国一条重要的农村发展道路——它有助于完善地方可持续农产品的生产和消费，实现经济效益、生态效益和社会效益的"三丰收"。

（2）多方参与是推进可持续农业实践的重要手段，农民专业合作社作为企业的一种特殊形态可以发挥联结和赋能的作用。广西案例中，在中科院参与式行动研究小组的协调下，各级农科院研究所、民间组织、饭店、政府农业推广服务机构等都与社区建立联系，合作社发展的过程是妇女领导力和社区能力建设和被赋权的过程。

（3）技术创新和机制创新、技术支持和能力建设的"双结合"，是推动农业可持续发展的重要保障，其动机应侧重于更宽泛的农村发展而不仅仅是服务商业需要。

（4）在干旱的草原地区，种植农业与放牧相比，虽然在短期资源效益方面更具优势，但长远看来，大肆扩张农业种植并侵占牧区常常并不能给当地人带来更好收益，反而会带来高额损失。马赛草原的案例中，牧场向耕地的高速转化加速了土地退化，拉低了长期产量，还使得野生动物栖息地破碎化，最终导致了区域内部自然资本价值的降低。

（5）农业活动导致的土地利用方式的转变将导致调节服务水平发生变化，因而给更广泛的利益相关方带来影响。马赛草原的案例中，牧场高速转化为耕地释放的二氧化碳会导致约240亿美元的外部自然资本减损，给全球人口带来威胁。

（6）应用TEEBAgriFood框架开展评估，将有助于理解相关决策给自然、人力和社会带来的效益和损失，并鼓励引入旨在促进外部性内部化的经济机制（如生态系统服务付费）。TEEB的目标"推动生物多样性和生态系统服务的价值纳入各级决策考量"与我国近年来倡导的"绿水青山就是金山银山"的发展理念，在内涵上具有高度一致性。

二、植物制剂行业生物多样性可持续利用和惠益分享

赵 阳 贺安莉 金 琰

1 行业背景

　　植物制剂是将植物的产品应用于食品、药品、饲料及个人护理品，实现或增强某种功效。植物制剂是一个多元化的部门，产品应用广，涉及很多细分和市场。不同国家对植物制剂的名称或叫法也十分多样化：如草药、植物提取物、植物药、植物性保护物质。与药物不同，植物制剂的成分复杂，具有一定的功效，但仍需科学验证。植物制剂不仅可以作为单一的成分应用，也可以通过复方的形式应用在功能食品、膳食补充剂、饲料和个人护理品中，起到着色、抗氧化、防腐、提供甜味和功效性成分等作用。健康产品行业包括保健品、天然和有机食品、天然性个人护理品、家居产品和功能食品，2010年该行业的全球销售总额超过3000亿美元。当年该行业中植物药品细分市场价值大约价值840亿美元，其中在欧美销量最大，中国、印度和巴西等新兴经济体的市场潜力和生产增长最为迅速。

　　点评：该行业既包括生产、销售传统医药为主的家族企业，通常规模小、产量低，使用技术源于古法传承；同时也包括进行大规模研发和生产标准化植物药的生物医药公司。少数国际公司垄断了这一行业的高附加值产业链上游，农民和提取工厂处于产业链下游。在很多地区，尤其是联合国《生物多样性公约》的《名古屋议定书》被该国签署生效了以后，政府逐渐加强了对产品安全、有效性、特征、纯度和质量的监督，相关规定使企业不得不进行比以往更加深入和耗时的研究与测试，无疑提高了市场准入门槛，增加了企业运营的成本和风险。鉴于全世界的植物制剂管理框架仍在变化中——各国政府仍在寻求根据该议定书建立本国精简和统一的规章制度（如生物勘探的研究申请、获取生物资源的报批和接收监管的指标体系等），因此建议相关企业密切关注。"生物勘探"（bioprospecting）是系统地寻找生物化学和遗传信息，用于开发具有商业价值的产品。

2 企业案例

上海嘉萃生物科技有限公司于2018年成立，是由日本三井和华宝香精共同投资的中日合资企业。主要以植物提取物为原料，通过预混、乳化、微胶囊化等现代化工艺，生产天然特种配料。产品覆盖天然色素、天然甜味剂、功能性提取物和天然抗氧化剂等，应用于食品、饮料、乳品、功能食品、保健品、个人护理品动物营养和饲料等领域。公司在美国芝加哥和荷兰瓦格宁根设立子公司，直接服务当地客户；工厂已获得BRC、Kosher、FSSC2200、Halal、SC等国内外认证。在公司的可持续发展战略中，生物多样性是及其重要的组成内容，旨在向营养品产业提供高质量产品的同时，提高农民收入和保护生态环境。

2.1 人参提取物

（1）关于人参的"传统知识"

人参原产于中国、韩国和俄罗斯交界的山区。在中国有数千年的食用历史——现存最早的中药学著作《神农本草经》将之列为"上品"。李时珍在《本草纲目》中将人参描述为"高级补品"。南北朝时期陶弘景《本草经集注》中对人参记载："人参微温，无毒……如人形者有神。生上党及辽东"。上党（山西长治附近）是古时人参产地。在明《本草纲目》中记载："上党，今潞州也。民以人参为地方害，不复采取，今所用者，皆为辽参"。可知自明代起人参主要出自辽东。我国人参种植可追溯至西晋末年，《晋书·石勒传》记载曰"初勒家园中生人参，葩茂甚"。将得到的人参种子，播种到模仿人参自然生长的条件下，使其生长繁殖。如此日积月累，长期总结成功经验，便较全面地掌握了人参生长习性，形成了"园参"栽培技术。清代"园参"主产区在长白山地带就已形成。

点评：植物制剂业依赖和传承，以及通过科技创新发扬传统知识是该行业的特点。关于植物医药的传统知识是新活性成分和产品研发的主要指导，是申请管理机构批准获得生物资源的重要"证明"，向消费者推销产品也离不开传统知识。传统中药、藏药和印度草药等应用是很多现代新产品的来源。

（2）市场需求和种植

2017年以参为主要原料的膳食补充剂在美国是销量最高的草药膳食补充剂之一（SPINS 2018）。市场上的参产品主要有人参和西洋参。自然资源无法满足市场需求，这使得家植、家养的人参栽培活动自古有之，逐渐兴盛。以前采参人为了获得较大的收益，将个头较小的野山参移植到能促使其快速生长的环境中，经过一段时间，培养成"移山参"。从辽宁开始种植、采伐林地，种植人参，随着林地被占用完毕逐渐开始向北发展到吉林。随着国家不再批复林地，种植从林地参开始向大田参转变。人参种植又从黑龙江南移，现在大田参主要在吉林白山、通化地区，辽宁宽甸、新宾、桓仁、凤城等地。

现代常见的人参种植方式有两种：① 林地参：砍伐森林，利用腐殖土种植人参；② 大田参：利用农田，改良土壤，种植人参。或者，按照种植方式分为：① 直生根：种子种下去4至5年后采收，即为4年或5年直生根；② 移栽参：种子种下去1至2年后采挖出小参，筛选优质小参再次种下，2至3年后再采收。二者最大区别在于移栽苗粗壮，形象较好，直生苗纤细。

点评：以植物制剂行业中的细分市场保健品来说，2015年保健品全球销售约为1569亿美元，维生素占比最高为56%，其次为植物传统保健品（22.8%）和体重管理产品（8.6%）。美国市场最大，2015年约为447亿美元，其中维生素占比高达60.7%，草药膳食类占20%。2014年中国保健品行业规模1610亿元，草本膳食补充剂占28.1%，2020年有望突破5000亿元。膳食补充剂的原料很大程度来源于生物，特别是植物，所以有些保健品公司在产品研发过程中有生物勘探（Bioprospecting）的可能（从源植物转变为源植物的功能基因、提取物和传统知识），甚至造成"生物剽窃"（Biopiracy），即外国公司未经授权，无偿获得存在于他国或原住民社区的生物遗传资源或侵占传统知识进行开发、利用和商业控制的行为。

（3）问题与解决方案

长白山是世界自然和文化的遗产地，素有"世界生物资源宝库"之称，被联合国命名为"人类与自然保护圈"。主产于长白山脉的长白山人参历史悠久，距今已有1700年历史，是长白山世界自然和文化遗产的重要组成部分。传统的栽参模式每年使约2万余亩森林遭到破坏。参地不能连续使用，特别是由于目前的人参种植技术原因，参地重复使用需要20~30年轮休，加之无计划地发展多种经营，扩张性地发展人参种植业，超数量地毁林种参，造成了人参地资源的大量消耗。随着栽参业的发展，伐林将土地用途用于栽参的面积日趋扩大，主要在吉林省境内（种植面积占全国80％），栽参后往往不能及时还林或措施不当，致使水土流失。特别是吉林省东部山区生态环境逐步恶化，严重威胁当地居民生活和健康。同时，种植过程中喷洒农药、除草剂和杀菌剂，造成人参和环境中的有害物质残留；如果未采用科学方法干燥，有害物质多环芳烃PAH和增塑剂等污染物会在人参产品中产生和富集。

上海嘉萃提出的解决方案是首先研究人参种植必须的生态环境。

① 生态特性：阴性植物，在遮光阴凉条件下生长。气温过高或强光照射不能生长。因此，人参适合在北方冷凉气候栽培，还要架设遮阴棚。

② 气候：人参在年平均气温2~8℃，无霜期为110~150天的范围内适宜栽培。

③ 土壤：人参在有机质含量高、土层厚、土壤疏松、通气性和排水性能良好、pH为5.0—6.5的弱酸性土壤里生长良好。地下水位高、低洼、通气性差、易板结、排水不良的土壤、黏质土、碱性土壤等地不能栽培人参。

基于研究成果，嘉萃及合作伙伴实施了可持续的人参种植模式：将参苗保育由林下山地转移至非林平地进行大田种植。

① 进行大田种植前需要养地一年，主要种植油菜、紫苏、玉米、大豆，不采收，直接翻地使植物腐烂增肥，施用发酵后的有机堆肥，并使用杀菌剂和一定量石灰消毒。

② 第二年4月开春后，通过翻晒、施用杀菌剂对土壤进行杀菌，8月施撒生石灰进行土地消毒，9月起施用蒸熟油菜籽以及磷肥、钾肥、氮肥，进行土质增肥，9至10月起垄播种，雪前覆盖地膜或稻草保暖。

③ 随后几年人参生长，其间4月翻春需接膜追肥、除草、施药杀虫杀菌，然后进行遮膜、搭遮阳网。5至8月进行三次人工除草。10月之后通过下膜覆膜、加盖稻草保暖。年复一年，直至采收。

④ 人参留种一般于生长至四五年时选择健壮苗进行留种。种子采收一般在七八月，人参采收一般在9月至10月初。

⑤ 在病虫防治方面，上海嘉萃委派农学家全年在人参种植现场指导农民科学种植。农学家编制耕种手册，指导农民使用低毒且有针对性的农药，尽可能减少农药的用量。在种植过程中，5至6月易生立枯病、茎斑病，对于立

枯病需要拔除病苗，用生石灰对病穴消毒，茎斑病应使用稀释的代森锰锌粉剂进行全株喷洒。6至7月易生疫病、炭疽病、白粉病，前两者使用恶霉灵浇灌，后者使用代森锰锌全株喷雾。8至9月易生灰霉病、褐斑病、黑斑病、锈病，前三者主要使用抗霉素全株喷雾，后者及时拔除和烧毁病株、石灰消毒病穴、喷洒敌锈钠两到三次。整个期间，地下害虫主要使用虫杀星拌肥施入土地。

⑥ 采收一般使用机械翻土和人工捡收的方式进行。

⑦ 干燥工厂靠近农田，干燥过程受到严格控制，避免干燥过程中产生和富集多环芳烃、苯并芘等有害物质。

⑧ 在从干燥人参根须提取活性成分的过程中，采取专利技术去除农药、多环芳烃和增塑剂等有害物质，确保成品的质量。

点评：上述多项举措既包括企业创新的生产措施，又有吸收利用的传统知识4。与遗传资源相关的传统知识普遍应用于植物制剂行业新产品研发和市场营销当中。企业要加深理解直接运营（提取／制造）和供应链中生物遗传资源及传统知识的分布与应用。

图4-8　人参大田种植

人参提取物的生产采用透明及可追溯全产业链垂直管理。就人参种植过程的留种，土地选择、土壤、水、空气检测，肥料的筛选，针对种植过程出现的虫害菌病使用的农药种类、用量和日期等，都建立了标准操作规程和跟踪记录。公司质量经理在现场监控收获、干燥、储存、运输、原料提取、配制和包装的整个过程，并建立标准操作规程和跟踪记录——每个步骤做到量化考核和追踪溯源，确保人参提取物的质量和品质。

（4）经济、社会和生态效益

人参提取物供应链整合和全程垂直管理解决了人参产品的农残、重金属含量超标问题，保证了人参产品质量，有效地提高了土地的利用效率和保护生态环境。更重要的是，为当地农民和社区带来可观的及可持续的经济收益。目前，我国以家庭为单位的人参种植农户数量众多，对于整个行业供应至关重要。但中间商操纵收购价格，赚取大部分利润，农户并未真正公平地分享产业利益，这不符合联合国《名古屋议定书》倡导"合法获取生物资源和公平惠益分享"（ABS）的初衷。上海嘉萃直接与农户签订长期采购合同，提供保底收购价，并根据市场需求与行情，组织参农有目的的扩大种植面积。通常来讲，人参亩产500—750千克，新鲜人参售价50~60元/千克，一个农户种植0.67公顷（10亩）地，人参5年收获后可获约25万元收入。上海嘉萃相信，只有环境受到保护，农户利益得到保障，原料供应才能稳定，企业才能更好的供货和开拓市场，整个行业才能更健康和可持续的发展。

点评：《名古屋议定书》第7和12条有助于企业深入了解"事先知情同意"（PIC）和"共同商定条件"（MAT）的原则要求，与地方社区有效沟通，使双方合作更加符合公开透明、公平公正和可持续发展，实现"三赢"（企业效益、农户收入和环境保护）。

2.2　迷迭香提取物

（1）传统知识

迷迭香是一种香味浓郁的多年生常绿小灌木，性喜温暖气候，原产欧洲地区和非洲北部地中海沿岸。在欧洲有着悠久的历史文化，古代人相信它可以加强记忆力，早期人们从迷迭香鲜叶提取出精油用以香薰或泡澡来提神醒脑，在西餐饮食中牛排、土豆等料理以及烤制品经常使用。欧美做过大量应用研究，证明对人体具有抗氧化作用——迷迭香提取物中的油溶性抗氧化有效成分主要为鼠尾草酸、鼠尾草酚和二萜类物质，具有较强的油脂抗氧化性。水溶性抗氧化有效成分主要为迷迭香酸，兼具抗氧化与防腐抗菌功效。

（2）产品问题

迷迭香对土壤要求不高，喜干不喜湿，大山深处也能种植，每年可收获两次，可持续收获4~5年，中国湖南、湖北等地已实现人工种植。我国目前主要是农民小规模种植，中间商收购再转卖给干燥或提取工厂。这种商业模式存在很多问题。首先，中间商操纵收购价格，获取据大部分利润，农民无法获利，种植热情低，无法实现大面积种植。甚至有农民在种植迷迭香2~3年后，因为不赚钱便将其拔除改种其他作物的情况，造成了对土地、资源和人力的大量浪费，对农民的积极性和经济收入造成重大打击。其次，由于缺乏科学种植的意识和技能，农民盲目或错误使用化肥和农药，浪费资源，污染农田，造成农药在土壤、水源和农作物中富集。至今，迷迭香在我国的质量和产量都尚不稳定，无法产生规模效益，发展受限。

图4-9　迷迭香种植

（3）方案和综合效益

上海嘉萃和合作伙伴选择了远离城市和工业的偏远山地作为迷迭香的规模化种植基地。目前试点种植面积为527.2公顷（1318英亩），预期2022年将扩大到1121.2公顷（2803英亩）（表4-2）。

表4-2 迷迭香种植分布表

种植地/英亩	湖南			贵州	云南	湖北	总面积
	耒阳	常德	娄底				
2019年种植面积	330	165	165	330	246	82	1318
2022年预计种植面积	990	330	330	494	494	165	2803

注：1英亩约等于4046.856平方米。

按照每英亩地产出的迷迭香可获得1 800千克干燥的迷迭香叶计算，每英亩可加工成540千克含5%鼠尾草酸的迷迭香提取物。预计2022年迷迭香提取物的产量可达1514吨（表4-3）。

表4-3 迷迭香产量

年度	迷迭香种植面积/英亩	干燥的迷迭香叶/吨	含5%鼠尾草酸的迷迭香提取物/吨
	1	1.8	0.54
2019年	1318	23724	712
2022年	2803	50454	1514

注：1英亩约等于4046.856平方米。

为提高植物中活性成分含量，上海嘉萃对不同品种的迷迭香进行了评估和筛选。目前筛选获得的迷迭香品种的鼠尾草酸含量约为3% ~4%，高于起源地地中海地区迷迭香中的鼠尾草酸含量（1.5% ~2%）。此举间接地减少了市场对迷迭香种植土地需求，保护了生物多样性。

2019年开始，嘉萃和合作伙伴采取了以下具体措施：

① 委派专业农学家指导农民科学种植；

② 采用生物防治技术，预防和减少迷迭香根腐和灰霉等病害；

③ 实施科学的种植，减少了近40%的农药（多菌灵等）用量；

④ 提高提取效率，降低了12%能耗（蒸汽）和溶剂消耗量；

⑤ 利用提取废料进行堆草发酵，开发饲料产品（叶绿素），省去近1200吨迷迭香废料的处理费用，创造经济效益，综合利用资源；

⑥ 按照迷迭香亩产1000千克计算，种植0.67公顷（10亩），农民可获得约2万元的收入。预计5年内将帮助约2500个迷迭香农户提高产量，增加收入。

点评：上海嘉萃和合作伙伴直接与供应链最上游的农户签订长期采购合同。双方约定收购价格，提供保底价，同时能做到价格随行就市，杜绝中间商操纵采购价格的问题，让农民获得稳定和可增长的收入。选用优良品种，增加产量；免费提供优选种子，设置试验田，委派农学家向农民免费传授科学种植知识，在当地指导种植。减少的肥料和农药的使用，节约劳动力，降低成本；产品活性成分含量高、污染残留少，质量好。同时，在当地筹建干燥工厂，为农户提供干燥服务。在迷迭香的干燥的过程中，科学的干燥技术可以避免环境污染物多环芳烃和塑化剂的产生。通过致力于与种植户建立平等互利的长期合作关系，扩大了生态友好型的农田种植面积，提高了作物收成和质量，提高了农民收入和生活质量，确保了企业对原材料采购需求的稳定供应，使产业链更可持续地发展。

3　行业趋势

《名古屋议定书》（简称《议定书》）作为国际法，促进各国政府尽快确定制度框架、管理程序和机构职能，明确植物制剂行业以及更广泛的生物制药、食品饮料、化妆品和营养保健品等依赖现代生物技术结合遗传信息工程的产业部门在"获取和惠益分享"（ABS）的义务和责任，包括：

3.1　提供法律确定性，精简管监管措施

《议定书》要求各国政府指定国家联络点或主管当局（第13条），建立信息交换所（第14条）在国内外分享信息，制订企业可参考的示范合同条款（第19条）以减少交易成本。

3.2　澄清范围，增进透明度

很多企业对于把生物资源列入ABS措施的范围表示关切。但一般来说，这并不涉及植物制剂行业、地方商品贸易和人们生活所使用的原材料。《议定书》

第2条（c）款："'利用遗传资源'是指对遗传资源的遗传成分和（或）生物化学组成进行研究和开发，包括通过应用《生物多样性公约》第2条定义的生物技术"。

3.3　支持分享利用传统知识所产生的惠益

与遗传资源相关的传统知识普遍用于植物制剂行业新产品研发和市场营销当中。《议定书》第7和第12条支持政府监测供应链中遗传资源的分布和使用，以及作为第三方监督企业与地方社区或原住民在"事先知情同意"情况下，达成"共同商定条件"，合理公平地使用与遗传资源相关的传统知识。

3.4　提高行业创新和可持续发展能力

《议定书》第21和第22条呼吁加强公众和企业ABS意识与能力建设，营造公平公正的社会和商业环境，有利于提高产业门槛，推动科技应用形成更具综合效益的规模经济、生态友好型生产和边际价格。

3.5　制定跨国和区域性ABS框架

很多与物种和植物提取物相关的传统知识广泛地散布于不同主权的国家。执行《议定书》第11条可以强化区域或次区域的跨国界合作。第10条则要求全球多边惠益分享机制的必要性及相关模式，支持不同国家的规章框架相互衔接和包容。

参考文献

［1］　https://www.cbd.int/abs.

［2］　https://www.cbd.int/kb/record/sideEvent/1350?FreeText=Bioprospecting.

［3］　GEF ABS项目《国内外企业在中国开展生物勘探的案例分析报告》.

［4］　https://www.cbd.int/abs/infokit/revised/web/factsheet-tk-en.pdf.

［5］ 武建勇，薛达元. 生物遗传资源获取与惠益分享国家立法的重要问题［J］. 生物多样性，2017，25：1156-1160.

［6］ 刘海鸥，张风春，赵富伟，杜乐山，薛达元. 从《生物多样性公约》资金机制战略目标变迁解析生物多样性热点问题［J］. 生物多样性，2020，28（2）：244-252.

［7］ 李一丁."一带一路"与生物遗传资源获取和惠益分享：关联、路径与策略［J］. 生物多样性，2019，27（12），1386-1392.

［8］ 薛达元. 建立遗传资源及相关传统知识获取与惠益分享国家制度：写在《名古屋议定书》生效之际［J］. 生物多样性，2014，22：547-548.

三、生物医药、化妆品、保健品和食品行业外企在中国生物勘探案例

赵富伟　邹玥屿　李笑兰　王　也　傅钰琳　高　磊　陆轶青

1　背景

《生物多样性公约关于获取遗传资源并公平分享其利用所产生的惠益的名古屋议定书》（简称《名古屋议定书》）于2014年10月生效，中国于2016年9月6日成为议定书缔约方。为支持中国履约，2016年4月全球环境基金（GEF）批准了由生态环境部对外合作与交流中心（FECO）和联合国开发计划署（UNDP）共同开发的"建立和实施遗传资源及其相关传统知识获取与惠益分享的国家框架项目"（GEF–ABS项目），旨在支持中国建立和实施遗传资源和相关传统知识获取与惠益分享（ABS）的国家框架，包括制度、管理机制、技术支撑体系及信息交换机制。本文摘自GEF–ABS项目支持的研究任务"国内外企业在中国的生物勘探案例研究及建议"的成果报告。该研究针对生物医药、化妆品、保健品和食品行业的国内外企业在华开展生物勘探的基本情况进行了调查分析，并提出了相应管理建议。

2　生物勘探

生物勘探是指探索生物多样性以获取具有商业价值的遗传和生化资源。与活跃在20世纪之前的"植物猎人"寻找获取有形的植株、种子的方式不同，现代生物勘探探寻的多是生物资源的基因特性、化学成分、或相关传统知识，用以开发新药，或培育具有如抗病虫害性能的植物新品种。

自改革开放以来，中国巨大的消费市场，以及丰富的生物遗传资源和相关传统知识吸引了大批国外生物技术企业以独资、合资等方式进入中国。部分企业在中国进行生物勘探并研发新产品，或通过原材料贸易等方式从中国获得生物原料。近年来，中国国内生物技术企业也逐步加入到生物勘探的行列，既包

括与外企合作的方式，也有自行开展的勘探活动。基于生物勘探的新产品研发及商业化，为医药、食品、化妆品等行业的生物技术企业带来了巨大的商业利润。如何公平公正地分享这些惠益、顾及对于这些资源和技术的所有权利，从而对保护生物多样性和可持续利用其组成部分做出贡献是《名古屋议定书》设立的目标。如果生物遗传资源惠益不能公平分享，就存在遗传资源的"生物剽窃"的可能性。

3 生物医药、化妆品、保健品和食品行业生物勘探案例分析

需要特别说明的是，《名古屋议定书》遵约相关的规定（第15和第16条）指出，遵约的标准在很大程度上由遗传资源的提供国的国内法律规定，而本研究所涉及的案例均发生在中国缺乏完善的国内法律的情况下，亦即案例中所涉及的公司在获取利用中国的遗传资源及其相关传统知识时，即使企业没有开展任何惠益分享活动，或存在"不遵约"《名古屋议定书》的行为，也并没有违反当时中国的法律法规。

3.1 生物医药行业

3.1.1 行业发展现状及趋势

20世纪70年代，以美国为代表的发达国家先后完成了人白细胞介素Ⅱ、超氧化物歧化酶等基因工程药物的研发，标志着生物医药产业开始兴起。生物医药产业具有高技术、高投入、高收益、高风险、高成长、长周期的特点。随着化学新药开发难度增大，全球医药市场逐渐从小分子化学药转向生物药。2000年，全球十大畅销药物中，生物药只有2个，其他均为化学药，到2015年十大畅销药中生物药增长到8个[1]。全球生物医药产业中，美国处于领先地位，紧随其后的英、德、法、日等国家在某些技术领域有领先优势。

中国的生物医药产业在2005年之前一直处于缓慢起步阶段，2005年之后用于生物医药研发的费用开始显著增加，但仍远低于国际上大型医药跨国公司的研发投入。研发投入上的差距导致我国创新药缺乏，生产的多为仿制药，且几乎没有在国外开展生物勘探。目前化学药品仍然占据我国药品市场的最大份

---

① 数据来源：中国医药工业信息中心。

额，但生物制品和中药的市场份额有递增的趋势。2016年，国家食品药品监督管理总局药审中心批准上市的药品中生物药占比最少（仅占6.27%）[①]，但相较化学药品及中药制品，其同比增长额最高。

3.1.2　日本甲株式会社汉方药案例

国际生物医药公司对中国生物资源的勘探和获取包括生物原料和传统中医药知识两个方面，生产和销售汉方制剂产品的大型跨国制药企业日本某株式会社（称"甲会社"）就是较为典型的案例。甲会社目前生产的129个汉方处方药品多基于张仲景所著《伤寒杂病论》的处方增补完成。甲会社通过与我国本土企业共同设立合资公司获取我国传统中医药学知识；同时，通过其在华子公司和战略合作伙伴收集生物原料（主要是中药材及其中间提取物），涉及人参、柴胡、甘草、茯苓、麻黄、黄芪、芍药等上百个中药材品种。

2011年5月，甲会社与中国中医科学院中药研究所签署了为期五年的合作协议，共同种植苍术并开展病虫害综合研究，以期明确苍术的分布区域，并研究栽培过程中病虫害严重的问题。苍术为多年生草本，在我国分部范围较广，但由于大量的无序采挖，野生苍术资源濒临灭绝。目前虽各地药圃广有栽培，但苍术作为常用药材其需求量非常大，近两年供给需求缺口在5000吨左右。甲会社与国内某研究所共开展两期合作，进行覆盖全中国的苍术品种调查，筛选优质种源，开展病虫害防治综合研究，所形成的研究成果由双方共享；并且在安徽的岳西、霍山、广德三个地区建立茅苍术栽培基地，以合同的形式约定采购中药材的数量和价格；在能力建设方面，将甲会社的种植采收规范、可追溯体系、生产信息化管理技术提供给其在中国的战略合作伙伴。在此案例中，双方基本上实现了惠益共享。

3.1.3　美国某公司紫杉醇案例

美国某公司（以下称"乙公司"）在中国获取的最具代表性的生物原材料为紫杉醇原料。紫杉醇为红豆杉属植物的提取物，野生红豆杉自然分布极少，全球42个分布红豆杉的国家均将其列为国家一级重点保护植物，联合国明令禁止采伐天然红豆杉。从1992年乙公司成功将紫杉醇开发用于治疗肿瘤以来，经过20多年的研究，目前紫杉醇技术已经进入技术成熟期，但仍没有一种植物抗癌药能取代其位置，因此，紫杉醇的用量还是呈上升趋势。在1992—

---

① 数据来源：国家食品药品监督管理总局药品评审中心。

2011年，乙公司先后申请了274项[①]、涉及36个国家（地区）的紫杉醇相关专利，占有全球90%的紫杉醇市场。乙公司在全球范围内寻找并建立人工红豆杉栽培基地，包括我国华东地区。乙公司在我国获取紫杉醇原材料后，先加工成注射级半合成紫杉醇原料药运至美国，再进一步加工成紫杉醇注射剂。根据海关统计的数据，2014我国出口一支紫杉醇注射液原料的收益仅为1.26元，而乙公司在我国销售一支紫杉醇注射液的净收益为219元。紫杉醇高昂的市场价格，对中国野生红豆杉的保护带来了巨大的压力。

3.2 食品行业

3.2.1 行业现状及发展趋势

近年来，食品消费需求保持着3.5%的年均增长率，消费总量持续增长，产品研发向方便化、功能化、绿色化、多样化方向发展。美欧等发达国家食品产业凭借着丰富的农产品资源和先进的食品加工制造技术居于全球主导地位，但发展中国家通过技术创新与技术引进也获得了食品产业的后发优势。

生物技术是近年来发展最快且最有前景的食品行业技术之一。生物反应器产品及转基因食品正在而且将不断地为人类提供越来越多的"设计食品"。获取与惠益分享可能侧重的食品子行业包括：新型和功能性食品、生物技术、纳米技术、生物加工、使用"新"物种或传统知识研究生物活性化合物等[②]。从消费趋势来看，未来趋势包括关注可持续生产的新型蛋白质，更自然的食品和饮料；从研究和发展趋势来看，创新主要针对现有成分的专有技术和工艺改进，而不是使用来自遗传资源的新成分进行研发；从传统知识的角度来看，传统知识可以用来指示成分的安全性和有效性，作为生物活性化合物的来源导向，或用于研究传统食品。

3.2.2 某食品公司甜味剂勘探案例

某食品公司（称"丙公司"）是全球知名的软性饮料公司之一。2006年丙公司在中国成立第一家研发中心，目前在华总投资已超过100亿元人民币。2010年，丙公司与国内某研究机构签订了一份合作协议，丙公司公司出资支持该研究机构在华收集、鉴定植物标本，以期发现天然来源的甜味剂植物。项

---

① 以bristol myers squibb为专利申请（专利权）人，taxol为搜索关键词，从国家知识产权局专利检索与分析系统检索相关专利，检索时间为2017年12月2日。

② Rachel Wynberg（2015）获取和惠益分享，决策者要点系列—食品和饮料行业。

目实施至今，该研究机构已经向丙公司公司寄出105科322种植物的粗提物，其中涉及国家II级重点保护野生植物3种，受威胁物种11种。目前研究尚未检索到丙公司对这些基源植物活性成分的专利申请情况。在本案例中，合作协议及后续补充签订的项目工作说明均没有体现我国遗传资源的价值和主权权利，没有达成对相关粗提物后续研究、利用和第三方转让的约束性条件。

丙公司与该研究机构的合作是跨国公司在华开展遗传资源及其相关传统知识生物勘探的典型案例。现代生物勘探的对象已经从源植物转变为源植物的功能基因、提取物、传统知识或者相关数据和信息。外企通过与国内研究机构合作的方式获取遗传材料或其提取物，并通过寄递的方式运输植物提取物，加大了国家生物资源流失的风险；且无论是参与生物勘探的研究机构，还是相关主管部门都难以对粗提物的后续开发利用情况进行监测和监督。

3.2.3　中国某植物园猕猴桃案例

中国是猕猴桃属植物原产地，全世界猕猴桃属植物66个种中62个分布在我国。1904年，新西兰人从我国引入猕猴桃并从1970年开始大规模商业化栽培。现在，新西兰猕猴桃不但出口到中国还占据了相当大的市场份额。中国某植物园收集保存有猕猴桃属46个种，设有猕猴桃种质资源与育种实验室，相关研究处于国内领先地位。为防治严重威胁猕猴桃生产的猕猴桃溃疡病，某植物园和新西兰一家研究院签订合作协议，双方约定提供不同产区的病原菌，合作研究病原菌起源等问题。然而，该合作协议并未规定对病原菌相关研究成果及其应用所产生的惠益应如何分享。

在猕猴桃新品种研发和选育上，某植物园主要通过与公司签订协议开展合作，公司提供遗传材料，双方共享新品种研发成果。合作协议未披露遗传资源获取的最初来源地和获取方式，也未提及原始提供者利益相关内容。调查表明，公司提供的选育材料大多从野生猕猴桃产地的农民处购得，公司通过植物园转让获得新品种繁殖经营权后，再雇佣农场周围的农民进行种植和养护经营。由于猕猴桃可通过枝条扦插繁殖，新品种的繁殖材料很容易被倒卖甚至流失国外，新品种权利人的权益很难得到保障。

3.3　化妆品行业

3.3.1　行业发展现状及趋势

全球化妆品行业发展迅速，据统计2016年化妆品全球市场价值超过1860

亿欧元。目前，该行业已经形成法国欧莱雅、美国宝洁、美国雅诗兰黛等十大品牌为核心的全球版图。全球化妆品行业发展的新态势主要表现在以下几个方面：销售渠道多元化、产品多元化、全球药妆市场增长迅猛、绿色天然化妆品理念在全世界范围内盛行。市场对绿色、天然化妆品的追捧，使化妆品行业利用遗传资源的范围越来越广泛，对生物遗传资源的利用显著增加。从最初的普通油脂类如蛤蜊油和绵羊油等单纯物理保护性能的化妆品，发展到近年对皂角、木瓜、芦荟、海藻和各种中药材等天然植物提取物的追逐。

近30年来，中国化妆品市场已逐渐发展为全球最大的新兴市场之一，但仅占10%左右的合资企业占有超过80%的品牌市场。近年来，佰草集、植物医生等主打植物产品的中国本土化妆品品牌快速发展，本土生物遗传资源的开发利用成为热点。如何合理、合法地利用好我国的生物遗传资源，树立具有核心竞争力的民族品牌是我国化妆品企业需要关注的问题。

3.3.2 法国"丁集团"在华设立植物保护基金案例

法国知名化妆品就"丁集团"在中国进行了从高端到低端的全线产品布局。本研究未能了解到丁集团是否在中国开展生物勘探活动，及其在华生物遗传资源利用的情况。但是丁集团旗下品牌通过设立社区植物保护基金，支持部分社区及NGO开展了植物资源保护工作，具体包括：开展社区生物多样性考察和重点物种保护，支持保护区开展跟踪监测项目、支持大学生开展环保活动等。一些观点认为，可将该集团社区基金开展的活动视为非现金形式的惠益分享，但考虑到其并未直接体现遗传资源的价值，获益人也不是遗传资源的提供者，将此类项目归入企业社会责任活动可能更为妥当。

3.3.3 德国"戊集团""案例

德国戊集团是全球知名化工公司，在个人护理与卫生产品方面拥有良好的品质和口碑。该企业在产业所在地的国家和地区开展生物勘探活动，但均未能体现惠益分享内容。以戊集团在法国设立的公司为例，研究检索到该分公司近15年来申请的植物提取物相关专利有14项，涉及约50个物种，除2项专利所涉物种产于法属圭亚那外，有6项专利涉及的物种主要来自中国或东亚，其中包括中国特有种淫羊藿。研究未能检索到该公司在对应生物勘探国家实施惠益分享活动的信息，其专利授权也并非在生物资源来源国进行申请。

3.3.4 本土企业案例

在中国本土化妆品企业中，一家主打高山植物护肤品类化妆品公司通过与科研机构和非政府组织合作，开展了一系列高山植物资源及相关传统知识调查和保护项目，包括建立重要物种资源收集圃，承诺将其中一个系列护肤品销售利润的50%捐赠给高山植物保护项目，设立植物学奖等。这些举措与法国丁集团设立的社区植物保护基金有相似之处，但其更直接地将企业获利与遗传资源获取联系起来，已经融入了一定的惠益分享理念。

总体上，国内化妆品行业对生物遗传资源获取与惠益分享的认识不够，很多企业缺乏生物遗传资源保护意识，由于法律法规的缺失，企业的生物遗传资源获取与惠益分享活动以双方自愿协商为主，缺乏获取与惠益分享法律法规的指导。

3.4　保健品行业简介及该行业惠益分享简述

保健品是保健食品的通俗说法，是指具有特定保健功能的食品，即适宜于特定人群食用，具有调节机体功能、不以治疗疾病为目的的食品，类似于美国膳食补充剂概念。2015年，全球保健品市场规模约为1569亿美元，主要包括维生素（约占56%），传统保健品（约占22.8%），体重管理（约占8.6%）等产品。保健品的原料很大一部分来源于生物遗传资源，特别是植物遗传资源及其衍生物，所以保健品公司在产品研发过程中有开展生物勘探的需求。

在全球保健品行业有影响的企业中，包括嘉康利（Shaklee）、纽途丽（新树）株式会社（NEWTREE CO. LTD）、无限极（中国）、汤臣倍健等均申请了植物提取物相关专利。检索结果显示，某公司现有植物提取物相关专利5项，至少涉及15种植物，其中有3项专利所涉及的物种主要来源于中国或东亚地区。该公司在华所设分公司已推出的两款以人参为原料的营养膳食补充剂——茶草参胶囊和优芙安酵母松参粉，其植物提取物（人参提取物）很可能是从中国获取的，但目前未能检索到其资源获取相关协议及产品获利等信息。

4　政策建议

4.1　推进生物遗传资源管理立法出台

基于《名古屋议定书》中提出的国家立法要求构建和完善生物遗传资源保护与利用法规体系。议定书在许多关键条款都要求缔约方采取法律的、行政的和政策的措施，促进遗传资源及相关传统知识的获取与惠益分享。特别是在一些分歧较大的领域，议定书未能做出详细规定，这给国家立法留下较大空间。

对于中国来讲，这一领域在中国涉及多个部门。目前，生物安全被提上了前所未有的高度，《生物安全法（草案）》已提请十三届全国人大常委会第十四次会议审议。生物遗传资源利用与惠益分享管理有关相关的法规也在起草、修改和完善过程中。因此，我们要基于《名古屋议定书》中提出国家立法要求，对进行中国国情进行对接研究，协调各部门争议，维护国家利益，加快推进国家在此方面的立法出台。加强生物物种资源对外合作管理制度，对外提供生物物种资源，涉及生物物种资源的对外合作项目，要签订有关协议书，明确双方的权利、责任和义务，确保知识产权等研发利用的成果和利益共享，切实维护国家利益。

4.2 推进遗传资源产权认证、PIC登记和MAT制度构建

案例研究发现，在开展品种选育、资源开发利用合作时，合作双方的协议中没有涉及认证和登记制度以明确遗传资源产权。主要原因是大多数资源提供方对遗传资源本身的价值没有太多认识，对知识产权专利保护制度意识非常薄弱。

为规范遗传资源的获取，遗传资源提供国应规定如何申请"事先知情同意（PIC）"的程序并提供相关信息，以便主管部门监管。此外，共同商定条件（MAT）是公平公正分享惠益的保障，构建获取与惠益分享MAT制度时要重点考虑惠益分享内容、争议解决方式、知识产权问题、合作方式、合同有效期等方面的内容。

4.3 建立遗传资源管理的监督体系

建立由政府管理部门牵头、科研教学机构和企业共同参与的生物遗传资源对外交流协作网。加强涉及对外合作的遗传资源开发研究项目的管理监督，防止遗传资源流失，确保惠益分享。要充分发挥非政府机构和公众在生物遗传资源对外交流管理中的监督作用。完善后续监督程序，利用行政复议、行政诉讼制度对具体行政行为进行后续监督，保障获取与分享协议的申请及签署合法有效。建立后续权利监督程序，包括但不限于对保护不当的权利予以撤销或者无效的程序。加强检疫部门的能力建设，完善执法手段，建立有关生物资源知识

产权的监控体系和数据库。

4.4 加快生物遗传资源研究与管理人才队伍建设

制定相应的鼓励政策，在政策和经费方面加强对遗传资源开发研究机构的支持力度，加强投入人力、财力和物力，以确保加快生物遗传资源研究与管理人才队伍建设。

参考文献

［1］ UNEP. InforMEA［OL］. https://www.informea.org/en/terms/bioprospectin.

［2］ FAO，森林遗传资源/森林繁殖材料指南［OL］. http://www.fao.org/forestry/seeds/4744/zh/，2007.

［3］ https://www.cbd.int/abs/doc/protocol/nagoya-protocol-zh2016.pdf.

［4］ 杨宝成.苍术产销分析［J］.特种经济动植物，2013（11）：19-21.

四、"一带一路"重新定义基础设施绿色底色的挑战与机会

万夏林　陆轶青

　　"一带一路"倡议的实施对世界经济发展，自然资源利用，生态环境保护和应对气候变化带来重大机遇和挑战。建设基础设施通常需要投入巨额金融资本，而且往往造成生物多样性丧失和生态系统服务下降，进而加剧气候变化。因此与其他生产部门相比，基建行业更加需要实施生态修复、重建和补偿的行动，同时，应充分考虑加强自然在发展进程中的系统性作用（如环境承载力和生态韧性），采取绿色基础设施、智慧城市规划、森林和陆地生态系统保护、土地和海洋生态系统恢复、可持续农业和粮食系统等"基于自然的解决方案"。

　　当前我国在"一带一路"沿线承担工程的基建行业在204个国家开展业务，涉及交通、港口、水电、能源、建筑和电力等承包项目，年合同总额超过2.25万亿美元。然而仍然面临海外"软实力"不足，不善于宣传，缺乏规则制定能力及在相关国际事务中的话语权等诸多挑战，遭受美欧主导的国际环境标准体系的制约。2019年11月联合国气候大会指定我国作为"基于自然的解决方案"（NBS）全球倡议的牵头国家，负责实施包括组建国际联盟，拓展融资渠道，传播最佳实践等行动，旨在促进生物多样性与气候变化协同增效。2021年，昆明将举办《生物多样性公约》第十五次缔约方大会（COP15），会上计划通过新的全球生物多样性框架。近年来该《公约》的发展可为我国基建行业增强对NBS和绿色基础设施标准的理解，完善行业规范和创新企业实践提供最新且先进的理论基础和方法学支撑。本文通过分析当前我国基础设施行业在对外承包工程项目中的企业社会责任实践与挑战，探讨借鉴《生物多样性公约》和利用昆明COP15大会契机，突破限制而提升国际竞争力和"引领者"地位，加快实施绿色"一带一路"的方法，包括：一是采用《生物多样性公约》已建立的国际共识，攻破当前国际基建部门已既定的规则体系，打破美欧在标准制定方面的垄断，增大我国在其中的话语权。二是编制《中国企业境外实施绿色基础设施项目指南》，采用基建企业试点实施《生物多样性公约》相关议题、成

果果评价、价值核算和第双多边项目合作的方式，开发一系列知识产品，用于"完善国际基建部门生态环境准则"的行动。三是评估效果。开发标准、工具和指标并推动相关行业指引和部门规划纳入。四是国际宣传。利用东道国身份在昆明COP15大会和"企业与生物多样性论坛"（Business &Biodiversity Forum，BBF）等活动中开展国际对话和传播最佳实践案例，展示履约形象，为我国"走出去"企业拓展生存空间搭建宣传平台。

1　什么是绿色基础设施？

2019年6月30日，解振华在联合国气候行动峰会筹备会上发言说："希望各方在联合国气候峰会上能够取得突破性进展：一是将NBS纳入国家自主贡献、国家适应计划和总体发展战略与规划中；二是动员政府金融机构、基金和企业等对NBS加大资金和政策投入；三是提高关键领域的行动力度，特别是加强自然在发展进程中的系统性作用，包括绿色基础设施，森林和陆地生态系统保护及可持续管理，土地和海洋生态系统恢复，可持续农业和粮食系统等"。因此，绿色基础设施就是一种"基于自然的解决解决方案"。

从绿色屋顶和具有生物适应性的微藻建筑立面，到恢复红树林栖息地以防范暴风雨、洪水及海平面上升，绿色基础设施的概念近年来正迅速兴起。2010年，英国成为首个发布绿色基础设施国家战略的国家，欧盟则于2013年制定相关战略，通过加强应用自然方案和投资自然设施，恢复生态系统与栖息地，维护保护区和生态廊道连通性，实现生物多样性保护的目标。绿色基础设施广义上是指为提供基础设施服务而对自然生态系统和栖息地所进行的利用，有时需要结合生物工程的技术手段。《欧盟绿色基础设施战略》给出的定义更为详细："具有其他环境特征的自然和半自然区域的战略规划网络，通过人工设计与管理，旨在提供广泛的生态系统服务，例如降温降噪、净化水源，清新空气，降低火灾隐患和水土流失、提供休闲空间和自然教育、以及缓解和适应气候变化等。该网络由绿色（陆地）和蓝色（水）的自然区域构成，能够改善环境条件，提高人们健康福祉和生活质量。它还支持绿色经济，创造就业，提高生物多样性和生态韧性"；该战略强调："绿色基础设施规划通过自然的解决方案提供环境、经济和社会综合效益，有助于减少人们对'灰色'（人工）基础设施的依赖，其建造和维护通常更为昂贵"。研究表明，欧洲实施《绿色基础设施战略》是《欧盟生物多样性战略2020》目标："到2020年，通过绿色基础设施恢复15%的退化生态系统"取得成功的关键，同时对"鸟类栖息地""农村和海洋生物多样性"等全部6个战略目标均有较大贡献。

据统计，全世界每年在水利基础设施上花费约5万亿美元。在很多情况下，与人工建造传统的"灰色设施"（如水过滤厂）相比，自然通过生态系统提供的调节服务，如污染物吸收同化、水源净化和防止土壤侵蚀等，同样可以实现同等功效，为城市提供清洁的饮用水，而且维护成本更低，因此对绿色基础设施的投资具有更高的成本效益比，时间跨度越长，相比于建造资本的不断贬值和贴现，自然资本的效益越明显。以欧盟为例，洪水是欧洲最常见且破坏力巨大的自然灾害，平均每年导致3.6亿欧元的经济损失。传统防洪方案包括建造或加固人工堤坝和水坝，但最新的自然资本核算研究表明，系统地考虑河流集水区或沿海沿岸水文过程的保水能力，利用"自然洪水管理"的方法更加具有投入产出比，措施包括：调整沿海地区恢复自然流量，重新连接河流与洪泛区，修复湿地或在农业地区修建水库以存储洪水并减缓洪水速度，使用生态景观、可渗透路面和绿色屋顶等手段增强城市排水。

除了作为一种"基于自然的解决方案"，绿色基础设施的另一个特点是有利于吸引外部金融资本，与设施所具有天然的自然资本相结合产生更大的经济社会效益。例如将城市家庭支付的水费纳入统一管理的"水基金"，投资于保护上游流域的淡水生态系统和河岸农田可持续耕作实施，避免工商业活动过量采水或农业过度使用化肥或杀虫剂污染水源。该基金一般由经营国有资产的城市公共管理机构发起，通过市场机制吸引私营部门投资和社会资金。《生物多样性公约》决议："邀请各多边开发银行、保险公司、工商部门、金融机构和其他金融投资方更多采用和酌情改进保护和可持续利用生物多样性的最佳做法以及有关这些部门投资决策的社会和环境保障措施，使其了解最好的科学知识和实践""制定和改进标准、指标、基线和其他工具，以衡量这些部门的企业对生物多样性的依赖性和对生物多样性的影响，以便向企业管理者和投资者提供可靠、可信和可操作的信息，以改进决策，促进环境、社会和治理投资"。国际可持续发展研究所（IISD）进一步阐释了绿色基础设施应满足行业可持续发展的标准及条件：（1）具有吸引外部投资财务上可行性；（2）在资产的整个生命周期内对纳税人和投资者物有所值；（3）减少碳和环境足迹；（4）加强生物多样性保护和自然生态系统管理；（5）遵守劳工标准和人权；（6）增值自然资本以强化社会资本，促进社区融合；（7）增加就业和创造绿色工作岗位；（8）吸引投资机构、外国直接投资（FDI）和企业资金；（9）引发绿色技术和价值链创新。

2 我国基建部门的海外实践与挑战

基建行业的工程承包与金融部门的投资信贷紧密相关，国际金融机构出于控制项目投融资风险考虑，先后推出与环境和社会问题相关联的若干贷款或投资原则，如"赤道原则""责任投资原则""绿色信贷"等，要求投资方、业主、承包商在项目投资、规划、设计、建设和运营过程中充分考虑对当地经济、社会和环境的影响。与此同时，西方发达国家的专业机构也陆续推出可持续基础设施项目的评估标准，如美国哈佛大学的标准Envision、瑞士国际基础设施巴塞尔基金会的标准SuRe、国际金融公司（IFC）的环境和社会可持续性绩效标准等，从经济、社会、环境和治理等维度对企业参与可持续基础设施项目确立规范，已经或计划由金融机构推广应用于全球范围内的全部跨境基础设施项目的融资评估当中——其中，有接近四分之一是由中国企业承建。

我国基建领域"走出去"企业共计2000多家，包括约1500家国企和央企，它们是商务部管辖的中国对外承包工程商会（CHINCA）成员。据统计，在204个国家开展业务，涉及交通、港口、水电、能源、建筑和电力等基础设施项目，年合同总额超过2.25万亿美元，已成为加快实施绿色"一带一路"倡议的重要抓手。CHICA商会近年来根据国际金融机构推出的可持续基础设施项目标准和规范，采取了多种有效举措，包括联合工商银行加入了"联合国环境规划署金融倡议"（UNEP Finance Initiative），并在其支持的绿色基础设施信贷项目中，实施《环境、社会和治理（ESG）评级准则》。同时，CHICA进一步学习国际金融机构在基建部门的做法，譬如亚洲开发银行（ADB）《环境和社会安保政策》、赤道原则、国际金融公司（IFC）《社会和环境可持续性政策和绩效标准》、世界银行《环境、健康和社会（EHS）指引》、经济合作与发展组织（OECD）《跨国企业准则》、德国复兴开发银行（KfW）和英国绿色风投银行制定的绿色企业信贷标准等。CHICA商会连续多年举办国际基础设施投资与建设高峰论坛，加强与内外部利益相关方沟通。基于《促进亚太地区环境可持续基础设施投资报告》等相关区域性研究，制定《对外承包工程行业社会责任指引》和《中国企业境外可持续基础设施项目指引》等行业指导性文件。这两部指引各有侧重，但后者更为完善，包括总则、经济、社会和环境可持续指引、治理规范和附则共6章内容，以及缓解措施建议和核心评估指标，其中"环境可持续指引"包含温室气体减排、污染防治、物种保护、生态系统管理、海洋环境保护、资源可持续利用和保护核心议题中适当地纳入了对生物多样性的考量，例如："企业在开展基础设施项目过程中须注重物种保护，项目选址要尽量避免对生态系统的破坏，采取措施保护生物栖息地，充分保护生物多样性"，以及"设计方案须有效回避区域内重要野生物种、珍稀保护物种的生长或栖息地、筑巢地、取食、产卵或孵育地以及重要的迁移通道，尽可能降低基础设施项目对所在区域内重要物种生存、繁育的影响"。为展示《中国企业境外可持续基础设施项目指引》实施效果，2018年《中国可持续基础设施项目案例集》（中英文）出版，收录了很多"走出去"企业创新实践生物多样性和节能环保的案例，例如：

（1）物种保护（加纳港口项目海龟繁育；亚吉铁路每公里修筑两个涵洞保证生态廊道；巴基斯坦昆仑公路项目保护盘羊）。

（2）生态恢复（老挝南欧江水电站采取"一库七级"的低坝措施以减少淹没面积；巴基斯坦红旗拉普国家公园恢复枯草）。

（3）污染防治（厄瓜多尔水电项目）。

（4）海洋保护（监测水质）。

（5）节能（孟加拉和巴基斯坦工程项目分别使用沼气和风电）。

（6）减排（肯尼亚铁路项目在混凝土中使用当地火山灰）

（7）资源可持续利用（乌兹别克隧道项目循环利用砂石；圭亚那糖厂项目蔗渣焚烧发电并使用废气作为热源）。

尽管已取得很大成就，然而我国对外承包工程行业在海外项目融资和运营中仍然面临巨大挑战。首先从基础设施行业的发展态势来看，已经从单一的承包工程向"投资、规划、设计、建设、运营"为一体的"建营一体化"模式转型升级，必然伴随资金投入的扩大和海外经营风险的增长。其次，"一带一路"东道国法律和标准与我国及国际准则之间具有较大差异、与当地社区和非政府组织（NGO）的沟通困难、难以有效落实环保措施并公开信息等。这造成某些项目如缅甸密松水电站遭遇当地民众抗议而遭遇停工，导致巨额经济损失。从战略角度讲，我国对外承包工程部门与支持它的上游金融投资行业最显著的优势是资金和人力成本，然而在"可持续发展"的透明度、治理、社会保障、环境保护、公平竞争等其他维度，如披露环境信息，履行企业社会责任，社区发展、公共协商、原住民权利、遗产保护、性别平等和生物多样性保护等"软实力"，我国企业与美国、欧洲及日本的竞争对手相比，仍有差距。其根源在于美欧近百年来在工业与环境的磨合过程中，已积淀了大量远见卓识和成功案例，形成了一整套成熟的规则体系、适应策略和实施步骤。例如德国提出"工业4.0"，日本提出在海外基建和投资领域建立"高质量的基础设施伙伴关系"，战略意图明显针对我国。

　　中国政府提出的"一带一路"倡议强调要遵循"共商、共享、共建"原则，坚持"和谐包容、互利共赢"的合作理念，特别强调要兼顾各方利益与关切，寻求利益契合点，让合作成果惠及更多区域和人群。可持续基础设施要求基础设施项目符合当地经济发展、社会进步、环境保护的长期目标，其理念与"一带一路"所坚持的原则和倡导的精神完全一致。建设可持续的绿色基础基础设施项目是中国走出去企业践行绿色发展理念、建设经济、社会、环境可持续的项目既是国内外大环境的趋势所在，也成为中国"走出去"企业实现金融及运营风险规避，长期可持续发展的必然选择。夯实绿色基础设施工作有利于我国通过解决五大风险，提升国际竞争力：（1）政府失灵风险。政府部门没能促进形成有效的"赋能环境"或出台激励政策，例如当前我国生态补偿过度依赖公共财政转移支付，尚未引入市场机制；在生态修复和重建过程中都是政府主导，鲜有纳入企业参与贡献的生态友好型的技术或解决方案。（2）市场失灵风险。企业有认购、交易的需求，然而市场不能提供适合企业抵偿、付费、交易和投资的环境金融产品。（3）政治和生态风险。很多"一带一路"沿线国家属于高风险投资国家，政局不稳而且往往生态脆弱。由于基础设施项目往往是长期投资，因此需要开发政治风险保险等相关金融产品。同时，保护生物多样性和自然资本有利于项目获得最高层支持基础设施项目和绿色发展的政治意愿。（4）汇率风险。基础设施项目往往是在风险巨大、生态脆弱的国家内进行的长期投资，需要承受较大的汇率波动风险，因此很有必要开发此类对冲工具。汇率变化将会对项目投资回报产生显著影响，因此人工基础设施要多加利用、结合自然条件以降低成本。（5）信息不对称风险。由于大型基础设施项目涉及许多利益相关方，因此在政府、项目施工方、金融机构和其他参与方之间经常存在信息不对称。此外，由于项目所在国不同，项目需要符合的标准要求也不尽相同。这种信息的缺乏，对于偏好数据清晰和信息透明的机构投资者来讲，会感到更加复杂，难以做出投资决定。

3 借鉴《生物多样性公约》的具体建议

《生物多样性公约》三大目标既包含"三重底线"，又纳入了公平公正、文化和传统知识、应对气候变化、可持续利用等新的内涵。这些更符合自然规律、凝结人类智慧结晶的国际共识正在夯实，必然会越来越多地被纳入到基建和上游投资部门的规划或行业指引当中。2018年该《公约》第十四次缔约方大会（COP14）通过了《将生物多样性纳入能源和采矿、基础设施、制造和加工部门的主流》决议："认识到能源和采矿、基础设施、制造和加工业部门一方面依赖生物多样性和生物多样性支撑的生态系统功能和服务，生物多样性的丧失可对这些部门产生不利影响，另一方面又对生物多样性有潜在影响，可能威胁到对人类和地球生命至关重要的生态系统功能和服务的提供"；"强调将生物多样性纳入能源和采矿、基础设施、制造和加工业部门的主流对于遏制生物多样性丧失，实现《2011—2020年生物多样性战略计划》和《2030年可持续发展议程》（SDG）、可持续发展目标和《巴黎协定》等多边协定和国际进程的目的和目标至关重要"。2019年，《公约》秘书处在为各国政府提供的《政策简报》中提出："NBS旨在对天然或改良的生态系统进行保护、可持续管理和修复，对适应和减缓气候变化具有积极意义，同时也有益于生物多样性"；"NBS对于城市贡献SDG实现具有事半功倍的重要作用，……致力于在全球推动NBS"。

因此，中国须考虑抓住COP15契机，深度参与"2020年后全球生物多样性框架"的磋商与制定，从当前国际主流概念、措施和解决方案中借鉴经验，例如，环境影响评价（EIA）、部门主流化（sector mainstraming）获取和公平公正惠益分享（ABS）、生态补偿（eco-compensation）、生态系统服务付费（PES）、生物银行（bio-banking）、湿地缓解银行、生物多样性抵偿（offset）和融资（financing）、绿色债券、影响债券（impact bond）、EIA保险、自然资本核算（NatCap Accounting）、影响和依赖的成本效益估值、减贫、生计和传统知识（tradition knowledge）、信息披露（info disclosure）等，为构建规则体系所用，制定和实施更符合SDG和《公约》要求的规则、标准和指标体系，不但有利于打破美欧在规则方面的垄断，提高整个产业在海外的"责任竞争力"，更为重要的是，纳入生物多样性这一考量因素，将促使我国"一带一路"建设过程中的标准更绿色、更先进，为世界各国应对环境资源问题提供创新的行业解决方案——建议实施如下三个步骤。

3.1 开展跨部门对话，统一国内共识

目前对于"绿色"的定义五花八门，即使在国内各机构间也不统一。作为"一带一路"倡导国，中国应在统一绿色基础设施和绿色投资定义，以及制定国际投资者所能接受的国际标准方面发挥重要作用。制定并实施激励国内外投资者参与"一带一路"基础设施投资的监管政策，纳入生物多样性和生态系统服务影响的环境风险信息披露也应纳入其中。对外承包商会等行业组织可通过借鉴我国履约《生物多样性公约》的经验和成果，提供关于人工基础设施建设和生态基础设施投资及相关部门主流化所需的行业准则、企业案例、统计数据和效果评价等多种知识产品，对外提高国际谈判能力，对内促进国内对话及共识。

3.2 编制《中国企业境外实施绿色基础设施项目指南》国际标准

指南有助于引导对绿色领域的投资，包括帮助我国"走出去"企业了解世界各国的公司治理、政府体制和生态环境风险，便于统一基建项目实施规范。同时，透明度改进有利于金融机构更有效地评估和管理风险。指南制订过程中须考虑以下方面：（1）基于深入研究发掘以前忽略的，自然在基础设施等人工资本中的系统性作用，例如生物多样性提供的"生态韧性"具有边际效应、阈值范围和减缓气候变化的价值；（2）侧重项目对包括生态系统服务的自然资本综合影响的定性、定量和货币化估值，以支持碳、水和生物多样性足迹中和，实现项目的"净正面影响"，作为"绿色标准"的最高社会目标；（3）为海外工程实施提供增加理解、识别和评估项目潜在风险（如遭到社区抗议）和机会（如获得国外投资），以及相关成本（如生态修复）和效益（如发行绿色债券）的工具或资源；（4）提供东道国和国内可支持减缓、修复和抵偿的具体措施，支持工程实现"生物多样性零净损失"，作为"绿色标准"最高生态环境目标；（5）指导项目采用联合国"生物多样性金融倡议"提出的生物银行、湿地缓解银行、栖息地银行和生态系统服务付费（PES）等方案，用于生态修复和生态补偿的具体工作；（6）指导项目采用"联合国可持续发展融资方案"提出的发展影响债券、保护债券、林业碳汇、保护地役权等方案，吸引海外投资机构，多元化

筹集项目资金；（7）提供项目披露生态环境信息的标准化流程、步骤和方法。

3.3 利用昆明COP15平台，传播《指南》和行业解决方案

多年来，国际基建部门的传统规则制定体系已逐步固化，其主体是环境、社会和经济"三重底线论"。如果我国仍然沿用既成体系内的规则、标准和语言，则很难突破美欧日的围困之局。利用昆明COP15契机宣传推广，有利于打破欧美多年来在基础设施行业的环境领域营造和控制的话语体系，帮助我国对外承包工程商会增强在海外的"责任竞争力"，体现我国"走出去"企业"担责"、"透明"和"治理"的形象，为绿色"一带一路"提供具体的企业实践案例，为气候变化与生物多样性两大领域协同增效提供具有中国智慧的行业解决方案。

参考文献

［1］ 雷英杰，周国梅.我国环保企业走出去迎来三重红利［J］.环境经济,2017(13):36-39.

［2］ 杨海旗，钟佳.推进"一带一路"建设共享经济全球化发展［J］.国际人才交流，2019（01）:40-41.

［3］ https://ec.europa.eu/environment/nature/ecosystems/strategy/index_en.html.

［4］ 周伟，江宏飞."一带一路"对外直接投资的风险识别及规避［J］.统计与决策，2020（16）:123-125.

［5］ https://www.iisd.org/.

［6］ https://www.chinca.org/.

［7］ https://www.chinca.org/hdhm/news_detail_3335.html.

［8］ https://www.cbd.int/doc/decisions/cop-14/cop-14-dec-03-en.pdf.

［9］ 胡庭浩，常江，拉尔夫-乌韦·思博.德国绿色基础设施规划的背景、架构与实践［J］.国际城市规划，2020：1-20.

［10］ https://www.iso.org/standard/42546.html.

五、国际棕榈油——发展和保护之间的博弈^①

郭沛源 张 圣 李嘉茵 许伶艳 滕菲菲 万 坚

摘要：任何行业都在某种程度上影响并依赖自然资本。过去10年中，全球棕榈油产量增长速度已超过其他植物油。目前棕榈油已经成为我国仅次于豆油的第二大植物油消费品种。2019年中国棕榈油进口量720万吨，成为继印度、欧盟后全球第三大棕榈油进口地区。棕榈油行业是严重依赖自然资本的产业。尽管棕榈油的种植为生产国带来经济收入，帮助大量当地人口脱贫，但付出的环境和社会代价是显著的：种植油棕导致的毁林造成了生物多样性破坏、温室气体排放增强，同时，一些种植园经营中还存在着劳工权益侵犯、与原住民的冲突等。据估计，每年棕榈油产业消耗的自然资本达上百亿美元。企业无法通过一味索取、毁坏自然资源存量而获得长久发展。将自然资本统计入市场中意味着企业需要找寻更可持续发展的方式以盈利，将商业模式与可持续利用自然资本保持一致，把可持续棕榈油纳入其战略中。随着近年来RSPO的影响扩大，这些变化已经在一些棕榈油产业的龙头企业中发生，期待这些龙头企业将影响整个行业向更可持续的方向发展。

1 棕榈油行业概述

棕榈油由油棕树上的棕榈果压榨而成，果肉和果仁分别产出棕榈油和棕榈仁油，传统概念上所言的棕榈油只包含前者。除此之外，还有许多通过工业过程获得的"棕榈油衍生品"，这些衍生品占全球棕榈油使用量的60%左右。与其他油类不同，棕榈油的神奇之处在于"善变"，可以被"分提"（结晶分离）成24度、33度、44度等不同熔点的固体（硬脂）和液体（液油），多功能性成为棕榈油巨大的优势。这使得棕榈油在餐饮业、食品工业、个人护理业、油脂化工业、运输业等拥有广泛的用途（图4-10）。

---

① 本文主要内容来源于《棕榈油行业对自然资本的依赖和影响分析及建议》报告。

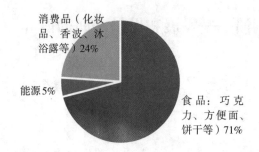

图 4-10　全球棕榈油使用情况

来源：AGEB。

除了用途广泛外，棕榈油的另一优势是高产低价。油棕是目前世界最高产的油料作物。油棕经济寿命在 25 至 30 年，一旦进入盛果期，一年四季均可采摘榨油，每公顷出油可达 4 吨，相当于每亩出油 500 多克，产量极高。常规油料出油率最高的是花生，平均每亩出油 100 多克；收获同样的油品，棕榈油占用的土地最少，种植油棕只需所有产油作物农田面积的 5.5%，产出却能达到 32%（图 4-11）。

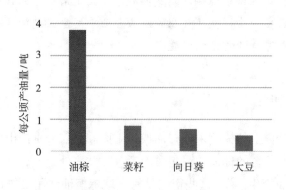

图 4-11　不同作物单产比较

来源：欧洲棕榈油联盟（EPOA）。

2　棕榈油生产和消费

棕榈油（35%）是仅次于豆油（55%）的第二大植物油（OECD-FAO，

2019）。过去10年，全球棕榈油产量增长速度已超过其他植物油，预计棕榈油的地位将在未来进一步增强。印度尼西亚和马来西亚是全球两大棕榈油生产国，两国棕榈油产量占全球产量的80%以上（图4-12）。

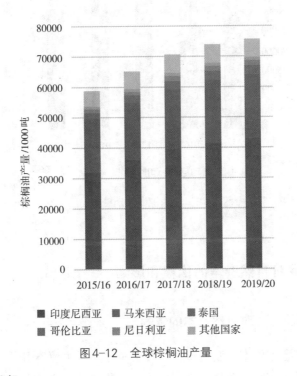

图4-12　全球棕榈油产量

来源：美国农业部。

　　棕榈油产量大国，如马来西亚和印尼，把棕榈油种植作为脱贫的重要手段，而国际金融机构把它视作发展中国家经济增长的动力。国际货币组织甚至大力倡导马来西亚和印尼多生产棕榈油（The Guardian, 2019）。在这两个国家，有超过450万人靠棕榈油产业为生。

　　全球棕榈油消费持续稳步上升。2019年全球棕榈油消费超过7470万吨，较2018年增加1.4%。印度尼西亚的棕榈油消费量最大，2019年消费了棕榈油1275万吨，占全球消费量的17.1%，其次为印度，消费量为1018.5万吨，占全球比重为13.6%；第三名为中国，棕榈油消费量为722万吨，占全球比重为9.7%（图4-13）。

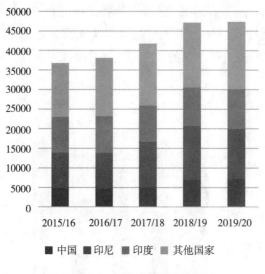

图 4-13　全球棕榈油消费量

来源：美国农业部。

3　棕榈油行业对自然资本的依赖和影响

3.1　棕榈油行业对自然资本的依赖

自然资本与金融资本、制造资本、社会资本、人力资本等一样，是一种资本形式，它包括了植物、动物、空气、水、矿物等可再生和不可再生自然资源存量。自然资源提供了建立人类社会、发展经济和组建机构的资源，调节完善了自然环境，是生命得以繁衍存活。它是支持其他所有形式资本的基础。棕榈油行业直接依赖自然资源。油棕是棕榈油行业的命脉，它是棕榈油产业链上游种植园的"商品"，是下游制造和加工业务的重要原材料。油棕原产于南纬10°至北纬15°，海拔150米以下的非洲潮湿森林边缘地区，是典型的热带作物，对自然条件有严格的要求，喜高温、湿润、强光照和土壤肥沃的环境。因此，棕榈油行业同时依赖从自然获得的土壤、水等生产要素。

3.2　棕榈油行业对自然资本的影响

棕榈油对自然资本成本最主要来源于土地使用。油棕种植园大部分都是从热带雨林转变而来，油棕种植园的扩张造成了大量热带雨林被火烧或砍伐。在印度尼西亚和马来西亚，从1972至2015年，棕榈油的开发分别占当地雨林毁灭总量的47%和16%（IUCN，2018）。尽管与2002至2016年年均雨林毁灭速度相比，2018年印尼雨林毁灭的速度减少了40%，但同年雨林毁灭速度在加纳、科特迪瓦、巴布亚新几内亚、哥伦比亚和刚果民主共和国等国迅速增加，这些国家都是新兴的棕榈油种植国（WRI，2019）。毁林的影响是多方面的：

从气候变化来说，森林是巨大的碳库，森林对碳的吸收作用可以抵消国家社会经济活动和人民生活所产生的大量二氧化碳。1990至2007年，森林吸收的碳相当于同期全球累计化石燃料排放量的60%（Pan et al. 2011）。因油棕种植造成的毁林则极大地削弱了森林对碳的吸收，同时毁林过程中采取的火烧等方式进一步增加了温室气体的排放，对气候变化产生了巨大的影响。

从生物多样性来说，热带森林是世界上生物多样性最丰富的的环境，不可持续的油棕开发对造成的热带雨林破坏和退化对许多物种，如婆罗洲猩猩、苏门答腊虎、苏门答腊犀牛等的生存造成巨大威胁。苏门答腊犀牛在马来西亚的野生环境中已经灭绝，仅有的不到80头分布在印尼苏门答腊岛的雨林、加里曼丹州及印尼婆罗洲（Bittel，2019）。

同时，不少棕榈油种植园存在着严重的社会问题。一方面，雇佣童工、工资低于最低工资标准、超长时间工作、执行危险任务的工人没有得到足够的保护等侵犯劳工权益的事件频繁发生；另一方面，棕榈油种植园抢夺了土著部落世世代代赖以生存的空间与资源，土著部落被驱逐出他们的家园，油棕种植公司和土著部落的冲突屡见报端。

3.3　棕榈油行业自然资本成本估算

2013年Trucost发布了一份名为《危在旦夕的自然资本：商业引起的100个外部效应》的报告。报告包括了全球500个商业部门造成的6大环境影响（占用土地、消耗水资源、排放温室气体、污染空气、污染水土和浪费行为）导致的自然资本成本。棕榈油行业在对自然资本的影响中排名64位，棕榈油"是驱使人们砍伐热带森林，而热带森林具有非常多样化的陆地生态系统，也是吸收碳的重要存储点……在考虑到相对较小的种植土地面积中（棕榈油种植和生产）造成相对较大的损失。"2009年，光是棕榈油提炼，就消耗了205亿美元的自然资本，仅仅创造87亿美元的产值。而这一自然资本的消耗正随着棕榈油每年产量的提升而增加。

2016年Trucost与True Price和TEEB发布的另一份报告显示，包括印度尼西亚、马来西亚在内的11个国家和地区的棕榈油生产每年的自然资本成本为430亿美元，而该商品的年价值为500亿美元。在这笔费用中，粗棕榈油占375亿美元，而棕榈仁油占50亿美元。印度尼西亚在自然资本总成本中所占的比例最大，为66%，而马来西亚则排在第二位，为26%。生产一吨原油棕榈油（CPO）的自然资本成本为790美元，而一吨棕榈仁油在2013年的价格为897美元。如果将这些成本加到2013年每吨棕榈油的加权平均市场价格837美元，则每吨的总成本几乎翻了一番。

图4-14　棕榈树

4　可持续棕榈油的发展

4.1　可持续棕榈油认证发展现状

将自然资本加入全球经济统计中，将会引发经济和环境新革命；棕榈油行业必须适应新革命并作出改变，在造成较少环境损失的情况下生产更多棕榈油。OECD和FAO预测，受主要棕榈油进口国日益趋严的环境政策和在可持续农业规范影响，发达国家将更偏向使用零毁林棕榈油，并对用作生物柴油原料和食品加工的棕榈油进行可持续性认证。目前主流的可持续标准包括可持续棕榈油圆桌会议（RSPO）、马来西亚可持续棕榈油（MSPO）、印度尼西亚可持续棕榈油（ISPO）、可持续生物材料圆桌会议（RSB）、可持续农业网络（SAN）、国际可持续发展与碳认证（ISCC）、高碳储量（HCS）方法等。其中，RSPO是覆盖最广、认知度最高的主要认证机制。成为RSPO会员不仅会给企业带来良好的声誉，还能带来实质的利益：Climate Advisers 2018年的一项研究显示，RSPO成员公司的表现优于非成员的同业公司；在过去的5年中，RSPO公司的表现优于FTSE大马交易所亚洲棕榈油种植园指数（USD）6%。

近年来，随着国际和国内对可持续发展的重视，可持续棕榈油在中国的发展迎来了新契机：国内，中国将生态文明写入宪法，明确了"绿水青山就是金山银山""山水林田湖草作为生命共同体"的发展理念，坚持人与自然和谐共生。国际上，中国将可持续发展作为基本国策，践行联合国可持续发展目标，制定了《中国落实2030年可持续发展议程国别方案》，全面深入落实2030年议程；中国深度参与全球环境治理，引导应对气候变化国际合作，在推动"巴黎协定"早日生效中发挥了领导作用，对减少温室气体（GHG）排放做出了明确的承诺；同时，中国也正在努力推动"绿色—带—路"的实施，鼓励海外运营企业遵守当地环保法律法规，呼吁他们提高环境标准，并倡导建立绿色银行，充分利用中国的政策性银行落实政府政策，积极为绿色项目提供资金渠道。2020年中国将在昆明主办生物多样性公约第十五次缔约方大会，这是展示中国在生多领域和国际环境治理领导力的大好时机，各缔约方将制定和谈判达成生多的战略和目标，遏制毁林也将是国际关注的热点，其中可持续棕榈油生产、加工、贸易和利用是实现零毁林的重要方面。

2018年，RSPO、世界自然基金会（WWF）中国、中国进出口土畜商会（CFNA）发起了中国可持续棕榈油联盟（CSPOA）。CSPOA的愿景是让可持续棕榈油成为中国市场的主流品种，它的目标是倡议棕榈油价值链的主要参与者再可持续棕榈油方面做出承诺，并采取逐步行动，推动中国市场对可持续棕榈油需求。倡导共同努力来支持生产和消费符合国家法律、可持续棕榈油生产原则和可持续农业理念的可持续棕榈油。

4.2 可持续棕榈油发展面临的挑战

全球范围内，可持续棕榈油的供应量少，买家购买需求不足。RSPO数据显示，目前全球有19%，约1519万吨的棕榈油已经经过RSPO可持续认证。EIA的一项研究显示，只有50%经过RSPO认证的棕榈油被采购。在中国，仅有1%的进口棕榈油经过可持续认证（UNDP，2020），可持续棕榈油在中国市场上的使用不多。研究发现主要原因包括：

第一，缺乏硬性政策要求和相关引导

供应链的可持续转型需要给予生产侧一定的推动力，中国政府尚未明确表态，绿色供应链政策仍在设计中，缺乏相应评价体系和激励手段，企业缺乏动力采购可持续棕榈油，甚至一些在全球有承诺的外资企业到了中国也降低了可持续标准。由于中国是棕榈油纯进口国，非种植国，推广可持续棕榈油的工作有贸易、外交、环保、农产品生产、消费等多个视角，由哪个政府部门承担责任主持工作是一个难题，目前还没有明确的跨部委合作机制；且国内现有的环境问题很多，棕榈油的优先级别较低。目前参与推动可持续棕榈油在中国发展的主要是中国食品土畜进出口商会和中国连锁经营协会。

第二，可持续棕榈油产品增加成本劣势

可持续棕榈油的成本劣势体现在棕榈油产业链的每个环节。对种植园企业，每次认证都需要分别产生费用，许多种植园只当地政府要求通过了相关认证，但不愿意更进一步自费进行RSPO认证。

对有棕榈油采购的企业来说，可持续棕榈油的价格会比普通棕榈油售价高，对国内企业来说成本太高。使用可持续棕榈油产品的企业往往支付了额外的钱，但却不能因此提高产品的价格，因为涨价可能会意味着失去消费者。对计划打算采购可持续棕榈油的公司来说，追溯棕榈油来源可能会带来企业运营成本的提高：棕榈油情况复杂，许多企业的棕榈油来源广泛分散，涉及众多小农户、种植园、磨坊、炼油厂等，将可追溯性推广到上游的各个相关方难度很大，企业需要投入额外的资金和技术以实现充分透明的供应链。同时，遵循严格可持续标准的企业会担心增加成本和流程后，造成客户流失；这点挑战在银行和投资者机构中尤为明显：一家银行可以限制客户的行为，但无法阻止客户从别的银行获得资金。

第三，消费者对棕榈油产品认知不足

国内消费者对棕榈油生产和消费的意义和生产棕榈油潜在的环境问题的认知都比较模糊。WWF在2018年的一项调查中采访了5000人，认知棕榈油毁林问题的受访者仅占13%。在受访者心目中，棕榈油毁林与日常生活的关系低于和造纸、畜牧等其他毁林问题（WWF，2019）。消费者意识的培育提升是一个系统工程，成本很高，仅凭一个企业难度很大。

第四，国内NGO关注度不足

棕榈油一般与大豆、纸浆、可可等一起包含在林业项目中，作为NGO推广零毁林倡议的一部分。由于棕榈油问题涉及到多个国家的参与，有效的活动开展需要跨国办公室的协同，对NGO的能力也有比较高的要求。从项目形式来看，国内NGO的互动主要以政策倡导、访学、线上话题推广等短期、单个活动为主，取得的效果不是很理想。国内NGO还没成长为推动市场转型的一支强有力力量。与国际相比，参与到可持续棕榈油倡议中的NGO数量远远不够；一些在国际上有相关倡议的NGO在中国也没有相应的团队负责这一议题。

5　企业降低自然资本风险的策略——以联合利华为例

联合利华是一家对自然资本依存和影响程度很深的公司。联合利华是全球食品、家庭及个人护理用品最大生产商之一，活跃于全球100多个国家。其使用的生产原料中约有一半来自农业产品，而这个比例也可能在未来不断增加。据估计，到2050年，全球食物生产将增加70%；生物燃料、木制品、纺织品等非食物农产品的需求也将不断提高。这些需求将带来大量用水、用地，持续扩大相关公司的环境影响。为保证公司业务的可持续性，联合利华通过详细且不断完善的可持续发展政策，不断减小对自然资源存量的负面影响。

5.1　联合利华可持续发展计划简介

在联合利华早早确立的可持续发展战略里，就可以看出其对自然资本的重视。2010年10月，联合利华发布"联合利华可持续行动计划（USLP）"。USPL是建立在公司实质性议题分析的成果之上，从议题的识别与分类、重要性排序，到内外部相关方沟通、管理层验证，最终形成战略。作为公司可持续发展的战略核心，USLP致力于在实现业务增长的同时，减少环境印记，积极提升社会影响。整个计划贯穿了公司价值链，从消费者洞察、创新研发，到采购、生产、物流与市场营销，无不落实"让可持续生活成为常态"的企业目标。在环境领域，可持续计划主要关注公司在温室气体排放、水资源使用、废物管理和可持续采购四个方面的表现，并且提出了"到2030年，生产和使用联合利华产品的人均环境足迹将减少一半"的环境总目标和四大环境影响领域的细分量化目标。

5.2　联合利华对自然资本的细化计量

USLP的形成过程，为联合利华自然资本估值设立了科学的估值框架。之后，联合利华通过对外合作等方式，逐步细化了对自然资本的评估框架和计量，以支持自身的商业决策。以森林为例，2010年，联合利华与消费品论坛（CGF）的其他400多位成员一起做出承诺：截至2020年，采购的棕榈油、大豆、纸与纸浆、牛肉这四类商品将做到"零毁林"。之后随着茶叶业务的重要性逐步提升，联合利华主动将茶叶业务纳入"零毁林承诺"。2012年，联合利华的安全与环境保障中心（SEAC）量化了公司采购的16种生产原料的土地利用足迹，和潜在的土地利用变化影响。此外，SEAC还参与了由中国科学院、斯坦福大学、明尼苏达大学和斯德哥尔摩恢复力研究中心合作的"自然资本项目"。此项目采用新的"土地利用变化提升——生命周期评估（LUCI-LCA）"模型，比常见的生命周期评估模型更加全面准确地计量消费品公司产品对土地、水、生物多样性等多种自然资源的影响。此模型让联合利华精准预测出公司新产品设计和采购方案的环境影响，有助于达成其零毁林目标。

5.3　联合利华的可持续棕榈油政策

随着科学框架、精准计量、对外交流合作的不断深入，联合利华的可持续农业政策逐年完善。在多重努力之下，截至2019年末，联合利华已为棕榈油、纸、大豆、茶叶、水果等13类农产品制定可持续采购政策，其中62%的农产品达到了可持续标准。联合利华正向着2020年末，100%可持续采购的目标努力。

以2016年更新的棕榈油可持续采购标准为例，联合利华制定了五大准则。其中，三项准则分别保护当地社区人权，棕榈种植小农与妇女，以及政策实行的透明度。与环境相关的两项分别如下。

（1）不毁林

具体而言，供应商的棕榈种植不可以在高保护价值（High Conservation Value，HCV）、高碳储量（High Carbon Stock，HCS）区域展开；也不能不用火烧的方法开垦土地；现有棕榈园要逐年减少温室气体排放。

（2）不开发泥炭地

具体而言，供应商不可以在任何深度的泥炭地上开发新的棕榈园；对现有以开发的泥炭地棕榈园，采用RSPO最佳管理实践尽量减少环境影响；同时与专家、利益相关方合作尝试恢复泥炭地。

第三方认证和供应链追溯也是联合利华在棕榈油可持续采购上的两项重要措施。联合利华作为RSPO的创始会员，致力于提升RSPO可持续棕榈油认证量。其目标是，到2019年底，达成所采购棕榈油100%经过RSPO可持续认证。同时，2019年底，联合利华还将努力达成棕榈油原油及衍生品供应链100%可追溯。这会帮助联合利华更清晰地了解到为其提供棕榈油的炼油厂位置，及其周围为炼油厂提供原料的种植园和独立小农的可持续种植情况。

多年对可持续发展目标的坚持，是联合利华收获了商业成功的重要原因。从2014至2017年，联合利华旗下26个可持续生活品牌的市场表现优于整体业务。2017年，可持续生活品牌比其他业务的增长率高出46%，贡献了超过70%的整体增长。近期，联合利华又领导发起热带雨林联盟2020，深入推进消费品论坛（CGF）与美国、英国、荷兰、挪威等政府在"油、豆、纸、牛"大宗农产品可持续采购上的合作。对任何企业来说，都应该尽早识别业务对特定生态系统服务的影响和依赖，然后通过定性、定量方式估算出生态系统服务的价值，融入企业决策。这样的商业模式，才能让企业与所有利益相关方一起实现可持续、公平的增长。

6　结论与建议

企业无法通过一味索取、毁坏自然资源存量而获得长久发展。忽略自然资本成本并不会让它自然消失，而将自然资本统计入市场中会将负担从那些承受环境损害的人转移到消费商品的人身上。这样的变化也就意味着企业需要找寻更可持续发展的方式以盈利，将商业模式与可持续利用自然资本保持一致的企业将获得更强的适应力、更低的成本和更安全的供应链；同时企业的可持续行为也会激励市场创建可持续发展的经济。随着近年来RSPO的影响持续扩大，这些变化已经在一些棕榈油产业的龙头企业中发生，期待其引领并影响整个行业向更可持续的方向发展。

为促进棕榈油产业链上不同的利益相关方参与，实现学术推动、政策发展、行业倡导、企业应用、媒体宣传、资管应用、合作共赢，提出了以下建议：

（1）针对NGO、学术机构、研究机构等：深入开展自然资本在学术端的研究与理论发展。在更长时间与更广空间的视角下，研究自然资本的定性、定量、转化等。尤其是在客观环境发生较大灾难时，如2019年9月在印尼发生的森林大火、2019年9月连烧四个月的澳洲森林大火和2019年的巴西森林大火，都对当地的环境状态、相关产业、社会生活状态造成了剧烈的影响与考验。而国际贸易战与全球新冠疫情的蔓延，又对国与国之间的大宗货物贸易造成了严峻的考验。因此，建议相关机构应从学术角度继续完善自然资本理论的学术发展，加深案头研究与案例发展，加快形成全球共识。

（2）针对政府部门、智库、国际组织等：在相关政策制定和有关项目实施中形成合力，将自然资本因素考虑到帮助企业如何更可持续发展的总体思路与战略中。集合各方资源，循序渐进，协助政府部门的政策制定，形成监管部门、标准部门与知识提供部门间的协同合作。推动相关政策的整合投资、贸易、标准、认证以及能力建设等一揽子政策，促进可持续棕榈油发展。可预见的，将棕榈油可持续标准全球优秀的自然资本定性与定量判断案例整合到有关财政激励措施与《绿色信贷》的相关要求中，试点研究并建立绿色信贷与自然资本间的应用案例。

（3）针对NGO、公关机构、企业等：撬动多方宣传渠道，实施行业和消费者倡导。不仅提升棕榈油产品在广大消费者间的认知，更要推广自然资本在企业间的应用，以及相关案例在不同渠道间的广泛传播与推广，引领消费者持续认知可持续棕榈油产品的重要作用和意义。

（4）针对企业等：持续推广自然资本与可持续棕榈油产品在企业端的应用，尤其是使用自然资本方法为企业节省成本、提高可持续棕榈油产品的售价与客户认知。依据企业的不同体量和接受程度，可从全球企业开始，为其提供战略咨询、评估和有关培训项目，引领更多的知名品牌应用自然资本为其供应链可持续发展提供更多技术支持与参考。延伸到国有大型企业，再至民营企业和小型企业。帮助企业提升其可持续棕榈油产品的市场认可。

（5）针对银行、机构投资者等金融机构：加强金融机构ESG（环境、社会、公司治理）管理，应用自然资本作为财务成本考量，推动其管理森林风险的理论发展。金融机构不仅要将环境和社会目标纳入投融资业务策略中，更应在财务投资业务策略中加入自然资本方面的工具。使其在业务运营过程中对环境和社会风险进行识别和评估，基于ESG原则选择客户，引导客户向更可持续的方向发展；同时，金融机构内部应该提升高ESG数据的收集，实现ESG风险的即时监测，为ESG管理提供有力支持。针对市场关注的ESG议题，金融机构应该加强ESG报告中的信息披露，积极回应评级机构的问卷。研究过程中，我们知晓某些政府部门正在研究如何以可持续的金融方式推动金融机构"肉豆纸油"可持续信贷工作，而加入了自然资本的考量后，大宗农产品的绿色信贷研究和试点将是未来推动可持续棕榈油发展的方向。

（6）针对全体利益相关方：创造更多帮助全体利益相关方充分交流与互动的机会，争取合作共赢的空间与时间。利用全球论坛、高层交流、专业研讨会等方式，提升自然资本的认知等级，增加以企业为主的更多应用，帮助企业获得国际机构的支持，提升公司治理水平，树立其在行业中的领导力和地位。

六、生猪、稻米、麦芽啤酒和蔗糖饮料生产管理要点

赵 阳

自然与生产和生活环境密不可分，例如距离森林越近的农田果园越易吸引授粉昆虫而产量更高。湖边或湿地附近的住宅在空气、温度、湿度和噪音等舒适性方面比闹市区更有优势。很多情况下，尤其在生态脆弱地区，如果经济活动过多地占用、消耗了自然界的能量与物质，那么将或多或少地侵害人居环境所需的自然条件（如降温降噪、湿润空气、水源涵养和防范洪涝灾害等）。食品如生猪和稻米，以及饮料生产如麦芽啤酒和蔗糖饮料等需要农田提供的初级生产。而农田需要广泛地利用陆地生态系统（如土地），造成温室气体排放和其他污染，具有地方、区域和全球影响。例如，巴西是世界上生物多样性最丰富的国家之一，将自然热带雨林转变为牧场用于养牛畜牧生产，导致每年的自然资本成本超过4.73亿美元（FAO 2015a）。德国小麦种植过度使用化肥可能导致自然栖息地退化。欧洲环境署将德国确定为欧洲最重要的营养物质负荷超标的国家之一（EEA 2009）。

2014年《生物多样性公约》第十二次缔约方大会（COP 12）通过的《XII/10企业界的参与》提出："促进与其他论坛在与生物多样性和企业界参与相关问题上进行指标和可持续生产和消费方面的合作和协同增效。"针对目前许多国家栖息地丧失主要原因是土地用途转做农产品生产的事实与挑战，《公约》研究了不同国家与地区不同种类作物生产对不同生态系统服务的影响和依赖，纳入了国际主流的相关可持续标准，编制了《标准与生物多样性》报告。该报告研究了不同国家和地区共八种农作物的种植（甘蔗、大麦、可可、棉花、咖啡、茶叶、棕榈树和大豆），从水质、水体富营养化、土壤肥力、生物需氧量、温室气体排放、用水量、自然植被丧失、栖息地质量、减缓气候变化、土地管理和生物燃料等生态系统服务方面，编制了一套基础性、普适性农产品生产对生物多样性影响指标和指南，可作为上述行业生产所遵循的最低生物多样性绩效标准，帮助企业更好地理解产品全生命周期所涉及的生态价值、风险影响和外部不经济性。该报告指出，气候变化和土地用途（由保护地变更为农田）是

发展中国家生物多样性丧失的最大驱动力。因此，大部分行业自愿性标准都已纳入了关于温室气体排放、土地用途公共治理以及其他可持续发展指标，通过认证认可的市场模式达到预防和减缓生物多样性丧失的目标。例如，很多蔗糖企业正在应用Bonsucro倡议与认证，确保满足欧盟《促进可再生能源使用指令》（2009/28/EC）的强制要求。"更好的棉花倡议"（Better Cotton Initiative，BCI）标准强调高效灌溉和水循环利用。2014年经该标准认证的棉花产量达190万吨，占全球7%。同样在可可和咖啡种植标准要求"树荫下间作"，这种混农林模式有利于保护森林，遏制在非洲出现土地肥力下降的趋势。在马来西亚、印尼和南美洲，自然栖息地土地改作棕榈油或大豆种植园以迎合全球旺盛的需求，印尼成为仅次于中国和美国的世界第三大温室气体排放国。而使用"可持续棕榈油圆桌倡议"（RSPO）标准则无疑有利于改善这些环境（如自然栖息地丧失）和社会（如不公平贸易）问题。

1　产业链分析相关概念

1.1　生态系统服务

生物多样性的价值主要体现在为人们生活生产提供利益的生态系统服务。根据联合国《千年生态系统评估》（MA 2005a），生态系统服务划分为四类：

（1）供给服务：自然界的物质输出（例如能源、食品、药物、淡水、纤维和遗传物质等）。

（2）调节服务：自然通过调节生态系统过程所产生的间接效益（例如昆虫给作物授粉、碳封存减缓气候变化，湿地净化水源，植物防治土壤侵蚀和缓冲洪水风暴等）。

（3）支持服务：支持其他类型生态系统服务供应的基本生态过程（例如碳水循环、土壤形成、养分吸收与分解、初级生产等）。

（4）文化服务：来源于自然的非物质利益（例如休闲娱乐的身心愉悦、炮制草药的传统知识、美学欣赏精神享受等）。

1.2　影响与依赖

（1）依赖：企业从自然界获取的生产资料。包括从自然获得的关键生产要素，如土地、原材料、水和能源等，以及对生态系统调节服务的依赖，例如水的自然过滤净化、废物的吸收同化、洪水和风暴等自然灾害的防护等。很多企业还依赖着生态系统提供的文化服务，如旅游和娱乐产业。

（2）影响：指的是企业活动对自然造成的消极或积极影响，例如温室气体排放加剧气候变化或投资农田水利基础设施建设。可发生在价值链的任何环节，包括原材料勘探和开采、中间加工、成品生产、分销、消费和处理回收。

1.3　影响驱动因子

用来分析造成企业活动如何导致生态环境发生变化，以及这些变化又如何影响不同利益相关方，包括以下两方面可导致"后果"的原因（因子）（表4-4）。

表4-4　影响驱动因子

影响驱动因子	计量示例	导致生物多样性发生变化
用水	地表水（立方米）耗费	水资源减少或增加
利用陆地生态系统	转变为牧场的森林（公顷）	野生动物种群、木材和非木材林产品库存，以及侵蚀控制情况变化
利用淡水生态系统	被用作流域并筑坝的山谷（公顷）	各种资本存量和生态系统服务变化（例如野生生物、碳封存、防洪）
利用海洋生态系统	被清除的红树林生态系统（公顷）	鱼群和生态系统服务变化（例如防止风暴潮）
利用其他自然资源	大西洋鳕鱼捕获量（吨）	大西洋鳕鱼鱼类资源的变化，包括种群数量复原力
温室气体空气污染物	排放到大气中的二氧化碳当量（CO_2e）（吨）	CO_2e浓度的变化和对全球气候变化的贡献
非温室气体空气污染物	排放到大气中的$PM_{2.5}$（吨）	$PM_{2.5}$浓度变化，雾霾频率及严重程度上升
水体污染物	排放到地表水中的砷（千克）	砷浓度变化和鱼类丰度减少
土壤污染物	排放到土壤中的有机磷农药（千克）	有机磷浓度变化和无脊椎动物丰度降低
固废	焚烧非危险废物（吨）	占用土地或焚烧排放污染物
扰动	高于正常背景水平的噪声（分贝）	巢鸟数量或繁殖成功率变化

1.4 实质性

判断影响和依赖是否具有实质性的标准包括：

（1）对公司财务报表差生影响——可能违反法律合规或丧失投融资机会；

（2）在运营中具有潜在的环境和社会后果——与主流的行业规范或自愿性社会标准不符，导致营销和品牌和声誉蒙受损失；

（3）重要利益相关方关注——例如，投资机构、政府监管部门、消费者和行业协会等。

2 "大麦—麦芽—啤酒"产业链

继稻米，玉米和小麦之后，大麦在谷物的全球产量价值中排名第四（FAOSTAT 2013）。主要用于麦芽生产和人们消费（75%）以及动物饲料（25%）。大麦的麦芽是啤酒制造的主要成分之一。酿造中必须经历被称为"麦芽发芽"的反应过程，即水分刺激谷物内部自然发芽。大麦在啤酒中的功效相当于葡萄在红酒中的作用。发芽的大麦为啤酒提供了颜色、麦芽甜味、蛋白质和发酵所需的天然糖分（表4-5）。

表4-5 大麦简报

全球商品价值	340亿美元（FAOSTAT 2013）
主要生产国	欧盟27国（欧盟麦芽制造业占世界麦芽贸易的60%以上）、俄罗斯、乌克兰和澳大利亚（FAOSTAT 2013）
主要消费国	主要进口国：比利时、荷兰、中国、日本、德国和巴西（FAOSTAT 2013）
典型产品使用	动物饲料（66%）和啤酒消费（24%）（FAOSTAT 2013）
补充事项	世界范围对大麦种植的最大限制是淡水，并且正在加强对小麦和大麦的干旱适应研究（University of Queensland 2015）

该产业链涵盖"大麦—麦芽—啤酒"产品全生命周期，包括原材料生产（大麦种植）、食品制造（麦芽发芽、加工和发酵）、包装、流通和零售（啤酒瓶和易拉罐生产，分销所需物流和仓储）、商品消费（麦芽啤酒）、产品最终用

途（浪费和包装材料的处置与回收）。

从产业链对生物多样性的依赖角度分析——能源出现在所有环节，其次为淡水，以及其他生态系统提供的"调节服务"，包括原材料生产（大麦种植）农田所需净化水源和预防洪涝（主要指的是"物理环境的调节"）、作物病虫害防治与昆虫授粉（"生物环境的调节"）、对土壤、水体污染物和温室气体排放的同化吸收（"污染和排放的调节"）。以食品制造为例，啤酒生产必需能源、淡水、有机营养物质和原材料（大麦），这通常需要企业以市场价格购买，因此归类于"消费型依赖"。其中，能源和淡水的实质性高，因为这是企业可以控制的"直接运营"，而有机物和大麦属于供应链。因此，实质性分析一定要明确是在针对整个产业链，还是某一特定环节，这是区分"直接运营"与"供应链"的要点。尤其要注意图中那些"高橙色"和"O"交集的点位，这表示该依赖或影响具有双重"实质性"，往往代表着较大的行业或企业风险。同时，自然向企业提供了很多免费的效益（非消费型依赖）包括：经验（以自然为基础的农田水利、生态旅游或休闲娱乐）、知识（向大自然学习，如仿生学）、福利（从绿地、空气和水获得有益身心的利益，例如工作效率和生产力提高）、精神和道德价值（员工满意度和归属感，宗教圣地或原住民和少数民族传统知识如红河哈尼族元阳梯田）。

从生物多样性影响来说，啤酒制造大量耗水耗能，可能导致当地淡水生态系统崩溃致使居民饮用水需求得不到保障，或是化石能源长期排放 CO_2 造成人们呼吸疾病，这些都是潜在具有巨大社会后果的环境风险，因此图示高橙色与"O"重合。再以包装和物流为例，易拉罐、玻璃瓶和软包装生产所需铝，硅与可降解生物塑料是产业链所需"输入"的其他资源，物流和仓储给人居生活造成扰动（如噪声和光污染）。产品最终用途则涉及固废垃圾土地填埋，因此对陆地生态造成影响。原材料生产（大麦种植）环节具有整个产业链最多的影响驱动因子。在输入端使用广泛的陆地和淡水生态系统（农田和水源）；在输出端，排放温室气体（封存在土地中的碳由于开垦而被释放到大气中），空气污染物如细颗粒物（$PM_{2.5}$）、粗颗粒物（PM_{10}）、挥发性有机化合物（VOCs）、氮氧化物（NO 和 NO_2，通常称为NOx）、二氧化硫（SO_2）和一氧化碳（CO）等，水体污染物，包括释放到水体中的营养素（例如硝酸盐和磷酸盐）或其他物质（例如重金属和化学品），排放并使土壤中废物量残留（图4-15，表4-6）。

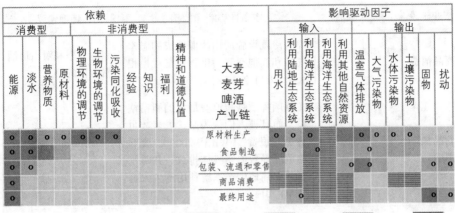

| 产业链不同环节对自然的依赖与影响 | 实质性高 | 实质性中等 | 实质性低 | 无实质性 |

注：O表示自然资本的影响或依赖对当前环节具有实质性。

图4-15 产业链对生物多样性的依赖

表4-6 产业链对生物多样性的影响

产业阶段	麦芽啤酒	实质性影响和依赖	管理建议
原材料生产	大麦种植	能源和化肥使用占大麦种植导致温室气体排放总量的30%（Product Sustainability Forum2013）；淡水消耗也是种植的重大影响。（Bowe and van der Horst2015）	农业种植使用的能源和肥料类型、灌溉效率和水源以及淡水在本地的稀缺性
食品制造	啤酒制造，包括麦芽发芽、加工和发酵	在啤酒的产品生命周期中，用于糖化、煮沸、发酵和过滤的能源造成的温室气体排放占全部的10%（Product Sustainability Forum 2013）。清洁用水和废水处理是另一个重要影响	制造所需能源类型，用水效率和回收率，水源及其在本地的稀缺性
包装、流通和零售	啤酒瓶和易拉罐等包装材料生产，分销所需物流和仓储	玻璃、铝和钢涉及的采矿和加工是啤酒价值链中温室气体排放的主要来源（Product Sustainability Forum 2013）。制冷是食品饮料制造与零售业最重要的设备，同时也释放大量二氧化碳（WRAP 2012）	包装材料和冷藏设施管理（例如，制冷效率和实际需求）

（续表）

产业阶段	麦芽啤酒	实质性影响和依赖	管理建议
商品消费	麦芽啤酒	啤酒冷藏设施所用能源造成的温室气体和其他空气污染物可能规模很大（WRAP 2012）	制冷效率和对当地消费习惯的研究
商品最终用途	浪费和包装材料的处置与回收	在英国啤酒是被浪费最多的酒精饮料，而且被人们认为是"大多数可避免的浪费"（WRAP 2009）。废弃物填埋导致温室气体排放，并对水资源和陆地生态系统利用产生影响（FAO 2013）	消费者自觉或强制行为分析，例如循环利用

3 "甘蔗—蔗糖—饮料"产业链

现代饮食中糖的流行及其在生物燃料（biofuel）和生物塑料（bioplastic）中的使用日益增加，导致对甘蔗衍生物的全球需求及市场强劲，而且不断增长（WWF 2015d）。软饮料是一个价值超过5 000亿美元的世界市场，软饮料通常含有碳酸水，甜味剂和调味剂三种不同的糖类（Reuters 2014），来源于甜菜、甘蔗和高果糖玉米糖浆（Water Footprint Network 2011）。根据美国农业部的数据，甘蔗在甜味剂总产量中的份额从2000年的70％上升到2009年的近79％（AgMRC 2012）（表4-7）。

表4-7　甘蔗简报

全球商品价值	815亿美元（FAOSTAT, 2013）
主要生产国	巴西、印度、中国、泰国、巴基斯坦、墨西哥和哥伦比亚（FAOSTAT，2013）
主要消费国	美国、欧盟27国、墨西哥、加拿大、新西兰和沙特阿拉伯（Washington Post，2015）
典型产品使用	蔗糖从多汁的甘蔗茎中提取，在世界范围内用作甜味剂，例如糖浆（软饮料所需传统甜味剂）、防腐剂和化妆品工业（Kew，2015）
补充事项	目前在甘蔗种植行业最为突出的举措之一是由世界自然基金会（WWF）推动建立的"蔗糖行业Bonsucro倡议与认证"，与零售商、投资者、贸易商、生产者和其他非政府组织合作，旨在通过制定与实施减少甘蔗种植对社会和环境影响的认证认可标准来促进行业可持续发展（WWF，2015d）

　　如今的消费者都希望能保证他们购买的产品中所含的某些原料，是由对环境和社会负责的供应商所生产的。Bonsucro认证对蔗糖和生物燃料行业来说，是一项令人振奋的进步，使企业在面对消费者不断变化的需求时拥有竞争优势。Bonsucro是由全球主要蔗糖生产商和下游加工企业组成的协会，目标是通过社会和环境责任倡议，确保蔗糖和生物燃料生产的未来可持续发展。例如，Bonsucro认证提供一项透明保证，确保生产并销售符合欧盟成员国再生目标的生物燃料，该目标需要根据欧盟再生能源指令（2009/28/EC）中所列的可持续标准进行评估。Bonsucro标准经过欧盟委员会审批，符合这些可持续要求。在认证前所进行的审核中，包括能源和水消耗，以及温室气体排放在内的关键生产指标将接受评估。同时接受审查的还有法规合规性、劳动者权利、持续安全的当地食品供应以及其他影响生产的人为因素。

| 依赖 | | | | | | | | | | | 甘蔗蔗糖饮料产业链 | 影响驱动因子 | | | | | | | | | | |
| 消费型 | | | | 非消费型 | | | | | | | | 输入 | | | | | 输出 | | | | | |
能源	淡水	营养物质	原材料	物理环境的调节	生物环境的调节	废物的同化吸收	经验	知识	福利	精神和道德价值		用水量	利用陆地生态系统	利用淡水生态系统	利用海洋生态系统	利用其他自然资源	温室气体排放	大气污染物	水体污染物	土壤污染物	固废	扰动
○	○	○	○	○	○	■					原材料生产	○	○	○	■	■	○	○	○	○	○	
○	○										食品				■	■						
○	○										包装、流通和零售				■	■			○		○	○
○											商品消费				■	■						
○											最终用途			○							■	

图4-16　产业链对生物多样性的依赖

表4-8　产业链对生物多样性的影响

产业阶段	蔗糖饮料	实质性影响和依赖	管理要点
原材料生产	甘蔗种植	甘蔗是高度耗水作物。在一些生物多样性最为丰富的地区已禁止种植。甘蔗所需土壤通常需要保持干燥，收割后通常将显著降低土壤肥力，迫使种植农户依赖肥料（WWF 2015d）。施肥造成养分径流、土壤侵蚀和污泥化，污染水源	肥料类型、灌溉效率、水源及淡水在本地的稀缺性；农田的地理位置和以前的土地用途

（续表）

产业阶段	蔗糖饮料	实质性影响和依赖	管理要点
食品制造	甘蔗加工提取蔗糖、精炼和净化原糖	糖厂的制造业务产生废水、空气污染物和固废污染环境（WWF 2015d）。从工厂排出大量植物物质和污泥在水体中分解，吸收可用的氧气并降低鱼群数量	工厂废水处理系统的处置能力，水源地地理位置和淡水在本地的稀缺性
包装、流通和零售	塑料包装盒、玻璃瓶和易拉罐生产，分销所需物流和仓储	饮料行业是全球PET镀铝膜塑料包装的主要应用，特别是在软饮料制造领域（Euromonitor 2015）。使用这种包装可产生显著效益，例如延长食品保质期，减少浪费；2014年环境署（UNEP）发布了评估消费品行业塑料使用量的报告，量化了温室气体和土地及水污染物的上游影响（UNEP 2014）	使用的包装材料，制冷设施的效率和需求管理
商品消费	蔗糖饮料	用于冷藏饮料的能源使用导致排放温室气体和其他非温室气体空气污染物可能规模比较大（WRAP 2012）	冷藏设备效率和大众消费心理、习惯和行为研究
商品最终用途	消费者浪费、废弃物处理和包装材料回收	2014年发布的消费品行业塑料用量评估报告显示，塑料使用化学添加剂，加剧土地过度利用和海洋垃圾等环境影响，经货币化估值达到约30亿美元（UNEP 2014）；废弃物填埋导致温室气体排放，并对水资源和陆地生态系统利用产生影响（FAO 2013）	消费者废物处理行为研究

4 "生猪—猪肉—加工肉"产业链

猪肉是消费最广泛的肉类——占世界肉类摄入量的36%以上。由于发展中国家收入增长导致消费模式发生变化，该部门也是增长最快的畜牧业子行业（FAO 2015b）。畜牧业生产（包括饲料种植）虽然仅占全球温室气体（GHG）排放量的20%，但同时却是最大的土地使用部门和水富营养化的主要来源（Eshel et al. 2014）（表4-9，图4-17，表4-10）。

表4-9　生猪简报

全球商品价值	4525亿美元（FAOSTAT，2013）
主要生产国	中国。欧盟27国、美国、巴西和俄罗斯（FAOSTAT，2013）
主要消费国	中国、欧盟27国、越南和韩国（OECD，2014）
典型产品使用	生猪产品大致分为鲜猪肉和加工肉
补充事项	对于养殖业而言，环境绩效的一个重要指标是动物饲料。浓缩饲料使用人类可食用的谷物，对环境有很大影响。

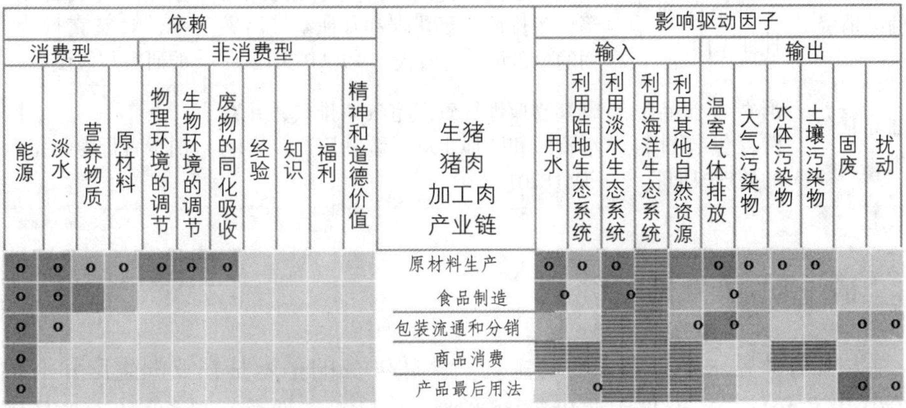

注：O表示自然资本的影响或依赖对当前环节具有实质性。

图4-17　产业链对生物多样性的依赖

表4-10　产业链对生物多样性的影响

产业阶段	生猪	实质性影响和依赖	管理要点
原材料生产	养猪业，包括育种、繁殖、疾病预防和粪污管理	尽管饲料转化效率很高，但猪饲料中含有相对较大比例的粮食谷物和油粕（FAO 2014a）。经合组织（OECD）和粮农组织（FAO）预测未来十年牲畜饲料将继续推高粮食和谷物的全球需求（Financial Times 2015d）用于牲畜饲料的农业生产具有比较重大的自然资本影响，例如，在美国饲养的家畜所需饲料占全国所有农田产量的40%和肥料使用总量的50%，以及灌溉用水总量的7%（Eshel et al. 2014）	饲料类型，家畜饲养和粪污管理实践（例如，采取有机农业或饲料不含人类食用谷物等做法）

（续表）

产业阶段	生猪	实质性影响和依赖	管理要点
食品制造	猪肉加工，包括生猪屠宰、切割、分类处理和冷藏	肉类食品加工厂使用各种切割和冷藏等设备，消耗大量能源和淡水等生态系统服务，同时又向土壤和水体排放有毒废物（PETA 2014）	屠宰和肉类处理技术，肉类切割设备的效率，肉类加工工艺流程
包装、流通和零售	猪肉产品上市，包括包装，分销和零售所需物流和仓储	制冷是食品和饮料制造与零售业务中最重要的工业应用设施，是导致重大温室气体排放的动因（WRAP 2012）	包装材料、物流运输方式，以及零售制冷系统的类型、技术和效率
商品消费	生鲜猪肉和各种加工肉	数量庞大的家庭用于肉类冷藏的冰箱等设备排放二氧化碳和其他空气污染物的总量可能比较大（WRAP 2012）	家用制冷设备效率，对家庭行为的研究与假设
商品最终用途	消费者食品浪费，包装材料的处理或回收	废弃物填埋导致温室气体排放，并对水资源和陆地生态系统利用产生影响（FAO 2013）	消费者行为研究

5 "稻—米"产业链

大米是世界一半以上人口的主食。全球90%的稻米是在亚洲生产和消费的（WWF 2015e）。大米主要供国内消费——只有不到总产量6%的稻米是用于国际贸易的。水稻是唯一可以抵御水淹的谷物，虽然淹没在水下只能够存活，而不是茁壮成长。水稻被水淹的主要好处是可以减轻杂草繁殖，节省劳动力成本，减少用于购买无机除草剂的花费。水稻虽然比任何其他农作物都要消耗更多淡水，但大部分可被回收重新利用于其他用途（FAO 2004）（表4-11，图4-18，表4-12）。

表4-11 稻米简报

全球商品价值	3282亿美元（FAOSTAT 2013）
主要生产国	中国，印度，印度尼西亚，孟加拉，越南，泰国
主要消费国	中国，印度，印度尼西亚，孟加拉、越南和菲律宾（Statista 2015）
典型产品使用	主粮、主食
补充事项	在世界范围内由于面临日益严重短缺的水资源，因此正在实地开展新的水稻 种植试验与创新实践（WWF 2015e）

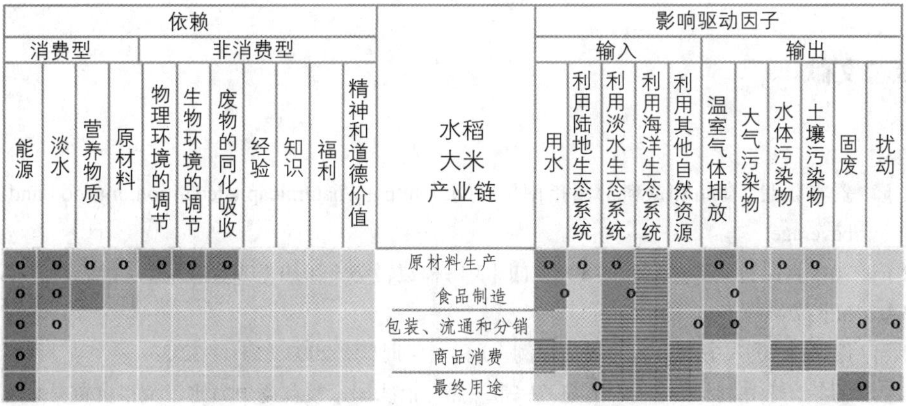

依赖											水稻 大米 产业链	影响驱动因子										
消费型				非消费型						精神和道德价值		输入					输出					
能源	淡水	营养物质	原材料	物理环境的调节	生物环境的调节	废物的同化吸收	经验	知识	福利			用水	利用陆地生态系统	利用淡水生态系统	利用海洋生态系统	利用其他自然资源	温室气体排放	大气污染物	水体污染物	土壤污染物	固废	扰动
o	o	o	o	o	o	o					原材料生产	o	o	o			o	o	o	o		
o	o										食品制造			o			o	o	o			
o	o										包装、流通和分销			o			o				o	o
o											商品消费						o					
o											最终用途	o										

图4-18　产业链对生物多样性的依赖

表4-12　产业链对生物多样性的影响

产业阶段	稻米	实质性影响和依赖	管理要点
原材料生产	稻米种植和收割	传统稻米生产涉及运用连续水淹的技术，这是一种高度耗水的做法。水淹稻田导致有机物分解产生大量甲烷排放；稻田的另一个环境重大不利因素是水体污染物。不仅直接降低农场灌溉用水的水质，而且后期对所收获的稻米质量也有负面影响，从而减少作物经济收益和贸易利润。同时，可能对其他用水居民也构成潜在风险，例如当地劳动者的身体健康和家庭收入（Bloomberg News 2013）	灌溉效率、废水处理系统、水源和淡水在本地的稀缺性
食品制造	稻米加工，包括碾米、脱壳、干燥、储存和研磨	碾米厂排放的废水通常含有高浓度的有机和无机物，可造成严重环境污染（Paul et al.2015）	废水处理系统、水源和淡水在本地的稀缺性
包装、流通和零售	大米包装、分销所需物流和仓储	大米分销与流通所耗费的能源导致温室气体和非温室气体空气污染物排放（Binh and Tuan 2016）	分销、物流和仓储所需能源的效率和排放，以及替代技术
商品消费	大米	烹饪大米所用的能源造成温室气体和非温室气体空气污染物排放（WRAP 2012）	人们食用大米的方法

参考文献

［1］　资本联盟. 食品和饮料部门指南［D/OL］https：//naturalcapitalcoalition.org/food-and-beverage.

［2］　2019食品行业产品创新的8大方向［J］.福建轻纺，2019（09）：16-20.

［3］　http：//www.bonsucro.com.

［4］　路易士.进入中国市场的成功案例［J］.科学时代，2003（21）：32-33.

［5］　韩冬，李光泗，钟钰.中国与"一带一路"沿线国家粮食竞争力比较及粮食贸易影响因素研究［J］.江西财经大学学报，2020（04）：76-92.

七、食品和饮料部门对自然资本的依赖和影响

赵 阳 王 影

食品和饮料是种植、贸易、批发、制造和零售共同构成的世界上最大的经济部门,跨越不同的生产层次,涵盖了种植、养殖、生产、加工、贸易、批发、分销和零售的所有业务,但不包括酒店和餐饮服务行业。按收入计算,该部门为全球创造约为12.5万亿美元的价值,占2013年世界GDP的17%,约等于我国2017年国内生产总值(82.71万亿人民币)。部门产业依赖于复杂的供应链的国际贸易,行业从业者均不同程度地垂直整合农产品与初级生产资料,涉及数量庞杂的农场经营、制造设施、仓储和分销网络,下图显示了该部门价值链的不同阶段、环节和边界(图4-19)。

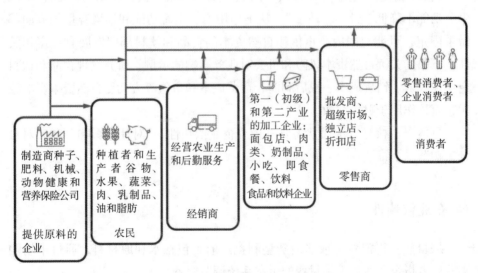

图4-19 食品饮料业产业链

虽然人口爆炸、城市化加速和中产阶级崛起等增长因素转化为对食品饮料产品的强劲需求,但在供给侧已显示出日益增加的脆弱性(KPMG 2013)。食品和饮料部门依赖的自然生态系统、农作物和畜牧构成整个产业链下游经济

的基础。企业则仰仗自然资本获取原材料、能源、土地，水及稳定的气候作为业务基础。过度开发，特别是资源和能源采购来自水资源短缺或生产水平、土地使用量高的地区时，对公司是一种财务风险。联合国粮农组织估计，农业工业化每年给环境造成约3万亿美元的损失，超过2015年英国年度国内生产总值（FAO 2015a）。

农业、食品饮料生产、分销、消费和废物处置模式可以对生态系统和社会福祉产生深远影响。超过60％的关键生态系统服务（包括淡水供应、气候调节和土壤肥力）目前正在下降，或以超过恢复补充的速度而消耗（MA 2005）。处于部门供应链顶端的农业和海产品作为商业活动的组成部分，正在通过土壤侵蚀、空气排放、土壤和水体污染、栖息地森林砍伐及物种丧失等影响对关键生态系统构成最大威胁（WWF 2012）。这些影响不仅威胁到食品饮料公司所深度依赖供应的生态系统，而且还会增加财务成本风险。此外，由于气候变化和水资源短缺等环境风险，全球每年可能会有11.2万亿美元的农业资产（包括加工厂、物流和分销网络）陷入困境（牛津大学 2013）。

当前，我国"生态保护红线"已成为基本国策，其三原则为："面积不减少、功能不降低、性质不改变"。从土地用途、生态功能和环境容量等方面都做了限定，可能与国内严重依赖自然资本的食品和饮料部门发展有一定相关性。下图是关键自然资本风险和机会对业务影响的示例，研究发现食品和饮料企业在收入、销货成本、税后利润、运营成本和市值等方面受自然资本影响较大，直接作用于财年绩效。

自然资本核算方法通常需要考量"企业依赖性""对社会影响"和"对自身影响"三个维度。

1 企业依赖性

从自然获得消费型或非消费型利益。前者包括水和原材料，通过市场购买。后者指企业通常无须付费的生态系统调节服务。

1.1 淡水

从农场到工厂，食品生产是地球上水资源最密集的业务，大部分用水集中在农业活动中，其中仅仅作物灌溉和畜牧就占了世界淡水资源减少量的70%以上，是工业生产使用水量的两倍多（FAO 2011）。耕作实践各不相同，从高效灌溉（例如滴灌）到浪费的灌溉技术，效率低下的田间耕作方法，以及在不适当环境种植干渴作物等，例如位于美国加利福尼亚州的帝王谷（WWF 2015a）。目前，粮食总产量的三分之一处于水资源高竞争或高压力区域。未来几十年水资源短缺可能会影响全球近一半人口，长期来看所有国家都会受到严重影响，同时对粮食安全造成严重威胁。例如，一家跨国食品制造公司支付的水费比原来多了3倍，原因是由于水资源短缺，当地政府颁布了关于工厂分配水量的新规定和收费标准；在经历了几次严重干旱后，俄罗斯2010年禁止小麦出口，导致一家国际食品加工商的股价因小麦成本上涨而下跌2.2%（图4-20）。

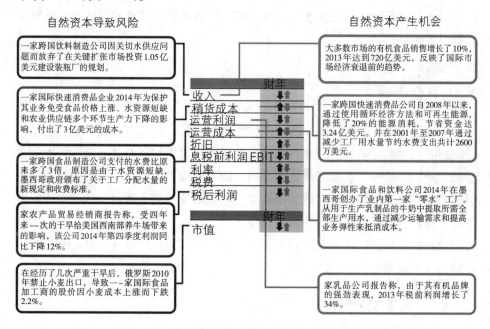

图4-20　自然资源导致风险与产生机会的示例

1.2　材料（例如食材、木材、纤维和能源等）

农作物和畜牧商品构成整个下游经济的基础。模拟气候变化对农业生产力影响的研究预测，全球农业系统将难以以实际价格提供足够数量的粮食（IFPRI 2010）。商品往往遭受相当大的价格波动影响，削减利润，影响定价策略致使企业面临风险。此为严重的供应链问题并使价格预测变得困难，从而增加整体成本和业务风险，使对冲策略变得更加复杂（EY 2015）。行业对现有波动率的反应包括产品价格上涨和重组并购（Financial Times 2014b）。

1.3 生态系统的调节服务（例如对生产排放的废物同化吸收、洪水防范和侵蚀控制）

自然的自我修复和调节功能是维护生态系统的供应服务，减缓生态环境风险所必需的。例如动物授粉是一种生态系统服务，主要由昆虫提供，但也由某些鸟类和蝙蝠提供。全球约70%的人类消费作物直接依赖于昆虫传粉者，尤其是蜜蜂。昆虫授粉的经济价值估计为1530亿欧元。（Oxford University 2013）。同时，虫害和农作物病防治管理对所有作物生产至关重要（例如在种植大豆时间作玉米，可有效防止病虫害，而且不像间作其他作物那样容易造成土壤板结和肥力下降）。

2 对社会影响

企业的生产是获取、输入自然资源（物料投入），输出产品和"非产品"（排放和污染物）的过程。"非产品输出"可能导致更广泛意义上自然资本的存量和流量发生改变，进而产生社会影响、后果和成本，来自公司直接运营或价值链中上、下游，包括供应商和消费者。企业即使目前无需对这些成本或效益负责，也有必要了解它们的性质和规模。

食品和饮料部门主要利用陆生资源，并向大气和水体排放，其社会影响主要分为以下几个方面。

2.1 温室气体排放

产业链下游零售层面的制造、运输和制冷能源使用是温室气体排放的重要来源。农作物和畜牧养殖占全球温室气体排放量的10%~12%（Smith et al., 2014）。其中畜牧业又占比三分之二以上（主要来自肠道发酵和粪肥），其余则与无机肥料应用、水稻种植、生物质燃烧有关。土地用途改变和与森林砍伐的空气排放则占全球温室气体排放量的10%，其中农业活动占比五分之四。农业领域的能源使用也会排放温室气体，但不到全球排放量的2%。

2.2 水体污染物

在中国的玉米种植中，化肥的使用约占传统玉米农场造成影响的30%来自于化肥使用。FAO 2015a）。农业是化学品的最大用户，也是全球最大的水污染源（WWF 2012）。田地中的化肥经过径流后导致死区等不毛之地，危害渔业，影响人类健康，并提高水处理成本。

2.3 加速森林、草原等陆地生态系统退化

农业是造成森林损失的最大单一驱动因素，占所有森林砍伐的85%。巴西和印度尼西亚约40%的森林损失，主要是由于牛肉和棕榈油的生产砍伐森林对生物多样性构成严重威胁；因为树木不再蒸发水分，导致当地气候变得更加干燥，致使水循环中断；由于暴露的表土极易受风和水的侵蚀，可能加重土地荒漠化和水道沉积（WWF 2015b）。

草原通常被人为转变为比农业生产更具吸引力的湿地，这导致关键的生态系统服务和生物多样性丧失。例如，估计位于巴西的热带高草草原消失速度是亚马逊热带雨林的两倍（Mongabay2013）。

相关研究表明：生态退化导致生计损失，使用农业化学品对健康产生影响。仅在欧盟，暴露于可干扰人内分泌系统的化学物质（主要存在于农药中）所导致的社会成本是每年大约1740亿美元用于直接医疗费用，以及劳动力的生产力下降、早期死亡、残疾以及智力丧失造成的间接费用（Trasande，2015）。其他外部因素间接影响人类福祉，例如来自农田的养分径流降低水质，以及休闲娱乐品质下降（例如保护区旅游，农业景观具有的传统文化及美学价值）。

3 对自身影响

如果企业具有重大的自然资本依赖性，这可能会对社会产生影响。倘若后果足够严重，则可能反过来会对公司自身的业务造成冲击（例如，合规成本增加、产品被联合抵制、声誉损害或经营许可证吊销等）（表4-13）。

表4-13　食品饮料企业对生物多样性的依赖

食品饮料企业	依赖淡水和材料等	依赖生态系统的调节服务
自然资本依赖导致对自身业务的潜在影响	采购替代材料的运营成本增加原材料稀缺性加剧，价格上扬初级材料供应不足，加工产能受限影响收入	供应链中断导致采购替代供应的运营成本增加，生态退化造成农作物质量低，农民收入减少，投资人工替换生态系统提供的服务，成本增加（例如更高的农业化学品投入）
食品饮料企业	向大气和水体排放污染物	影响并降低陆地生态系统服务
企业的社会影响导致对自身业务的潜在影响	趋严的监管要求导致销货成本增大资源成本，例如水费涨价，罚款和生态赔偿使企业运营成本增加，与生态系统服务付费（PES）相关的成本增加，公司需要保护水质免受外部其污染。（例如，位于法国Brittany的装瓶水公司和当地养猪产业就水质达成付费的交易机制）许可证制度	合规导致企业运营成本增加媒体负面宣传，消费者对可持续采购的需求特许经营或配额制度，罚款、补偿和赔偿增加了运营成本，由于土地和土壤流失导致的企业搬迁费用增加

例如，某外国饮料制造商在印度的业务最近面临着源于用水量所导致的运营、声誉和监管等方面的挑战。由于当地农民担心地下水位下降，致使该企业未能获得水务局的许可，不得不在一年时间内被迫放弃总值1.05亿美元的两个装瓶厂建厂规划（Financial Times 2015a）。某快消品公司付出了3亿美元的代价以保证其供应链免受气候变化影响，同时满足可持续采购的标准（Business Insider 2014）。在其他情况下，虽然直接供应没有中断，但监管趋严导致合规成本高企同样带来风险。例如由于水资源短缺，一家在墨西哥运营的跨国食品制造企业根据针对食品制造厂的新法规支付了300%的水费（CDP 2015b）。

总之，企业在进行自然资本评估时，要注意上述三个维度及其内在关系。这样有利于了解在未来适当时机采取"将外部影响内部化"行动将涉及的成本及效益，潜在风险和机会，以及对以下基线、情景和空间时间等相关技术问题的考量（表4-14）。

表4-14　企业评估自然资本需要考虑的技术因素

基线	在为评估确定基线时，重要的是要考虑比较单位。在食品饮料领域，通常需要在产品级别上对不同食品和饮料加工产品进行比较。可基于许多指标来筛选用作基准的商品和用作比较的加工产品，包括重量（对比类似商品），热量值或经济贡献。也可以在行业级别上，使用行业普遍接受的基准来进行比较。例如，粮农组织将传统放牧和稻米，大豆和小麦种植与经过改进的农业管理实践进行了比较，并评估了由此产生的净环境效益（FAO 2015a）。基线可能会受到评估目标以及其他评估范围界定决定的影响，并且还可能涉及地理空间及时间范围的考虑因素——例如，如果评估某种啤酒酿造工艺使用25年后的环境影响，请考虑基线在没有使用该工艺，即"一切照旧"情况下，随着25年的时光推移中是如何变化的
情景	除基线外，评估如要进行比较则可能涉及潜在未来结果的情景。在食品和饮料领域，对情景的考量或许包括"干预情景"，即如果您的公司希望确定某项活动或业务决定将如何影响当前做法。这可能包括使用改进的生产技术或为实现可持续发展目标而做出的举措（例如决定筛选使用提供有机或认证的供应商）。"愿景场景"也多应用于该部门，例如识别在水供应量减少情况下，对特定关键成分供应的影响
空间范围	许多食品和饮料公司都有独特但往往处于分散状态的供应链，每种作物的生产主体、地点、方式种类繁多（KPMG 2013）。因此，在评估时应考虑使用的地理空间信息，特别是在收集一手数据时。你公司对自然和生态的影响可能超出企业直接运营的范围，例如分散在广大地区的工厂对空气排放的污染物。下面给出了一些注意事项： 影响：考虑影响的地理范围很重要。例如，影响驱动因子会在多大程度上导致自然资本变化。它是本地化的、区域性的还是具有全球影响？ 依赖：在可能情况下，特定采购的空间边界应该根据目标设定。例如，作物生产的具体领域或畜牧场。如果没有数据能达到如此细节的程度，那么应使用原产国的相关数据
时间期限	食品和饮料是一个非周期性行业，所以可提供连贯一致且可预测的产量水平，以满足相对稳定的需求。然而随着气候变化加剧，平均气温和降雨量增加，未来可能出现更多由于天气改变而导致的产量波动。即使波动规模的数据可用，但评估气候变化对农业影响的时机选择仍然是一个发展中的领域（KPMG 2013）。高于项目级别和产品级别的任何企业级别的自然资本评估都应该仔细考虑挑选适当的时间边界，使评估能够提供准确的发现和结果。企业可能需要关注历史，当前或未来的时间界限。例如，可能要考虑相对于某些最初或"原始"状态时，或者相对于公司采取有效控制时自然资本发生的变化及趋势。下面给出了一些注意事项： 影响：重要的是要考虑影响驱动因子在环境中的持久性，评估影响驱动因子是否会产生长期或短期的自然资本变化。例如，当前的温室气体排放可能会导致温室气体在大气中持续存在几百年（US EPA 2016）； 依赖：在可能的情况下，应该根据评估目标，确定特定采购区域的空间范围。在理想情况下，农作物生产或畜牧场地需要非常细化的信息。如果不可能达到如此细节，应使用原产国数据

如何防范规避因对自然资本的依赖所产生的风险，寻求与自然生态环境的可持续发展？作为全球最大茶叶、可可、植物油和蔬菜采购及加工企业，联合利华（Unilever）的实践可提供一些有益参考。

为了解其业务对自然资本依存度会给公司运营造成的压力，以及自身运营对土地利用、生态系统服务、物种和栖息地的影响，联合利华总部专门成立"安全与环境保障中心"（SEAC），研究业务对自然资本、生态系统服务和土地的依赖和影响、后果的成本与效益，相关风险及机会，识别发现：其业务对土壤（养分）、淡水（灌溉）、农田生物多样性（初级生产资料、昆虫授粉和碳、水循环）、大型生态系统（湿地或森林提供例如洪水、侵蚀防治服务）都有依赖。并且，SEAC已核算了公司排名前16位的供应商土地使用的总面积，以及未来土地开发模式的潜在影响。联合利华还评估到：大量采购和获取资源导致监管法规趋严，经营许可证、配额和影子定价甚至居民抗议，对业务造成冲击；大规模生产造成空气排放、土壤和水体污染物、水资源短缺以及无序的土地用途转换使当地人健康与权益受损。基于这些核算评估结果，联合利华有针对性地将可持续性融入到战略以及管理流程当中。

（1）设立目标：承诺到2020年四种商品——棕榈油、大豆、纸浆和牛肉实现森林零砍伐。

（2）开展长期的专项项目：可持续农业项目。例如，联合利华在茶叶供应链中开展了近40个主要项目，其目标包括诸如增加茶叶工人及小型农户的收入、改善健康、赋权女性、改善环境卫生、应对气候变化以及支持生物多样性，一个项目往往针对数个问题。

（3）政策创新：制定《可持续农业规范》，将生物多样性作为衡量可持续耕作方法的11项核心指标之一，强调生态系统服务，保护农场周围稀有濒危物种及生态系统。同时制定《联合利华可持续农业准则》（SAC）、《责任制采购政策》（RSP）在供应链当中推广。

（4）管理革新：审计原材料供应商，鼓励、激励供应商实践生物多样性保护和可持续利用；采取第三方认证（"雨林联盟"和"RSPO"），覆盖茶叶、可可和棕榈油，尽量减少社会影响；通过开发生物多样性科普小册子等方式，提升供应商意识。

（5）成效跟踪：到2017年，81%的茶来自经普华永道（PwC）认证的可持续产地；2017年底联合利华已实现56%的农业原材料可持续采购。

参考文献

［1］ 赵阳，王影，齐阳.降低自然资本风险的策略：以联合利华为例［J］.可持续发展经济导刊，2019（07）：43-45.

［2］ 自然资本联盟（NCC）开发的《食品和饮料部门自然资本指南》.https://naturalcapitalcoalition.org/food-and-beverage/.

［4］ 赵阳.《自然资本议定书》介绍［J］.生物多样性，2020，28（4）：536-537.

［5］ 企业为什么需要考量自然资本［J］.WTO经济导刊，2018（179）：48-51.

［6］ 王林.智力资本与企业绩效关系研究：以食品饮料行业为例［J］.宝鸡文理学院学报（自然科学版），2017（03）.

［7］ https://www.unilever.com.cn/sustainable-living/.

八、中药产业链的生态系统服务价值解析

关 婧 赵 阳

中药行业命脉在于"直接利用生物",生物的数量和质量一直是产业发展的"掣肘"。药材不论自然生长或是人工繁殖对所处的生态系统都具有严格要求，一些中药材（如川贝母、藏红景天等）具有地理标志性，需要在特定地区才能生长和生产。然而经济利益驱动下掠夺式滥采、滥挖和捕杀，使野生资源濒危甚至灭绝，虽然规模化人工种养可在一定程度对部分种类野生药材资源形成保护，但产业化所需土地资源造成土地用途改变和生产格局单一化，是当地自然修复能力下降和生物多样性丧失的重要原因。施用大量农药和化肥，导致大规模的土壤和面源污染，使碳水养分循环、气候调节、昆虫授粉和侵蚀防治等生态系统服务功能发生重大变化。因此，中药行业是典型的生物多样性依赖并影响型产业。

1 行业现状和危机

1.1 药材资源总量

作为全球生物多样性最丰富的国家之一，我国野生药材资源蕴藏量位居世界第一。根据第三次全国中药资源普查结果，我国拥有中药资源12807种，其中药用植物11146种，药用动物1581种，药用矿物80种。中药材引种栽培历史悠久。随着行业快速发展，中药材种植规范化、产业规模逐渐扩大。中国中药协会数据显示：截至2012年，已获批的中药材规范化种植基地有138个，种植中药600余种，种植面积3600万余亩。

1.2 行业面临资源危机

虽然我国拥有最为丰富的中药野生资源，但仍然面临可持续发展危机。原因主要有两方面：一是生产格局存在缺陷。长期掠夺性经营和不合理利用

使中药资源面临枯萎和枯竭，分布范围日益缩小、消失。许多中药材资源分布由过去的10多个省区，缩小到1个省区甚至更小范围。二是消费格局发生变化。近年来对中药材原材料的需求不断增加。而在作为原材料的中药材中，已经引种和驯化栽培成功的中药材，仅占常用商品中药材的三分之一左右，尚有大量品种的药材需要依靠采挖野生中药材才能满足生产需要。由于无序过度开发，中药材资源蕴藏量不同程度地持续下降，已致使生态恶化，生物多样性遭到破坏。

1.3 产业结构性矛盾

中药生产和消费格局导致中药资源供需矛盾十分突出。麝香、牛黄、石斛、冬虫夏草等许多名贵药材资源枯竭，直接影响到一些经典名方的生存与可持续发展。据中国中医科学院中药资源中心统计，2010年我国99种常用野生中药材中，近50%种类出现资源危机。中国医学科学院药用植物研究所所长陈士林总结说："我国每年药材使用量的70%来自种植，但种植只能提供30%的品种数，70%的品种仍然来自野生，这其中又有30%已经濒危。"

1.4 保护措施

我国政府先后出台了《中华人民共和国野生药材资源保护管理条例》《中华人民共和国野生植物保护条例》《自然保护区条例》等一系列法律法规，规范和保障我国野生中药资源的生物多样性保护工作。2002年八部委联合颁布了《中药现代发展纲要（2002—2010年）》，提出中药行业发展要"在充分利用资源的同时，保护资源和环境，保护生物多样性和生态平衡。特别要注意对濒危和紧缺中药材资源的修复和再生，防止流失、退化和灭绝，保障中药资源的可持续利用和中药产业的可持续发展"。2014年12月，广西壮族自治区公布了《广西壮族自治区药用野生植物资源保护办法》，该办法是全国首个专门针对药用野生植物资源保护的政府规章。此外，我国还在动植物资源本底调查的基础上，完成并公布了《中国珍稀濒危保护植物名录》《国家重点保护野生药材物种名录》和《国家重点保护野生植物名录》等保护品种名录，建立了大量动植物物种信息数据库，为中药资源保护提供了有力保障。其中，《中华人民共和国野生药材资源保护管理条例》公布了重点保护中药常用的76种药用动植物；《国家重点保护野生动物名录》收录野生动物257种，其中涉及药用动物

162种;《中国珍稀濒危保护植物名录》《中国植物红皮书》收录392种珍稀濒危植物，其中包含药用植物168种；濒危动植物种国际贸易公约中列入附录的有51种。由此可见，中药资源涉及濒危物种已占相当大比例，行业内的生物多样性保护形势较为严峻。我国中药资源生物多样性保护措施主要包括"就地保护"和"迁地保护"两种形式。在"就地保护"方面，已建立了多种类型的自然保护区，使得大批生态系统及药用野生动植物资源得到较为有效的保护。截止2018年底，全国已建立各种类型的自然保护区约占陆地国土面积的18%，形成了较为完善的野生动植物保护网络。在"迁地保护"方面，通过建立药用植物园、动物园或家种、家养基地，对珍稀濒危药用动植物进行引种驯化，实施迁地保护，既保护了珍稀濒危物种，保存了种质资源，又可研究它们的生物学和生态学特征。

2　输入和输出关系

中药行业产业链中多个环节都与生态系统服务密切相关，从中获取各种关键"输入"，包括直接利用生物（天然药材）、土地、淡水、授粉、种质和遗传资源等；同时，产业活动向生态系统排放包括温室气体、污水、药渣和废气等各种"输出"——产生了具有"外部不经济性"的各种影响，包括环境污染、气候变化甚至外来物种入侵。

处于产业链上游的中药材生产与生态系统关系最为密切，包括从自然界获取各种野生药用植物、动物和矿物。药用植物的人工种植离不开自然提供的淡水、土地和遗传资源、以及自然的媒介授粉作用和特定的气候条件。药用动物的人工养殖也依赖于自然提供的各种原料。药用矿物开采可能会破坏森林、植被和土壤，向生态系统排放污染的废水。而且，大规模的产业化中药材人工种植和药用动物养殖通过人为方式向生态系统输出数量庞大的物种，这种单一模式导致土地利用方式改变，对当地生态系统稳定性可能造成影响和冲击。

在产业链中下游，中药饮片与中成药的深加工和制造绝对依赖于药用植物、动物和矿物。根据我国法律，中成药的生产须以中药饮片作为原料。同时，中药饮片的加工和中成药的生产对淡水资源需求量巨大，而且对水质要求很高。饮片加工、中成药制造过程中以各种方式排放温室气体、污水和固废（药渣）等。

3　影响和依赖关系

当某种生态系统服务构成行业（或企业）的主要输入，或该服务可促成、强化、或影响行业（或企业）维持正常运营所需的环境条件，那么可判定该行业/企业依赖于这种生态系统服务，而且服务具有可计量与估算的价值，对企业来说意味着成本（损失）或效益（收益），往往具有商业风险和机会（表4-15）。

表4-15　中药产业对生态系统服务主要影响和依赖的定性分析

对生态系统服务的依赖	对生态系统服务的影响
土地：人工种植和养殖药用植物和动物，以及对药用矿物的开采，需要大量土地资源，或者转变土地传统用途	土地：大规模改变土地利用方式实施单一种植和养殖模式获取药材，对当地生物多样性的原真性和丰富性造成影响，并带来外来物种入侵的潜在风险
天然药材：包括药用植物、动物和矿物，是中药行业赖以生存和发展的基石，常用药材中70%的品种供应依赖于野生资源	药用植物/动物：规模产业化中药材人工种植/养殖通过人为方式向生态系统输出数量庞大的药用资源，对当地生态系统稳定性造成一定的影响和冲击
淡水：充足且有保证的水资源是中药种植的必要条件，而一定数量和质量的新鲜水供给，又是中药产品加工制造过程中的重要资源	水净化和废物处理能力：中药材人工种植过程中化肥和农药的大量使用是面源污染的主要污染源，而药用矿物开采也对水环境造成污染
遗传基因：是植物育种和药物研发的基础。中药材人工引种种植以及中药产品加工制造，都需要依赖于天然物种的所携带药用成分遗传基因	遗传基因：野生药材资源的无序开发和过度利用导致基因多样性降低，而大规模单一物种的密集栽培也使得一定区域内物种趋于单一
媒介授粉：天然药材和人工种植药材的繁殖发育在不同程度上都依赖于自然界的媒介授粉	媒介授粉：蜜蜂、蝴蝶、蚯蚓和青蛙等授粉媒介和益虫繁衍的自然生境和繁殖所需的生态条件因为人工种植/养殖施用的化肥和农药而被破坏
气候调控：中药材对气候条件的依赖性很大，大部分药材只有在特定的自然条件下才能存活	气候调控：中药产品加工制药过程中CO_2等温室气体排放降低了生态系统气候调控的能力
农作物：中药产品（包括保健品、植物药、中成药等）在其加工制造过程中，需要使用源于农业生产的初级产品和原料，如植物油、糖等	病虫害调控：中药材种植过程中对杀虫剂的过度依赖，替代了自然天敌对虫害的控制，导致生态系统控制虫害能力的降低

（续表）

对生态系统服务的依赖	对生态系统服务的影响
光合作用：药用植物需要通过光合作用，吸收来自太阳的能量，产生生长所需的养料	水土侵蚀控制：野生药材掠夺式开挖造成生境破坏、土壤侵蚀；而规模化中药材种植也会破坏原有植被，造成土壤扰动和养分流失，影响土壤肥力
养分循环：中药种植基地土壤的养分和肥力状况，对药用植物的质量和产量，有着根本性的影响	文化与生态旅游：中药种植基地具有美学价值

4　依赖性和影响力评价

依赖性评价指的是分析中药行业所依赖的生态系统是否构成其主要的生产原料，或是行业运行所必须的条件。如果一种生态系统服务构成中药行业企业的主要生产原料，且这种生态系统服务不存在另外一种相对成本较低的服务，则可以认为行业高度依赖于这种生态系统服务。

影响力评价指的是分析中药行业是否对一种生态系统服务的数量和质量产生影响。如果中药行业的运营使得一种生态系统服务的数量和质量产生增量变化，那么这种影响是正面的，反之则对生态系统服务产生负面影响。此外，如果中药行业对一种生态系统服务的负面影响，造成某种自然资源的匮乏或短缺，则这种影响是非常显著的（表4-16）。

表4-16　中药行业对生态系统服务的依赖性和影响力评价

生态系统服务	依赖性	影响力
供给服务		
食物—农作物	○	
原材料（木材）	◐	
淡水	●	○ －
药材资源	●	● +/ －
遗传基因	●	● －
调控服务		

生态系统服务	依赖性	影响力
媒介授粉	●	
气候调控	○	○ －
水净化和废物处理能力	○	○ －
病虫害控制	○	○ －
水土侵蚀控制	○	○ －
文化服务		
消遣与生态旅游		○ ＋
支持服务		
光合作用	●	
养分循环	●	

注：●依赖或影响程度高，○依赖或影响程度中等，＋正面影响，－负面影响。

5　估值方法

生态系统提供的服务很多属于"公共产品"，具有"不可见经济性"，因此尚未在中药行业对生态系统服务影响和依赖的分析中得到充分考量[5]。很少生态系统服务具有明确的价格，或可在开放市场直接交易。"生物多样性丧失和生态系统劣化对企业而言，既是关键的风险，也是重大的机遇。企业需量化并估算其对生物多样性和生态系统的影响，以管理这些风险和机遇"（《针对企业的TEEB》）。环境经济学已发展形成一系列、广泛使用的方法学、工具和模型，用于对生态系统服务进行货币化估值。

5.1　显示性偏好法

市场价格往往能够反映出与自然资本变化相关的价值。当存在生态系统产品或服务的直接市场，如木材和海产品，则使用价值通过随行就市的供需关系，趋同于"市场价格"或相似商品的"替代价格"，直接展示"自然的内在价值"。当某种生态影响给经济活动和生产造成影响，例如，由于湿地或珊瑚礁破坏导致当地渔业产量降低，那么"产量的影响"（或"产能的变化"或"渔民家庭收入减少")可用于作为货币化估值的参数。这些方法常常用于对生态系统的供给服务进行估值。"旅行成本"是显示性偏好法的另一种应用。它基于观察发现与市场上商品具有相互补充关系的环境服务,例如某人花钱和时间旅行到达一个可以欣赏自然风景的地方观光,通过计算旅游费用,可得出自然景观的价值。该方法假设这笔花费是个人体验价值的最低表达(否则人们将不会为此花费时间和金钱)。在另一种情景中,通过分析不同环境特征的资产价格,比如,三亚海景房比不具备类似景观的房屋所高出的"溢价",能够大致反映出生态系统的这部分价值。

5.2 成本导向法

"重置成本"也叫"替代成本"指的是用技术或基础设施等人工产品代替生态系统服务或者功能维护所付出的成本,包括投入计价、交易成本和机会成本等。例如沿海红树林抵御海浪侵蚀,如果企业投入资金人工建设一个具备类似功能的海防带所需的成本可用于估算红树林所具有的生态系统服务价值。或者在另一种情况下,"避免损害成本"预测当现有生态系统发生退化,对现有企业商业模式或资产造成的影响和损害的成本。该方法适合估算行业和企业所依赖的生态系统调节服务的价值,以及已确定的成本。

5.3 陈述性偏好法

通过询问个人对于享受由自然资本产生的非市场商品或服务特定变化的最大支付意愿或愿意接受的补偿,来推断出生态系统的价值,往往采用消费者偏好问卷,调查受访者对某项服务的"支付意愿"(WTP),或者对某项损失补偿的"接受意愿"(WTA)。该方法对确定生态系统的非使用价值非常有用。

5.4 价值转移法

由于资金、专业知识或时间的限制,用于获得一手数据(primary data)的研究往往不具备可操作的条件,并且很多评估目标通常也并不非要企业耗费大量资源开展一手估值研究才能实现。企业可借鉴和使用从其他环境(原始研究地)已经做过的类似研究及取得的相关成果,经过适当调整后作为二手数据(secondary data),转移并应用到自己所需的生态和社会经济背景中(目标评估地)——也被称为"效益转移"——被认为是一种不完善但通常有效,可替代企业直接进行一手估值研究的选择方式。因为大多数自然资本价值是基于特定环境的，因此应严格判断使用二手数据的恰当性，以避免发生重大错误。但由于该方法快捷且成本低廉，因此在企业实际应用中呈增加趋势。

　　每种类型的价值评估方法都有其典型的适用领域。相应的，对不同类型的生态系统服务，可以选择最为适用的价值评估的方法进行评估（表4-17）。

表4-17　生态系统价值估算方法适用性分析

生态系统服务		显示性偏好法				成本导向法	陈述偏好法	价值转移法
		市场价格	生产影响	旅行成本	特征价格			
供给服务		√	√					√
调控服务			√		√	√		√
文化服务	消遣娱乐	√		√			√	√
	美学						√	√

　　结合中药行业对生物多样性和生态系统服务的主要影响和依赖分析，中药行业企业开展企业生态系统价值评估过程可以应用的价值评估方法见表4-18。

表4-18　中药企业生态系统价值评估适用的方法

生态系统服务	中药行业影响或依赖	价值评估方法（示例）	
供给服务	食物—农作物	市场价格	价值转移法
	原材料（木材）	市场价格	
	淡水	替代价格	
	药材资源	市场价格	
	遗传基因	市场价格	

（续表）

生态系统服务	中药行业影响或依赖	价值评估方法（示例）	
调节服务	媒介授粉	重置成本（成本导向法）	价值转移法
	气候调控	重置成本（成本导向法）	
	水净化和废物处理能力	生产能力变化（生产影响）	
	病虫害控制	避免损害成本（成本导向法）	
	水土侵蚀控制	生产能力变化（生产影响）	

6 分析与建议

在分析中药行业对生物多样性影响时，需要考量产业化规模种植或养殖造成土地用途改变，直接利用药用动植物，排放温室气体加剧气候变化，单一种植引发外来物种入侵风险，药渣处理污染环境，药材种植施用化肥农药导致土壤肥力下降、土地硬化和面源污染等"直接驱动力"。产业链中各环节不同业务所造成生境退化和生态系统服务价值的损失，尚未纳入中药企业的成本核算体系。因此，如果将该行业损害生态环境导致社会成本（例如人们的健康、收入和生计）以中药产品的市场价格表示，中药生产的"真正"边际成本可能比现行市价高出数倍。

在分析中药行业对生态系统服务的依赖时，需要考虑生产和消费格局与产业结构变化之间的内在关系，法律法规保护措施和人口需求变化等"深层次驱动力"，促进中药行业采用适当的估值方法对生态系统服务价值进行估算。人们往往仅注意供给型服务的价值，即直接利用的自然资源，如野生或人工种植养殖的中药材等。然而对于生态系统提供的调节、支持和文化美学等服务价值，尚未被充分地识别与认知。例如中药材携带的遗传基因、种植过程中昆虫授粉服务以及土壤形成、养分循环和气候调节等，都具有很大的间接使用价值。但由于企业通常可以免费获得这些收益，因此并未纳入企业的经济核算。因此，中药行业的环境问题本质是产业结构、生产方式和消费模式的问题。需要识别、计量和估算产业对生态系统服务依赖和影响的成本及效益，以及潜在风险和机会，通过自然资本核算改进中药行业的可持续发展规划和实施。建议如下：

6.1　加强宣传和培训，提高企业的意识和能力

目前，我国中药企业意识较为薄弱，大部分尚未认识到生态系统影响和依赖对运营的重要性，因此无法了解相关风险。政府、行业协会、学术机构及其他非政府组织通过培训研讨会和案例宣传等形式，提高企业对生态系统服务价值的认知和理解。

6.2　推动工具应用，研究制定指引

国内少数领先的中药企业，已开始尝试管理由生物多样性利用带来的潜在的商业风险和机遇。但是，如何将这些信息整合到决策制定过程中，仍是非常大的挑战。因此，开发支持企业识别和应对生态系统相关风险和机遇的一般性方法及行业特定指引，促进在部门规划或行业指引中纳入。

6.3　建立影响披露制度，制定相关审核和保障标准

相较于温室气体排放和减排行动的报告，企业较少披露其关于其保护和利用生物多样性与生态系统服务相关的情况。因此，应基于对相关衡量指标和标准研究的基础上，建立信息公开或披露制度，引导企业监测、衡量运营对生态系统的影响和依赖以及所采取的减缓措施和成效，并按要求报告。同时，建立可靠的保障和机制审核，为企业披露信息提供技术支持，以验证企业表现和披露质量。

6.4　完善政策，形成基于市场的激励手段

如同气候变化能够刺激碳市场创新业务模式，生物多样性抵偿和生态系统服务付费也能激发出适合行业发展的激励措施，例如制订新的生态系统产权和交易方案（如水质交易），或者湿地附近种植区采取符合生态农业标准的生产方式以保护水生生态系统和物种等，或者，通过认证获取生态标签以获得市场溢价等。

6.5　开展企业应用示范，带动大范围企业行动

中药行业是我国特有行业，国际研究和实践应用可借鉴经验较少。目前国内尚未建立可用于监测和评价企业生物多样性和生态系统服务影响和依赖的标

准和绩效衡量指标，这给信息披露和在行业准则中纳入生物多样性相关议题带来障碍。因此，在各种部门指引、行业指南和工具包研究开发的同时，筛选代表性企业开展支持生态系统价值评估、应用的示范项目，一方面可以验证所开发指引和工具的实用性和适用性，完善相关应用技术；另一方面，可以通过典型企业具体项目的示范作用，带动全国更大范围内企业积极行动的开展。

参考文献

［1］　中药行业亟需开展自然资本核算［J］.WTO经济导刊，2018（180）：47-49.

［2］　中药行业"十五"规划［J］.中药研究与信息，2001（12）.

［3］　郭中伟，甘雅玲.关于生态系统服务功能的几个科学问题［J］.生物多样性，2003，11（1）：63-69.

［4］　中药行业：前景广阔 成长可期［J］.中国城市金融.2005（03）.

［5］　傅晶莹.深化改革 完善和加强宏观调控：对中药行业适应市场经济加快发展的思考［J］.中医药管理杂志，1994（01）.

［6］　孟小燕，于宏兵，王攀，李云飞.中药行业药渣资源化的低碳经济模式［J］.环境保护，2010（08）.

［7］　自然资本联盟.自然资本议定书［M］.赵阳，译.北京：中国环境出版社，2019.

［8］　中药行业经济运行态势［J］.财经界，2009（05）.

第五章

企业实践

一、生物多样性企业成长之路
——伊利集团自然资本应用案例

赵　阳

　　"生物多样性企业"指的是"通过保护生物多样性的活动产生利润、以可持续的方式利用生物资源，并公平地分享从利用生物资源中所获利益的公司"（Bishop 等，2008）。它们的主营业务通常侧重于以生物多样性友好的方式生产商品（如农林牧副渔、食品饮料、纺织成衣和保健品），或者可持续利用生态系统（如生物医药、生态旅游、采掘业、保健品和化妆品）并公平公正地与价值链上的多利益相关方分享所产生的惠益。

　　人类依赖于自然为生产生活提供源源不断的资源。而自然则依赖生物多样性由于具有"生命"而具备的"恢复再生"能力——生态韧性或环境承载力，一方面对工业排放的污染物进行同化吸收，另一方面通过动植物、微生物和生态群落之间物质、能量的传递交换，促进"自我修复"继续提供可再生的"服务"。然而不同区域在全球气候变化大背景下的生态脆弱性和弹性恢复的阈值是大相径庭的，加之目前经济开发"直接使用生物资源"和"土地（海洋）用途改变"和"环境污染"等所造成的损耗及影响已大大超过地球恢复补充的能力，物种灭绝、生物多样性丧失和生态系统服务退化的速度正在加快。其实，"生产和消费格局、人口动态增长才是背后深层次的驱动因素"（《IPBES–7 报告》）。总之，实际上任何一个把生物多样性（存量）和生态系统服务（流量）作为其核心业务、产业链要素或供应链风险，致力于可持续发展的公司，都可视为生物多样性企业。

　　2016年11月在墨西哥坎昆召开的《生物多样性公约》第十三次缔约方大会上，伊利集团在生态环境部对外合作与交流中心（FECO）的推荐和支持下，代表国内工商界，率先在《企业与生物多样性承诺书》（附件1）上签字。根据《承诺书》要求："在适当情况下，理解、测量和评估公司决策和运营对生物多样性和生态系统服务的影响和依赖"。2018年伊利采用《自然资本议定书》开展企业应用研究，发布《生物多样性报告》（图5-1）。目的是发掘将"生态效益"和"自然价值"转化并提升"品牌价值"的潜力，引导可持续消费，彰显企业社会责任，为未来十年金典有机奶的品牌战略和重大决策制定提供支持。该议定书适用于任何组织，但主要针对企业。

图5-1　伊利生物多样性保护报告

1　伊利应用《自然资本议定书》的企业案例

首先，企业要深入理解生物多样性与生态系统服务，自然资源与自然资源资产，存量与流量、以及效益与价值之间相互依赖和转化条件的内在关系。国际环境经济学的发展从《生态系统与生物多样性经济学》（TEEB）到《自然资本议定书》已通过阐释"自然资本"概念的内涵与外延并提供定性、定量与货币化估值的技术解决了这个问题，弥合不同部门和受众对上述四组概念之间的价值分歧。其定义为："组合起来能够产生带给人们利益或服务（流量）的地球上可再生和不可再生的自然资源（存量）"。自然资本是在自然资源里，能够通过组合产生向社会和市场流动的服务和利益的那一部分存量，因此，二者是全集和子集的关系。

其次，学习识别议题、计量实物量与核算价值量的相关技术。自然资本长期以来为私营部门（企业）和生产部门（所有产业）所熟悉，是全球五大类型资本（金融资本、建造资本、智力资本和社会资本）的转化基础，例如要使自然资源产生经济价值和市场流通价格需要投入多种不同形式的资本，而生物多样性则听起来学术化而显得关联性不强。企业笃信"如果不能计量就无法管理"（If you can't measure it you can't manage it）的管理圭臬。"自然资本核算"（Natural Capital Accounting）"是针对某区域或生态系统总的自然资源存量和服务流量的计算过程"（《联合国《环境经济综合核算体系》（SEEA）》）。核算涉及实物量和货币价值量。其中，存量=自然资源=生物多样性+非生物资源；流量=服务=生态系统服务+非生物服务。

最后，运用《自然资本（核算）议定书》。它由TEEB发展而成为国际主流方法学框架，是一个包含九个步骤的标准化流程，旨在生成关于识别（identify）、计量（measure）、评价（assess）和估算（value）对自然资本的依赖和影响，相关成本与效益，以及潜在的风险和机会的可靠、可信且可操作的信息，为决策制定提供支持。通常从定性开始，然后定量，最后估算企业对自然依赖和对社会影响的货币价值，循序渐进，下一步以前一步作为基础。反映出的"价值"并不是商品价格，而是企业从自然中获得收益所等同的价值或相对重要性。货币化有助于企业提高生物多样性保护和可持续利用的意识，激励通过技术创新或增加投入降低生态影响和自然物料的消耗。以下是根据《中国伊利集团自然资本研究与案例分析报告》对自然资本核算标准化流程共九个步骤的分别简述。

步骤1：为什么要进行自然资本评估？

伊利集团近年来在环境领域已开展多项行动，规避潜在的运营风险并实现重大生态效益。例如，在国内行业内率先加入《联合国全球契约》。连续7年与SGS合作全面开展碳排查。投资自建污水处理厂，日处理能力近15

万吨，年降解有机污染物约5.5万吨。金典牛奶通过使用FSC标准绿色包装，平均每年降低包装纸使用量约2800吨，相当于5333.33公顷（8万亩）森林。联合WWF组织公益科考团，带领消费者展开湿地守护行动。已累计保护湿地面积26万平方千米。携手新西兰当地公益组织实施野生三文鱼保护项目。为有效推动生态环境保护，集团建立"可持续发展委员会"，落实"绿色供应链"实施。《伊利集团生物多样性保护报告》是我国历史上企业首次发布此类型的报告，系统地介绍了公司内部推行的生物多样性保护措施，同时包含了对外开展的相关项目。该报告显示：2017年伊利共投入1.8亿元用于环保建设，能源消耗密度已降至0.0525吨标准煤/吨，全年共减少能源消耗35700吨标煤。各单位均有污染物突发事故预防机制。伊利自建污水处理厂（站）的日污水处理能力近13万吨，年降解有机污染物（COD）约4.6万吨。废气、废弃物和废水处理均符合国家法律法规标准要求。金川万吨级污水处理厂将厌氧系统产生的沼气进行了综合利用，建设了沼气电站，沼气年发电量达92万千瓦时。携手世界自然基金会开展"东北湿地保护项目"，效果尤为显著，共建立水鸟监测点39处，推广可持续玉米种植2200公顷（3.3万亩），节水可保护湿地3600公顷（5.4万亩）。

为使企业生态环保行动更具长期性、战略性和体系化，集团决定应用《自然资本议定书》识别相关措施所产生的生物多样性价值和生态系统服务的效益，量化与估算它们转化为金典品质和品牌价值的路径和投入产出比，以及改善内外部沟通策略，包括：

（1）企业内部：用于增加理解金典对自然资本的依赖与影响的性质、程度、后果，相关成本和效益，以及潜在的风险（如生态损害赔偿）与机会（如吸引投资）；

（2）外部沟通：所需必要信息，为金典倡导的"健康有机、生态友好、绿色低碳"发掘、提炼证明价值的数据和证据，包括定性、定量和货币化估值与核算，用于"价值沟通、实现价值"的品牌目标。

步骤2：评估目标是什么？

最初评估仅限集团内部。后期将根据评估结果，保证投资机构、供应商和监管部门参与信息分享，包括：

（1）了解金典业务和自然的内在关系，以及与长期盈利能力和市场价值之间具有哪些相关性；

（2）识别哪些农牧原材料供应或制造设施容易遭到环境风险或生态损害导致的社会风险，如何选择采取相应减缓措施；

（3）使用定性、定量和货币化估值方法，在金典价值链上发掘将"生态效益转化为品牌口碑"的潜力，记录相关数据、依据和证据，为战略（决策制定）和战术（具体举措、行动）提供如下支持。

① 规避运营风险

例如对确定由于企业过度依赖或排放导致重大影响的"自然资本变化"采取措施，避免对企业自身的风险和对社会的后果如诉讼赔偿。同时，有利于优化、比较和权衡不同的备选方案，譬如当将"生态红线"纳入考量后，牧场、工厂或仓储的选址则可能不同，物流交通路线也或许要改道。

② 提高财务绩效

例如对未来可能从自然资本转变为自然资源的生产资料或生态系统服务建立台账，或在财务报表"损益表"中列支。

③ 吸引责任投资

例如自然资本核算有利于更准确地反映企业的总值、市值，反映无形资产和品牌价值，甚至能作为招商、引资证明文件。同时，企业采取"碳中和"、"生态足迹"和"抵偿"等"缓解层级"的措施和行动，将"外部性内部化"，实现"生物多样性零净损失""净积极影响"，能有效地吸引可持续投资，如赤道原则、ESG 和 UNPRI 等，或者具有国家主权的基金，如法开署 AFD、挪威政府养老金等。

④ 改善社会关系

例如评估与核算企业和自然之间互动关系可用于企业发布报告、披露信息、沟通多利益相关方和提高美誉度，为企业社会责任增加新的内容实质性和可读性，或者应对公关危机、社会舆论。譬如当面对生态补偿、赔偿和罚款时，企业可评估其正当性和数额的合理性等。

步骤 3：达到目标的适当范围是什么？

评估范围将根据数据可获得性，覆盖直接业务活动和部分重要的供应链环节，例如饲料和包装材料。对于那些为直接业务所做的投入，如肥料则不在评估范围内。

（1）金典对自然资本的依赖。例如，用于奶牛养殖、仓储和工厂的土地，饲料作物需要农田水利、昆虫授粉、碳水化合、土壤营养等多项生态系统提供的供给、调节、支持服务。

（2）金典对社会的影响。例如，物流体系的温室气体排放，制造设施排放水体、土壤和大气污染物。生态系统具有调节作用，能够对污染物进行同化吸收。如果环境承载力的阈值被突破，则将造成生物多样性丧失、人们健康和家庭收入遭受损失等社会后果。

（3）对金典自身影响。指的是企业向自然一味过度索取和无组织排放，将导致政府出台严厉政策（如环境诉讼、损害赔偿、生态补偿、排污费、许可证、特许经营和配额等），强迫企业采取措施"将外部性内部化"，强加更多的运营成本和风险。

步骤4：确定哪些影响和依赖是实质性的？

确定将对以下可能对金典产业链导致重大成本和效益的影响及依赖进行评估，分析相关的潜在风险与机会。企业采取针对风险的措施（过度的依赖和导致社会成本的排放一样，也是风险）所做的投资计为"成本"，在很大程度上反映了自然为企业提供"效益"的货币价值，这在企业管理称为"影子价格"和"外部不经济性内部化"。虽然企业投入改进工艺或减少污染增加了运营成本，但降低了类似三鹿奶粉三氯氰胺事件导致的"沉没成本"（sink cost）。

在分析过程中，由于伊利金典产品线和供应链涉及具有"相关性"的议题很多，无法都被纳入到自然资本核算当中。因此根据以下"实质性标准"进行筛选：

（1）对公司财务报表产生影响——可能违反法律合规或丧失投融资机会。

（2）在运营中具有潜在的环境和社会后果——与主流的行业规范或自愿性社会标准不符，导致营销和品牌和声誉蒙受损失。

（3）重要利益相关方关注——例如，投资机构、政府监管部门、消费者和行业协会等。

如果某一议题符合上述全部，则被优先排序。根据该标准和统筹考虑，确定以下议题"具有实质性"且同时兼顾了供应链，将被用于本次自然资本评估（表5-1）。

表5-1　自然资本影响和依赖导致企业成本及后果的示例

风险议题		环境成本和社会后果
影响	节能减排设施不完善使人们蒙受健康损失	空气、饮用水和重金属污染如汞超标
影响	未认证的包装材料可能使用了非法砍伐的树木	森林生态系统退化
影响	草原牧场粪污处理不彻底致地下水污染	生态修复的社会成本
影响	仓储和物流体系排放温室气体	气候变化加剧
依赖	奶牛玉米和苜蓿饲料种植所需土地	土地用途改变导致碳释放和生物多样性丧失
依赖	饲料农作物由于授粉昆虫种群数量或水资源下降而使用高付费的人工授粉和采水服务	增加企业成本

步骤5：识别已确定影响驱动因子指标及数据源

"影响驱动因子"（impact driver）是估值的重要概念，指的是以下两方面原因（因子），可导致自然资本发生变化并导致实质性(material)后果的情况：

（1）物料投入（input）：包括淡水、土地和各种来自例如农牧部门的初级生产产品及原材料(如食品、纤维和矿石)。

（2）非产品输出（output）：各种排放，包括空气、水体和固废等。

以用于金典有机奶的奶源供应为例，每吨牛奶原料生产所需土地、饲料、淡水等消耗，以及哪些种类、多大数量的污染。这只是供应链的农牧生产环节，纵观金典整个产品生命周期（包括农业、畜牧、生产制造、包装、仓储、物流、分销、消费和回收），需要识别能够反映比较重要的物料投入和污染物释放变化的数据源和估值方法（附件2）。

步骤6：计量自然资本状态的变化

为降低影响和依存度，金典在整个价值链上采取以下多项措施，并对它们将导致自然资本的状态和趋势，以及产生何种及多大变化进行评估：① 基于湿地保护的可持续玉米种植；② 利用沙漠土地流转培育苜蓿牧草；③ 牧场粪污处理种养循环；④ 生产三废管理；⑤ 锅炉改造节能减排；⑥ 应用可持续森林管理（FSC）标准包材；⑦ 全面碳排查；⑧ 与中铁合作多举措物流管理；⑨ 投资惠及地方少数民族生计的吸管厂；⑩ 废水处理厂沼气发电；⑪ 保护新西兰野生三文鱼等项目，以及一系列其他措施（制定可持续消费指数、对标联合国可持续发展目标SDG、在企业社会责任体系中纳入生物多样性指标等），基本覆盖了全产业链和可持续发展管理的多个维度（附件3）。例如，铁路运输提高效率，减少土地压力和公路碳排放。采用可持续农业标准种植玉米，避免径流和面源污染并投资修复湿地为当地提供了净水和休憩。同时利用湿地为当地中小学生提供自然教育。绿色牧场奶牛学校向牧民传授粪污处理、土地管理、污染防治和循环生产的课程。这些都是自然资本与人力（智力）资本结合的例子，彰显从生态效益向社会价值的提升。如果单从生物多样性保护角度，则无法识别和提炼出来。

　　企业要注意拟计划或已采取的措施将在以下三方面产生哪些变化（定性—消极还是积极）和多大(定量计算物料投入和排放减少了多少千克)，货币化核算（例如根据水价、一吨碳在环境交易市场的价格和排污费）直接经济效益，以及定性、定量和估算通过贡献改善当地生态系统服务质量/数量而减少的社会后果性支出（例如减少了环保部门用于生态修复的公共资金投入和缓解了人们呼吸道疾病花费，或增加了附近湿地公园的门票收入），一般需要通过建立模型预测或浏览历史文献记录得出结论。

　　（1）对自身影响

　　对企业当前财务成本或收益产生影响：例如，环境税、罚款或补偿款、污水排放或废物处置费等成本，供应商管理致使物料价格上升，对产品自然资本影响的负面宣传导致销售下降等。

　　对企业未来潜在的财务成本或收益产生影响：例如，预计新法规或税收政策出台将导致未来运营成本增加，或新债务产生。

　　（2）对社会影响

　　企业的环境影响导致人们福祉和社会资本发生广泛变化。

　　企业由于供应链遭受风险而无法采购到足够原材料。

　　企业过度依赖自然资源产生招致社会后果。

（3）企业依存度

当前和未来财务成本的预测比较。

供应链直接或间接依赖的成本变化。

步骤7：估算影响和依赖

以依赖为例，我国环境标准和生态红线政策，以及公共意识和维权行为，在一定程度上加重了企业对土地使用申请或资源获取资质的限制。金典通过科技创新，利用市场上可流转的沙漠土地培植苜蓿作为种牛饲料，不但扩大了企业可用土地，而且增加了沙漠生物多样性，所实现的生态价值和社会经济效益可通过自然资本估值方法估算。在基于湿地修复基础上种植有机玉米的案例中，湿地有利于同化吸收作物种植不可避免的面源污染和径流风险，如果采取可持续的农业标准则可实现双赢局面——金典将用于污水处理的人工基础设施投资用于具备同等功效的自然基础设施修复和维护。使湿地不但支持一定规模的农业生产（必须注意要使经济活动保持在自然能够自行弹性恢复，即"生态韧性"的阈值内），还为当地民众提供淡水资源和休憩休闲的生态系统服务，以及为中小学生提供自然教育的机会。在上述的不同土地类型中（沙漠和湿地），作物人工传粉的成本仍然比较高，随着生物多样性改善和自然授粉昆虫种群数量增长，将逐步降低在这方面的商业投入。

以影响为例，不论是伊利投资锅炉节能改造和"三废处理"的工厂设施，还是金典包材采用FSC标准，以及牧场"粪污管理"、全面核查碳排放和废水处理沼气发电等，决策的制定如果没有考虑对自然资本的影响将在未来可能导致货币化的社会成本，则是不明智的。例如金典的牧场粪污对淡水的影响有两方面，一是消耗的水量；二是粪污处理不当造成的水体污染。在估值中应采用至少10年期的净现值和财务贴现率（如10%）以反映企业内部的资本成本，以及社会贴现率在（如3%）进行折扣。在外国企业的案例中多使用世界卫生组织（WHO）发布的"残疾调整生命年"（DALY）研究方法，将霍乱等腹泻和哮喘等呼吸道疾病的流行几率变化与当地清洁水供应或大气质量相关联。即使企业现在不必为此（排放水体和大气污染物）承担任何后果，但仍然需要计量（排放量）和估算未来10年期的"企业"排放成本（如增加治污设施，被监管部门罚款或强制生态修复和补偿周边社区居民、面临公益组织的环境诉讼造成品牌口碑下滑等），以及可能造成"社会后果"的成本，可以使用DALY

显示"货币价值",使决策层了解"环境成本"导致"社会后果"的更深层次的运营风险。

步骤8:解读和测试评估结果

经过评估,集团已明确哪些确定哪些成本节约和收入机会与自然资本有关,那些业务活动由于过度依赖和影响自然而将置金典于严重的风险当中,以及如何通过探索不同类型的土地用途或新环境市场获得更多收入。在对不同方案比较中,例如,在哪里投资惠及地方生计的吸管生产厂,该评估由于纳入了综合效益并显示出"未计入市场价格的隐藏价值",因此对决策提供了更具前瞻性的支持意见。同时,从自然资本角度,揭示出以前未被重视的社会风险,例如,如果厂区未来有可能被划入到生态红线内,那么哪怕投资具有再大经济和社会效益也不能继续。

步骤9:评估后采取行动

评估后,金典将自然资本融入现有品牌管理体系中,基于实质性分析,将影响品牌的议题按优先顺序排列,帮助企业建立可行、长远且有意义的战略目标。除了继续完善已进行的11个环保项目,制订发布《2018伊利集团生物多样性保护报告》和《简报》,后续的具体行动还将包括以下两方面:

(1)建立公司"环境损益账户"(Environmental Profit & Loss,E P&L)

E P&L是按照财务会计学方法,将直接运营及供应链对生态系统服务的依赖和影响进行计量和货币化估值后,核算相关成本与收益,并纳入公司财务分析和商业决策的具体应用。该账户有利于企业理解国家"自然资源资产负债表"、地方政府"绿色GDP"与"生态系统生产力"(GEP),以及"生态红线"和"保护地体系"等政策性的综合核算和生物多样性保护工作的要求、进展和潜在机会。例如支持企业向当地林草、土地规划、沙漠和湿地等相关管理部门申报"生态友好型"农业种植或"循环经济型"粪污处理与奶牛种养一体经济项目,通过直观展示综合经济环境和社会效益的货币价格,获得政府审批和所需要的重要自然资源用于企业产业布局。

(2)基于"情景分析"的决策预测

"情景分析"(Scenario Analysis)用来预测可能事件的发生过程和探讨有关不确定未来的不同选择,例如替代方案、经营惯例和所期望的愿景。在描述事物特征、发展态势和机率，预测风险与机会等方面具有广泛应用，分析应该至少包括"未来推测"情景和"基线"情景，用以比较相对于基准水平将会发生哪些影响，何种性质及多大后果。例如在伊利决定在西北投资吸管厂拉动当地少数民族就业，以及在东北松嫩平原修复湿地与生态农业种植有机玉米等决策中，企业对自然基础设施投资（即金融资本投入），使自然资本转化为产生收入、利益和服务的流量，投资与否、在哪投资、规模多大、环境影响如何缓解中和、经济效益和社会产出几何、是否可持续，能否满足当地排放总量不增长（上限）和生态质量不下降（下限）等问题，都是可以通过定性、定量和货币化的自然资本核算而回答，基于"情景分析"而预测出来，这样避免了企业由于未能全面考虑或预估生态环境和社会因素变化而投资失败的风险。

附件1：伊利实施联合国《企业与生物多样性承诺书》倡议

《企业承诺书》要求	伊利实践
在适当情况下，理解、测量和评估公司决策和运营对生物多样性和生态系统服务的影响和依赖	–连续7年与SGS合作开展碳排查 –在《伊利绿色产业链战略》中纳入生物多样性
采取行动，将对生物多样性负面影响降低到最小，并优化对其产生的积极影响	–联手利乐和康美对金典品牌进行FSC认证包材应用 –金典持续发力有机农业发展，开发牧场种养结合粪污资源化，综合循环利用的新农牧业生态循环模式达到资源的综合利用和零排放 –伊利大西洋乳业生产基地致力于怀塔基河流域的野生大马哈鱼的保护
开发生物多样性管理计划，包括对整个供应链采取相关行动	–已在绿色产业链、企业社会责任等企业战略中纳入了生物多样性 –执行十几个生态环保项目，例如东北湿地保护与可持续农业发展项目，规范当地农业种植保护草原湿地系统，优先采购有机玉米
定期报告公司对生物多样性和生态系统服务的依赖和影响情况	–发布生物多样性报告、生物多样性简报和在企业社会责任报告中纳入生物多样性

（续表）

《企业承诺书》要求	伊利实践
提高我公司员工、管理人员、股东、合作伙伴、供应商、消费者和更广泛的企业界以及金融部门对生物多样价值的认识	−建立绿色牧场学校传授奶牛养殖技术，利用管理的湿地为当地学校提供自然教育 −开展内部员工培训，覆盖多个生产基地和分支机构
担当具有生物多样性责任意识的相关标准的推广者，专注经济机会和解决方案，帮助加强和传播将生物多样性价值更好地融入商业决策的商业案例	−学习、运用《自然资本议定书》，翻译《食品与饮料部门自然资本指南》用于企业内部学习 −开发自然资本研究报告及企业案例 成果已发布，包含培训人数，培训效果，项目受益人群，资金使用情况等
在不同场合和机会中与其他企业进行接触，分享进展和经验，鼓励其他公司采取类似行动	−多次参加国内外相关活动，如《生物多样性公约》第十三次、十四次缔约方大会，以及"5.22生物多样性国际日" −开发行业绿色消费指数，号召供应商贯彻保护
采取措施运筹资源来支持对生物多样性的具体行动，在适合条件下解释并监测资源的使用情况	−在金典产品包装上呈现生物多样性信息，倡导大众消费者的保护意识和责任消费理念 −与电商企业阿里巴巴、喜马拉雅音频和知名摄影师合作提高公众生物多样性意识
提供所采取行动的相关信息和披露对上述议题工作所取得的进展情况	−发布《2018伊利集团生物多样性报告》和《生物多样性简报》

附件2：自然资本核算和估值方法

金典计量效益所需数据	自然资本的变化	直接计量法	建立模型法	建模详细方法
直接运营的制造业务三废治理和节能减排 • 废气种类－定性 • 废气减排－千克 • 废水种类－定性 • 废水减排－吨 • 固废种类－定性 • 固废减排－吨	空气、水和土壤的污染物浓度变化	直接计量水、空气或土壤质量	"生命周期影响分析"（LCIA）相关文献提供了"特征因素"，用来描述由于企业排放资源使用（即"废物输出流量"和"要素投入流量"）而导致的自然资本变化的一般观点。这些因素只能作为潜在变化的很少考虑当地环境或社会经济条件，如富营养化或酸化的可能性	使用不同的"命运模型"（fate model）可根据生物物理品的化学性质和特定污染物在不同介质中的持久性和转移，分析化学质和水的相移。大多数空气和水的相关方法则可同展示时间和空间的"扩散模型"（dispersion modelling）。对于同土壤排放，首先需要估算污染物在土壤、空气和水之间转移的路径
利用流转沙漠土种植苜蓿面积－亩	土地覆盖情况的变化	评估横断面植被和其他物种的密度、年龄和/或物种分布	可从土壤、降雨数据、人类住区和基础设施等预测土地覆盖情况变化的可能性	遥感数据可用于计量和模拟与土地覆盖相关的一系列变量（例如碳汇、初级生产力和水循环）
利用沙漠流转土地首苜种植面积－亩	干旱变化情况	直接测量旱季导致损失的变化	基于历史事件的风险评估	根据景观和气候预测的物理特征，水文模型可用于计算风险因子

（续表）

金典计量效益所需数据	自然资本的变化	直接计量法	建立模型法	建模详细方法
基于湿地保护的可持续玉米种植（有机认证） • 鸟类种类 – 种类 • 鸟类数量 – 个体数 • 湿地中鱼类种类和数量	鸟类、鱼类、水生种群的变化情况	基于捕获量或生态调查法的直接计量（变量取决于物种和地理位置）	具有通用数据输入的基本人口动态模型	基于关于人口存量的主要数据、现有压力和人口恢复统计数据而形成的详细人口动态模型
• 粪污处理数量 – 吨 • 牧场周边物种种类和数量增加幅度 • 湿地附近有机玉米产量和用水比 – 百分比 • 修复的湿地面积 – 亩 • 水源涵养的枯荣水面 – 亩 • 施肥污水处理排放 – 吨 • 处理的工业废水 – 吨 • 废水厌氧沼气发电（度）	变化的性质、规模和效益			
• 利用流转沙漠土地种植苜蓿作物的碳封存 – 千克 • FSC包材数量 – 个 • 使用铁路运输 – 千米 • 减少公路运输的温室气体排放 • 锅炉用煤减少 – 吨 • 减少用煤缓缓温室气体排放 – 吨	气候变化	不适用 可建模了解企业目前排放贡献未来气候变化的情况。然而由于某些变化尚未发生，因此不作直接计量	气候模型是一门复杂的科学。联合国政府间气候变化专门委员会（IPCC）发布了几种可应用于企业评估的场景，以确定当前和预测全球或区域的气候变化情况。定制模型也是可行的，但对大多数公司而言可能并不具有成本效益	

（续表）

金典计量效益所需数据	自然资本的变化	直接计量法	建立模型法	建模详细方法
随着水资源稀缺性加剧，企业用水可能对当地水供给量产生越来越大的影响。企业期望避免过量排放，以维持当前的空气质量。然而预计制造工厂周边环境污染水平和影响规模都会增加，这将体大企业排放的效应。	缺水情况的变化	直接计量可再生淡水储备	不同地理空间尺度的水稀缺和压力指数可用于估算企业增加或减少用水量后的变化	水文模型（hydrological model）提供了水循环过程的简化视图，用来估算这些过程变化如何影响系统中不同部分的水的可用性
	侵蚀的变化情况	直接测量地表土流失和当地水道沉积	根据对已给定类型的公开因子，包括土壤、气候和土地管理技术等，进行估算	过程模型（process model）可用于同时考虑景观的局部物理特征和气候变化的驱动因素人格化的反馈，导致侵蚀的水文
	生产设施周边人们健康情况		WHO发布的污染量-反应函数数用于预估肺癌、支气管炎和心血管等疾病对健康影响的潜在发生概率，其估值方法与用水量的估值方法相同	借鉴由世界卫生组织（WHO）发布的一项研究，该研究认为，霍乱等腹泻一类水传播疾病的流行程度变化与清洁水供应有关。WHO研究作出关于"残疾调整生命年"（DALY）的估算是货币估值，主要根据（例如OECD发布的）对统计生命价值的预估

附件 3：伊利采取的生态环保措施覆盖全产业链和可持续发展框架的多个维度

产品生命周期	农业	畜牧	生产制造	包装	仓储、物流、分销	消费	其他具体措施	
伊利已实施项目	可持续玉米种植及湿地保护	沙漠土地流转种植苜蓿牧草牧场污粪处理种养循环	生产三废管理；污水处理厂沼气发电；锅炉能源效率；SGS碳排查；投资吸管厂	应用可持续森林管理FSC标准包材	与中铁合作"绿色物流"	研究发布"伊利中国消费升级指数""伊利中国可持续消费指数"	玉米种植农户受益：优先采购可持续玉米种植农业教材地方参与：吉林省农业科学研究院、东北师范大学信息披露：生物多样性报告、简报、可持续发展报告湿地提供自然教育课程建立绿色牧场学校传播技术	成立伊利可持续发展委员会，负责生物多样性保护企业社会责任管理体系全新升级，构筑"共享健康可持续发展体系"（WISH）	携手新西兰NGO，保护当地野生三文鱼湿地修复荒漠化防治
可持续维度	采购	供应链	直接运营	供应链	直接运营供应链	制定标准产业影响	社会治理惠益分享	公司治理	社会责任社会公益

参考文献

［1］　自然资本联盟.自然资本议定书［M］.赵阳，译.北京：中国环境出版社，2019.

［2］　https：//www.cbd.int/business/pledges/pledge.pdf.

［3］　伊利集团《生物多样性保护报告》.https：//www.yili.com/cms/rest/reception/files/list?categoryId=41.

［4］　孟金睿.企业创新行为探究：以伊利集团为例［J］.河北企业，2020（07）：109-110.

［5］　伊利乳业：你用生命相拼，我用营养守护［J］.中国乳业，2020（04）：8-9.

二、善用自然的能量——中国广核集团自然资本核算研究

毕冬娜　杨时惠　代奕波

1　核电行业背景分析

可持续发展已成为当今世界发展的重要趋势，减少对煤、石油等化石燃料的依赖，提高清洁能源在本国电力能源结构中的比例已成为许多国家的战略选择。核电属于高效清洁能源，具有无间歇、波动小、受自然约束少等优点，可大规模替代火电提供稳定可靠的电力来源。1千克铀235完全裂变产生的热量与2700吨煤燃烧产生的热量相当，可发电约5130万千瓦时[1]。根据世界核协会的数据，到2019年底，全球净核发电容量为392.4GWe。根据英国石油公司（BP）2019年发布的《BP世界能源统计年鉴》，2018年全球核电发电量占全球总发电量的10.15%[2]。近年来，中国在发展模式转向经济、社会与生态环境共同发展的背景下积极推进能源转型，加快电能替代步伐。截至2019年7月1日，中国拥有47座在运反应堆，总净容量为44.5吉瓦[3]，未来核电在中国具有广阔的发展空间。

核电行业依赖产业链上游的天然铀矿开采、提纯与核燃料棒、核燃料组件加工，生产运营环节需要投入大量淡水、海水、土地等自然资源，依赖稳定的气候条件，在全生命周期运营过程中不可避免地会给生态环境带来一定影响。因此，发挥核电作为清洁能源对生态环境的积极影响，控制和避免其对环境和人类健康的消极影响，成为全球核电行业普遍重视的关键议题。

为引导核电行业安全可持续发展，妥善解决经济效益与环境效益之间的平衡问题，国际社会和各国政府陆续制定了一系列规范标准，采取了一系列监管措施。20世纪60年代，法国专门设立ASN核安全局，主要负责监管核电站，

检查核电站的技术合规性及其组织和人力资源（培训、管理、环境保护、工人辐射防护等）[①]；1994年，国际原子能机构发布《核安全公约》，提出缔约方应在核设施选址阶段评价其预定寿命期内可能影响安全的一切相关因素，包括核设施对个人、社会和环境安全可能造成的影响。英国《2013年能源法案》提出，新核电站在建设启动前须向主管部门提交有关废弃物管理和处置等相关计划，引导核电企业可持续经营。中国2003年颁布的《放射性污染防治法》[②]规定，核设施选址应当进行科学论证，与核设施配套的放射性污染防治设施应当与主体工程同步进行。2017年颁布的《中华人民共和国核安全法》规定核设施营运单位应当对周围环境中所含的放射性核素的种类、浓度以及流出物中的放射性核素总量实施监测，对地质、地震、气象、水文、环境和人口分布等因素进行科学评估，并向主管部门提交安全分析报告。

全球领先的核电企业已意识到核电发展与生态系统之间相互依存的关系，主动开展生物多样性管理实践。法国电力将"对生物多样性采取积极做法"确定为企业社会责任目标，承诺在2020年评估其所有工业设施周边场地的生态敏感性（包括在24个国家和地区的近1000个站点），并采取适当的行动保护或提高生物多样性。此外，法国电力还在控制土壤人工化、土地资源生态学研究、实验性开展运营生态补偿等领域开展实践，获得法国环境部"SNB(法国生物多样性战略)认证"[③]。美国西屋公司总结规划、工程、技术开发、采购、制造和交付、安装、测试、调试、培训、文档、许可和干活性废物、液体、污泥、浓缩物等放射性废弃物处理系统的全流程运作经验，形成了一套废弃物管理经验，在降低处置成本、提高安全性的同时保护生物多样性。俄罗斯国家原子能公司在2018年的环境投入为242.4亿卢布，其中大部分资金用于空气质量保护（74.9%）以及水资源保护和管理（21.3%）[④]，公司还对工业活动影响下的底土状况进行设施监测，定期监测受工业活动影响的底土和地表水圈状态变

① 法国电力网站https://www.edf.fr/en/edf/safe-competitive-energy.
② http://www.gov.cn/flfg/2005-06/27/content_9911.htm.
③ 法国电力公司网站https://www.edf.fr/en/the-edf-group/our-commitments/corporate-social-responsibility/a-positive-approach-to-biodiversity.
④ 俄罗斯国家原子能公司网站 http://www.rosatom.ru/social-respons/environmental-management/.

化，进行评估和预测改变并实施改善管理。

表5-2　核电行业对自然资本的影响和依赖

影响／依赖分类	对自然资本的影响／依赖
对自然资本的依赖	- 上游铀矿开采、核燃料组件加工和运输使用和消耗铀矿、锆矿、汽油、柴油等资源 - 直接运营环节使用淡水、海水和土地等自然资源，依赖稳定的气候条件保障核电站安全运营 - 下游发电并网、输配电环节电缆、电塔消耗铝、铁、橡胶等自然资源
对核电行业的影响	- 合规对财务状况产生影响（环保税、各类环境相关审批和监测成本） - 未来更严格的生态环境相关法律要求出台带来的运营成本提升 - 在运营过程中提升基于自然的解决方案意识
对社会的影响	- 放射性废物排放空气、海洋可能导致的人类健康、福祉等社会资本发生变化 - 温排水排入海洋，对周边海域海洋生物生存环境产生影响 - 运营产生温室气体对生态系统和物种栖息地、人类健康产生影响 - 利用自然资本产生相关社会成本或效益（生态核电科普、景观和工业旅游、周边社区居民生计改善）

　　由于政策法规以及政府监管不断加强，市场投资环境日趋绿色低碳化，利益相关方对核电行业可持续发展提出了更高要求。核电行业意识到自身业务对自然资本的影响和依赖，这种影响和依赖将会对行业可持续发展带来一系列潜在的风险和机遇（表5-3）。

表5-3　核电行业面临的风险和机遇

类别	风险	机遇
运营	• 自然资源供应的可持续性 • 自然资源使用成本上升 • 自然资源可获取性降低	• 开展技术改造以提升核反应堆热能使用效率 • 进一步完善废弃物排放处理 • 采用基于自然的解决方案处理污染物排放问题
合规	• 环境保护政策法规趋严 • 放射性废弃物处置规定更加细化 • 职业健康政策法规趋严	• 提升环境合规意识 • 环保合规绩效达标获得政府奖励

（续表）

财务	• 因环保合规要求而提升海外投资审查门槛 • 资本市场和企业债融资与环境绩效挂钩 • 可能支付更多的环境成本	• 采取保护生物多样性和生态系统的措施以规避潜在的财务风险 • 通过提升自然资本净效益提升投资者投资意愿，如发行企业绿色债券 • 发展与生态环境相关的第三产业（如生态核电科普、工业旅游等）创造新的效益
品牌形象	• 来自环保公益组织的压力 • 由邻避问题引发的社区压力 • 由环境与社会负面影响引发的舆情危机	• 树立负责任、可持续的品牌形象 • 提升沟通传播效果，获得社区与公众理解支持 • 打造良好雇主品牌

2 企业生物多样性解决方案

2.1 企业简介

中国广核集团（以下简称"中广核"）成立于1994年，是一家总部位于广东省深圳市的特大型清洁能源企业，核心业务涵盖核电、风电、太阳能等多种清洁能源发电。中广核以"优化能源结构，驱动绿色生活"为企业使命，将生态环境保护纳入公司战略并制定短期、中期、长期环境保护目标，建立EMS环境管理体系，对发电项目所在地周围环境开展持续监测。2019年，中广核在发布年度企业社会责任报告的基础上，首次发布全球可持续报告和《大亚湾核电基地生物多样性保护报告》，对企业在生物多样性保护领域采取的行动和取得的成效进行专项信息披露。

中广核以生态核电为发展理念，在建设与运营过程中致力于与周边自然环境、社会环境"共生、互生和再生"。中广核认为，核电作为"友善者"，要在保持原生态自然平衡的基础上，与其共生融合；核电作为"参与者"，通过项目建设带动周边村镇发展，与环境之间交互作用，实现与环境互生共享和新的更好的生态平衡；核电作为"贡献者"，通过提供清洁电力能源等优质的生态产品，构建绿色、和谐、繁荣的核电产业链生态圈。

在努力达成中长期环境保护目标的框架下，中广核启动对所属大亚湾核电基地的自然资本评估研究项目，采用资本联盟于2016年发布的《自然资本议定书》方法学，对大亚湾核电基地的生产和运营活动对自然资本的影响和依赖进行定性、定量和货币化评估，项目成果将为企业未来在业务运营与生物多样性管理、环境风险管理等领域进行相关决策提供参考依据。

2.2 生物多样性解决方案

大亚湾核电基地位于广东省深圳市大鹏半岛，西距深圳市中心区直线距离约45千米，西南距香港特别行政区中心区的直线距离约50千米，拥有大亚湾核电站、岭澳一期和岭澳二期核电站共6台装机容量为百万千万级核电机组。其中，大亚湾核电站是中国首座大型商用核电站，1987年开工建设，于1994年5月6日正式投入商业运行；岭澳一期核电站主体工程于1997年开工建设，2003年建成；岭澳二期核电站主体工程于2005年开工，2011年全面建成。大亚湾核电基地由中广核下属大亚湾核电运营管理有限责任公司运营，已通过ISO14001环境管理体系认证，年发电能力超过450亿千瓦时，清洁能源发电产生的环保效益相当于每年种植10万公顷森林。截至2019年底，大亚湾核电基地实现累计上网发电量7551.92亿千瓦时。

图5-2 大亚湾核电基地

　　大亚湾核电基地在陆地占地面积为10平方千米，有11千米蜿蜒的海岸线环保核电基地，其所在的大鹏半岛属于典型的亚热带气候，基地周边有200余种陆地野生动植物，所在西大亚湾海域自然条件优越，动植物生境多样化，是游泳动物、浮游动植物、潮间带动植物众和底栖生物等众多海洋物种的栖息地。在大亚湾核电基地附近5千米范围以内拥有常住人口2567人[1]，共计11个自然村，分布有明代历史古迹大鹏所城以及较场尾民宿小镇，每年接待大量游客。大亚湾核电基地周边社区居民生计方式以旅游业为主，另有东山村村民主要从事渔业，当地已无粮食、水果生产，畜牧业也大幅萎缩，粮食、水果、肉类等基本来自外地。

　　为保护周边生态环境，促进社会和谐发展，大亚湾核电基地在运营过程中持续开展环境监测。在半径10千米范围内设置有10个环境监测点，并在中广核总部展厅显示实时数据；在周边海域投放5组海水监测浮标，对海水水质进行实时监测；定期对基地周边空气、土壤、地下水以及生物样本进行取样监测。通过长期监测，发现基地周边环境的放射性水平与核电站运营前的本底数据相比没有发生变化，海水水质良好，有97.1%的指标达到国家一二类海水水质要求。大亚湾核电基地在施工建设结束后，采取物种生境修复措施，种植树木草地，为员工创造优美的厂区生态环境。核电基地还设有专业的生态核电科普展厅，每年接待中小学师生、周边社区居民到此参观，同时也吸引了大量游客，2018年被评为为深圳市大鹏新区首批生态文明宣教体验中心（自然学校）。随着业务的发展，大亚湾核电基地以直接和间接的方式累计为周边居民创造12.4万个就业岗位[2]。

图5-3　每逢春夏之交，都会有成群的白鹭飞临大亚湾核电基地，成为发展生态核电的见证

---

① 数据来自2017年11月完成的《大亚湾核电基地周边人口分布和外部人为事件调查报告》。
② 数据来自《中国广核集团社区发展白皮书》。

3　大亚湾核电基地自然资本评估研究案例

大亚湾核电基地自然资本评估研究项目采用《自然资本议定书》方法学，通过识别、计量核电基地对自然资本影响与依赖，评估业务带来的自然资本状态和趋势变化，以定性、定量和货币化的方式评估对于自然资本的影响和依赖程度。以下主要对"确定评估范围阶段"和"估算影响和依赖阶段"进行阐述和分析。

3.1　确定评估范围阶段

（1）评估目标和范畴

作为首次尝试开展的自然资本评估研究项目，本项目的评估目标是开放且多元化的，主要包括以下4个方面内容。

评估风险和机会。评估大亚湾核电基地对自然资本影响和依赖的性质和程度，以及相关风险与机会，为企业制定战略、管理或运营决策提供参考；

评估对利益相关方的影响。评估大亚湾核电基地业务活动导致的自然资本变化对利益相关方的影响，以及影响的规模，帮助企业解决与受影响利益相关方有关的管理决策问题。

估算总值和净影响。确定与大亚湾核电基地业务活动相关的自然资本总值，促进企业对其资产管理或其他环境资产进行评估，帮助企业从自然资本总值角度分析成本和效益角度评估投资方向，进行理性投资决策；从净影响角度明确业务是否对自然资本产生净积极或净消极影响，如何通过在不同类型影响中形成权衡折中的局面来提升业务对自然资本的净积极影响。

更好地与内、外部利益相关方沟通。通过信息披露，向内、外部利益相关方传达、沟通企业对自然资本影响和依赖，获得更广泛的利益相关方的认可和支持，有利于企业拓展市场，吸引机构投资者和客户，解决合规管理和ESG管理中的具体问题（表5-4）。

表5-4　目标受众分析一览表

目标受众	诉求与期望	对自然资本评估的影响程度（高、中、低）	参与方式
内部目标受众			
中国广核集团	• 进一步在国内外市场拓展核电业务 • 降低核电业务运营风险 • 提升集团可持续品牌价值 • 充分获得政府、国内外投资者、公众、社会组织等利益相关方理解和支持	高	• 为项目提供信息、资金支持 • 调动内外部资源，为项目提供组织管理支持 • 参考研究成果在未来进行企业管理决策
大亚湾核电运营管理有限责任公司	• 降低核电运营风险（经济、生态和社会） • 减小核电运营对自身和社会的负面影响 • 增加核电运营对自身和社会的净效益	高	• 为项目提供信息和数据支持 • 配合项目组实施实质性调研、实地调查、深度访谈 • 参考研究成果在未来进行企业管理决策
大亚湾核电基地员工	• 获得安全、生态优美的工作环境 • 职业健康得到保障	中	• 参与实质性调研 • 相关部门员工参与深度访谈和专项研讨
外部目标受众			
政府与监管机构	• 积极配合政府监管 • 确保核电企业遵守安全、环保相关标准 • 避免核电运营破坏生态环境、损害居民健康	中	• 参与实质性调研 • 为项目提供政策法规和信息支持
客户（南方电网、香港中华电力）	• 稳定运营与持续供电 • 核电运营零风险、零事故	高	• 参与实质性调研
股东	• 持续盈利，为投资者创造价值 • 提升信用评级等级 • 不断提升风险控制能力	高	• 参与实质性调研

（续表）

目标受众	诉求与期望	对自然资本评估的影响程度（高、中、低）	参与方式
供应商	• 安全生产与稳定运营 • 公平、可持续地采购核电原材料	中	• 参与实质性调研
合作伙伴	• 稳定运营与持续供电 • 开放包容，持续开展对外合作	中	• 参与实质性调研
周边社区居民	• 避免核电运营对自身健康产生不利影响 • 避免核电运营对自身生计产生不利影响 • 核电站创造更加宜居的生态环境	高	• 参与实质性调研 • 配合项目组实施实地调查、深度访谈
社会组织及专家	• 控制、减少核电业务活动对环境的影响 • 补偿核电业务活动对环境造成的损害	低	• 对潜在实质性议题指标筛选提供专业建议 • 对初步研究成果提供反馈意见
中国广核集团	• 进一步在国内外市场拓展核电业务 • 降低核电业务运营风险 • 提升集团可持续品牌价值 • 充分获得政府、国内外投资者、公众、社会组织等利益相关方理解和支持	高	• 为项目提供信息、资金支持 • 调动内外部资源，为项目提供组织管理支持 • 参考研究成果在未来进行企业管理决策
大亚湾核电运营管理有限责任公司	• 降低核电运营风险（经济、生态和社会） • 减小核电运营对自身和社会的负面影响 • 增加核电运营对自身和社会的净效益	高	• 为项目提供信息和数据支持 • 配合项目组实施实质性调研、实地调查、深度访谈 • 参考研究成果在未来进行企业管理决策
大亚湾核电基地员工	• 获得安全、生态优美的工作环境 • 职业健康得到保障	中	• 参与实质性调研 • 相关部门员工参与深度访谈和专项研讨

（续表）

目标受众	诉求与期望	对自然资本评估的影响程度（高、中、低）	参与方式
外部目标受众			
政府与监管机构	• 积极配合政府监管 • 确保核电企业遵守安全、环保相关标准 • 避免核电运营破坏生态环境、损害居民健康	中	• 参与实质性调研 • 为项目提供政策法规和信息支持
客户（南方电网、香港中华电力）	• 稳定运营与持续供电 • 核电运营零风险、零事故	高	• 参与实质性调研
股东	• 持续盈利，为投资者创造价值 • 提升信用评级等级 • 不断提升风险控制能力	高	• 参与实质性调研
供应商	• 安全生产与稳定运营 • 公平、可持续地采购核电原材料	中	• 参与实质性调研
合作伙伴	• 稳定运营与持续供电 • 开放包容，持续开展对外合作	中	• 参与实质性调研
周边社区居民	• 避免核电运营对自身健康产生不利影响 • 避免核电运营对自身生计产生不利影响 • 核电站创造更加宜居的生态环境	高	• 参与实质性调研 • 配合项目组实施实地调查、深度访谈
社会组织及专家	• 控制、减少核电业务活动对环境的影响 • 补偿核电业务活动对环境造成的损害	低	• 对潜在实质性议题指标筛选提供专业建议 • 对初步研究成果提供反馈意见

（2）基线、场景、空间范围和时间范围

为保证本次自然资本评估研究具有实际应用意义，我们将核算的基线、场景、空间范围和时间范围等技术问题纳入考虑范围。

基线：本项目以大亚湾核电基地建设前的自然资本状态作为基线。

场景：本项目主要针对当下情境进行评估和分析，仅在评估"气候变化"议题下相关指标时采用"愿景式"场景进行评估。

空间范围：即评估的地理区域，根据实地调研和相关数据统计口径最终确定。

时间范围：初步定为由基线时段至2019年底大亚湾核电基地自然资本的变化情况。

（3）影响和依赖实质性分析

通过开展核电行业自然资本相关指标对标研究、分析大亚湾核电基地生产运营对自然资本的影响和依赖分析，初步识别出具有潜在实质性的自然资本影响和依赖。结合核电行业对标情况及大亚湾核电基地生产运营与自然资本的影响、依赖分析，从企业运营、法律和监管、声誉和品牌、社会4个方面对已识别出的影响/依赖指标进行潜在实质性打分评估，通过打分筛选出具有潜在实质性的指标。在具有潜在实质性的指标基础上，编制利益相关方实质性调研问卷，通过统计分析问卷量化分值结果，梳理利益相关方对潜在实质性议题认知重要程度的结果，最终确定实质性影响和依赖（表5-5）。

表5-5　实质性影响和依赖

要素	影响/依赖	实质性程度判断
对自身的影响	环境合规	比较重要
	极端天气	比较重要
	绿色低碳运营	非常重要
	清洁能源电力	比较重要

（续表）

要素	影响／依赖	实质性程度判断
对社会的影响	放射性废弃物排放	非常重要
	放射性废气排放	非常重要
	放射性废液排放	非常重要
	气体调节	比较重要
	海水扰动	比较重要
	重大公共安全事件	非常重要
	噪音干扰	比较重要
	社区福祉	比较重要
	科普教育	比较重要
对自然资本的依赖	获取矿产资源	比较重要
	土地资源利用	比较重要
	淡水资源利用	比较重要
	海水资源利用	比较重要
	气候调节	一般重要

3.2　计量和评估阶段

（1）确定要计量的影响驱动因子和依赖

通过将大亚湾核电基地业务与影响驱动因子和依赖进行对应匹配，确定需要计量哪些影响驱动因子和依赖。依据影响和依赖实质性分析结果，确定影响驱动因子和依赖的重要程度。结合可掌握的一手数据材料，选取具有代表性的样本对以下指标进行直接定量分析（图5-4，表5-6）。

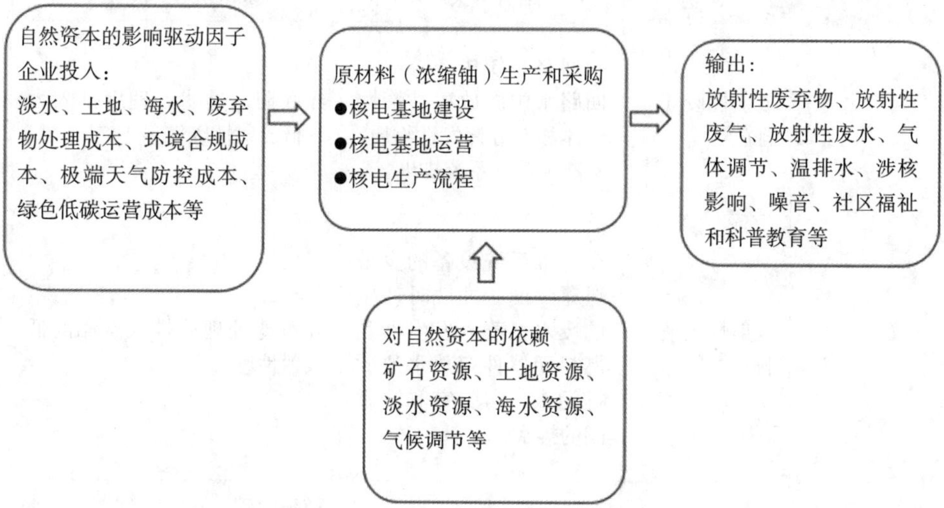

图5-4 影响驱动因子和依赖流程图

表5-6 生产运营活动与自然资本影响和依赖的匹配分析

要素	影响/依赖	与大亚湾核电基地业务运营的关联	具体且可衡量的自然资本影响驱动因子和依赖
对大亚湾核电基地的影响	环境合规	铀矿石开采 废物处理储存与排放	污染物排放管理 乏燃料处理 环境合规设施建设或支出
	极端天气	核电基地建设 日常运营	自然灾害防治
	绿色低碳运营	日常运营	节能减排技术改造
	清洁能源电力	日常运营	减少化石能源使用
对社会的影响	放射性废弃物排放	净化系统更换下来的废树脂和过滤芯子、蒸发器的残渣、废弃的各种检修工具和防护用品，以及经济上无除污回收价值的设备部件等	放射性固态废弃物排放量 乏燃料产生量

（续表）

要素	影响／依赖	与大亚湾核电基地业务运营的关联	具体且可衡量的自然资本影响驱动因子和依赖
对社会的影响	放射性废气排放	一回路系统中，溶解在回路水中的放射性惰性气体和部分挥发性物质，不断由除气系统排出	经吸附、过滤处理后排入大气低放射性废气
	放射性废液排放	反应堆系统设备的少量泄露、设备冲洗时产生的废水、蒸汽发生器和燃料元器件存放水池的排污水、实验室和洗衣间的排水	经过滤处理后排入海洋的低放射性废液
	气体调节	核电基地植被吸收二氧化碳，释放氧气 日常运营	植被固碳 植被释氧 清洁能源发电 生产运营温室气体排放
	海水扰动	废物处理储存与排放 反应堆内核裂变发电 – 三回路冷却	温排水排放量 稀释反射性废液用量
	重大公共安全事件	反应堆内核裂变发电 废物处理储存与排放	核安全事故概率
	噪音干扰	核燃料组件加工 反应堆内核裂变发电	生产运营产生的噪声
	社区福祉	工业旅游 核电基地建设 日常运营	社区人居环境改善 社区生计带动
	科普教育	工业旅游 日常运营	生态核电科普宣传

（续表）

要素	影响／依赖	与大亚湾核电基地业务运营的关联	具体且可衡量的自然资本影响驱动因子和依赖
大亚湾核电基地对自然资本的依赖	获取矿产资源	核燃料组件加工 反应堆内核裂变发电	浓缩铀消耗 锆合金消耗
	土地资源利用	核电基地建设 日常运营	占用土地资源
	淡水资源利用	一、二回路的补给水、轴承冷却水、生活用水以及消防用水均采用淡水	淡水消耗
	海水资源利用	反应堆内核裂变发电–三回路冷却 废物处理储存与排放	海水使用
	气候调节	工业旅游 日常运营	稳定的气候条件

（2）识别自然资本变化和估值

为最终评估影响和依赖的价值，本项目对大亚湾核电基地运营引起的自然资本变化进行计量分析，考虑随时间推移自然资本的变化趋势将如何改变影响和依赖的成本和效益。

对自然资本变化进行识别主要从两个维度开展，一是大亚湾核电基地业务与影响驱动因子相关的自然资本变化，即与核电业务相关的内部因素引起的自然资本变化，二是识别与核电业务非直接相关的外部因素引起的自然资本变化。外部因素不仅作用于核电业务活动影响的范围，而且对核电基地所依赖的自然资本也会产生影响。外部因素不仅作用于核电业务活动影响的范围，而且对核电基地所依赖的自然资本也会产生影响。通常情况下，大亚湾核电基地的生产运营活动对自然资本的变化具有相关性，但很多影响具有非线性特征和累积效应。尤其是在自然资本变化接近阈值状态下，外部因素的影响将显著扩大。自然资本在内部因素和外部因素的作用下发生变化，又反过来对核电基地业务产生一定影响，我们将这些影响进行梳理和分析（表5-7，表5-8）。

表5-7　与核电业务相关的内部因素引起的自然资本变化

影响驱动因子类别	所导致的自然资本变化	造成自然资本变化的因素或趋势	自然资本变化的影响
放射性废弃物/废液/气体排放	周边海洋生物物种数量变化	周边海洋生物生存环境中放射性元素剂量增加	可能使得周边海域渔获量减小，影响周边社区渔民生计
海水扰动		温排水使水温升高导致周边海域生物物种数量变化	
气体调节	海平面上升	温室气体排放引起冰川融化、大气环流变化导致海平面上升	海平面上升导致生态系统气候调节服务功能降低，增加台风等自然灾害对核电基地造成的安全风险

表5-8　与外部因素相关的自然资本变化

依赖的类别	自然资本变化对依赖的影响	造成自然资本变化的因素或趋势	自然资本变化的影响
原材料	铀矿资源：开采导致铀矿石日益稀缺会使核电原料供应紧张	对清洁能源发电需求量增加，从而加快核电产业发展步伐	对核燃料原材料铀矿资源的需求增加，价格上涨
	锆矿资源：开采导致锆矿石日益稀缺会使核燃料组件供应紧张	科技进步与工业发展带动核电、航天等大规模使用锆、镉、银、铟等稀有金属相关的产业发展	对相关稀有金属的需求量增加，价格上涨
	镉、银、铟矿资源：开采导致镉、银、铟矿资源稀缺会使控制棒原材料供应紧张		
土地资源	周边可利用土地存量减少会影响未来核电设施扩建	城市发展需要投入更多土地资源进行人类生产生活设施的建设	周边可利用土地资源使用成本增加、可获取性减小
淡水资源	水库蓄水量减少会导致反应堆一、二回路用淡水供应紧张	气候变化导致降水减少，地表水蒸发量加大	淡水供给能力下降

（续表）

依赖的类别	自然资本变化对依赖的影响	造成自然资本变化的因素或趋势	自然资本变化的影响
海水资源	气候变化引起的海平面上升可能会导致风暴潮等自然灾害发生频率增加，从而加大核电基地安全运营风险	气候变化和大气环流作用导致海平面上升	变化带来的影响不明显
气候调节	水文条件变差会导致发生洪水等自然灾害的风险加大，从而加大核电基地安全运营风险	气候变化或人类活动影响	增加灾害防治投入成本
文化和景观价值	核电基地周边生态环境遭到破坏，会导致其景观价值丧失，影响核电基地工业旅游发展	自然灾害破坏或人类活动影响	工业旅游价值丧失

综合影响和依赖后果分析，考虑指标实质性重要程度以及数据的可获得性，对部分重要指标进行定性、定量和货币化评估。

（3）影响和依赖的价值估算

为明确大亚湾核电基地对自身的影响、对社会的影响和对自然资本的依赖的价值，综合影响和依赖后果分析，考虑指标实质性以及数据的可获得性，对已梳理出的影响和依赖进行价值估算，方法包括定性估值、定量估值和货币化估值（表5-9）。

表5-9 对自然资本的影响和依赖价值评估

要素	影响/依赖	影响驱动因子	评估指标名称	评估指标数量	评估指标估值/万元
对自身的影响	环境合规	环境合规成本支出	累计支出环保税费（万元）	—	35572.12
	乏燃料处理	乏燃料处理	乏燃料处理服务费用（万元）	2436	1197306.21

（续表）

要素	影响/依赖	影响驱动因子	评估指标名称	评估指标数量	评估指标估值/万元
对自身的影响	极端天气	自然灾害防治	防灾减灾投入（万元）	—	390429.32
	绿色低碳运营	节能减排技术改造	累计用于节能减排的技改投入（万元）	—	35350460.46
			政府环保奖励或补贴收入（万元）	—	20
	清洁能源	清洁能源发电	核能发电（TWh）	755.19	*
对社会的影响	放射性废弃物排放	放射性固体废弃物排放量	放射性固态废弃物排放量（立方米）	6289.65	32912.02
	放射性废液排放	放射性废液排放量	放射性废液排放量（TBq）	2310.7	
	放射性废气排放	放射性气体流出物排放量	放射性气体流出物排放量（TBq）	463.5	
	气体调节	植被固碳	植被固碳量（吨）	18017.91	2394.58
		植被释氧	植被释氧量（吨）	13103.93	1310.39
		清洁发电减少的化石能源使用	减少二氧化碳排放当量（吨）	63738192	46337666
	海水扰动	温排水稀释放射性废液	海洋生物和海洋生态	定性	*
	重大公共安全事件	核安全事故	核安全事故防护措施和投入	定性	
对社会的影响	噪声干扰	运营产生的噪声干扰	员工双耳平均听阈异常率	13.9%	16742.2

（续表）

要素	影响/依赖	影响驱动因子	评估指标名称	评估指标数量	评估指标估值/万元
对社会的影响	社区福祉	社区人居环境改善	社区绿化（万元）	*	520
			防火林养护（万元）	*	364
	科普旅游	生态核电科普活动	累计接待公众（人次）	76303	152.61
对自然资本的依赖	获取矿产资源	浓缩铀消耗	浓缩铀使用量（吨）	2870	2134310.05
		锆合金消耗	锆合金使用量（吨）	定性	
	土地资源利用	占用土地资源	建设用地（平方公里）	11.05	69421.34
	淡水资源利用	淡水消耗	淡水用水量（吨）	17182350	16718.43
	海水资源利用	海洋使用	定性		
	气候调节	稳定的气候条件	定性		

注：本表中标注为*的内容为暂无数据且无法以可靠依据估算的内容，有待进一步补充资料进行完善。

以上是大亚湾核电基地自然资本评估研究的阶段性成果。受限于对《自然资本议定书》的理解、认识以及核算经验，项目不可避免地存在一些不足之处，有待在更广泛的范围征求专家和利益相关方意见后进一步修订完善。

（4）实质性影响依赖—总成本效益分析

综合以上对大亚湾核电基地自身影响、对社会影响和对自然资本依赖的成本效益分析，最终形成企业成本效益总值和社会成本效益总值，以直观反映大亚湾核电基地对自然资本中生物与非生物资本的影响和依赖作用的结果（表5-10）。

表5-10　实质性影响和依赖成本效益分析

实质性议题	影响/依赖计量指标	货币化/万元	企业成本/万元	企业效益/万元	社会成本/万元	社会效益/万元
气体调节	植被固碳量	2394.58	—	—	—	2394.58
	植被释氧量	1310.39	—	—	—	1310.39
	绿色低碳运营成本	*	350.46	—	—	—
	清洁能源发电减排量	46337666	—	—	—	46337666
土地资源	土地资源使用成本	69421.34	69421.34	—	—	—
淡水资源	淡水消耗量	16718.43	—	—	16718.43	—
固废	放射性废弃物排放量	32912.02	—	—	32912.02	—
矿产资源	铀矿（核燃料）采购	2134310.05	2134310.05	—	—	—
社区福祉和沟通	防治噪声相关职业病投入	16742.20	—	—	16742.20	—
	社区绿化	520	—	—	—	520
	防火林养护	14	—	—	—	364
	生态核电科普宣传	152.61	—	—	—	152.61
环境合规和灾害防治	乏燃料处理成本	1197306.21	1197306.21	—	—	—
	累计支出环保费	35572.12	35572.12	—	—	—
	政府环保奖励或补贴收入	20	—	20	—	—

（续表）

实质性议题	影响/依赖计量指标	货币化/万元	企业成本/万元	企业效益/万元	社会成本/万元	社会效益/万元
环境合规和灾害防治	自然灾害防治	*	390429.32	—	—	*
清洁能源	清洁能源发电	*	—	*	—	—
总计		49845059.95	3827389.5	20	66372.65	46342407.58

注：本表中标注为*的内容为暂无数据且无法以可靠依据估算的内容，有待进一步补充资料进行完善。

（5）结论分析

通过本次自然资本核算，得出企业成本和社会成本中货币化核算值较大的影响和依赖结果，有助于挖掘大亚湾核电基地生产运营过程中面临的潜在风险和机遇。

对于大亚湾核电基地来说，以下可能面临的风险需要引起注意，并采取措施进行规避。第一，放射性废弃物的合规处理和涉核重大公共安全事件相关议题具有极高的实质性，风险指数最高。第二，核电生产所需的原材料获取可能会面临因原材料存量短缺而引起对自然资源的依赖度提升和原材料采购成本持续增高的风险，还可能招致来自社会公众、环境与生态领域的公益组织、社区的压力，增加公沟通成本，影响品牌形象。第三，废液、废气、温排水等排放，可能会对陆地和海洋生态系统造成负面影响，使核电基地面临上缴高额环保税或罚款的风险。

以下是核电基地可持续发展的面临的机遇，未来可在此基础上进一步挖掘其价值。第一，核电作为清洁能源电力，相较于传统发电方式产生的温室气体减排量效益可观，不仅为应对气候变化做出贡献，也为自身符合环境要求和排放标准、应对相关政策要求奠定了基础。第二，重视社区关系建设和维护、推进生态核电科普教育和工业旅游，不仅对社区福祉大有助益，也能够帮助核电基地树立安全、友好、负责任的品牌形象，建设和推广生态友好品牌，助力可持续发展。

4 未来趋势

山水林田湖草是一个生命共同体。随着全社会生态环境保护意识的不断提升，企业积极参与生物多样性与生态系统保护逐渐成为主流。纵观近年来国内外各类政策要求和国际先进企业实践，自然资本评估正在成为企业开展生物多样性管理的一项新型工具。在绿色发展理念指导下，中国政府大力倡导生态文明建设，实施绿色企业行动计划，对核电企业也提出新的要求：面对新机遇、新挑战，既要进一步发挥核电这一清洁能源对经济社会发展的积极作用，又要兼顾生物多样性和生态系统保护，合理利用自然资源和生态系统服务功能，实现核电与社会、生态环境的可持续发展。中广核开展自然资本评估研究，开中国核电行业之先河，体现了中广核贡献生态文明建设的责任担当，对我国核电行业将生物多样性保护和自然资源利用纳入企业可持续发展具有以下借鉴意义。

系统化开展生物多样性管理是核电行业发展的未来趋势。在现有技术条件下，核电行业的发展高度依赖土地、水资源和铀矿等自然资源，核电企业的运营会对周边社区和生态环境产生一定的影响和依赖，上述因素又会反作用于核电企业，对企业的可持续发展带来影响，如处理不好，可能带来一定的管理风险。核电企业需要遵守国家政策法规，定期评监测核电设施周边生态环境状况，在对影响开展评估的基础上，进一步提升环境风险管理水平，积极参与生物多样性保护，可持续利用自然资源。对于运营环节中的废弃物排放问题，核电企业可从基于自然的解决方案出发，考虑以高效、经济、环保的生物处理方式（如利用湿地处理工业废水）。在助力社区发展方面，可考虑与周边社区在生物多样性保护和遗传资源惠益分享等领域开展合作（如参与渔业资源保护性开发和珊瑚保育），让可持续发展成果惠及周边社区。

主动开展自然资本评估，并将其纳入企业决策管理和日常管理。目前企业界通行的财务核算方法并未将自然资本纳入其中，然而一些潜在的、可能会导致外部性内部化的驱动因素已显现出来。例如，在新环保法颁布之后，企业面临的环境诉讼风险正日益加大，资本市场和消费市场对企业绿色发展的要求日益提升，利益相关方对企业的期待和诉求日益倾向于环境友好型。对于核电企业来说，主动开展自然资本评估，通过评估、核算获得可靠、可信、可操作的信息，完善生态环境管理体系、定期开展环境监测、进行物种和栖息地保护将成为企业有效的环境风险管理工具以及与利益相关方沟通的有效手段。

三、为湿地保护区赋能
——国网盐城供电公司自然资本核算研究

蔡立华 李晨曦 钱晶晶

1 背景分析

自然保护区，是指对有代表性的自然生态系统、珍稀濒危野生动植物物种的天然集中分布区、有特殊意义的自然遗迹等保护对象所在的陆地、陆地水体或者海域，依法划出一定面积予以特殊保护和管理的区域。为呵护自然保护区生态环境，我国建立了较为完善的自然保护区管理制度体系。其中，《中华人民共和国自然保护区条例》明确指出保护区核心区除规定情况外，禁止任何单位和个人进入，也不允许从事科学研究活动；禁止在自然保护区内进行砍伐、放牧、狩猎、捕捞、采药、开垦、烧荒、开矿、采石、挖沙等活动。在生态环境部《关于生态环境领域进一步深化"放管服"改革，推动经济高质量发展的指导意见》中，要求涉及生态保护红线和相关法定保护区的输气管线、铁路等线性项目进行调整选线、主动避让；确实无法避让的，需采取无害化穿（跨）越方式，或依法依规向有关行政主管部门履行穿越法定保护区的行政许可手续、强化减缓和补偿措施。

由此可知，自然保护区生态保护工作十分重要，包括电力设施在内的各类项目在建设过程中，需强化自然保护区保护意识，主动避让保护区，降低对保护区的影响。国家电网公司为呵护保护区生态，一直坚持电网生态友好设计施工，优化工程选址选线，避让自然保护区核心区和缓冲区，世界文化和自然遗产地的核心区和缓冲区，避让重要林区、野生动物的集中活动区、迁徙通道，避开生态脆弱区域。

电网企业的业务开展对保护区自然资源（包括生物资源与非生物资源）具有较强的影响和依赖。电网企业在运营过程中开展保护区生态保护工作，降低对自然生态、生物多样性的负面影响已是大势所趋（表5-11）。

表5-11　电网企业对自然保护区自然资本的影响和依赖

影响 / 依赖分类	电网企业自然保护区自然资本影响 / 依赖
对自然资本的依赖	• 使用土地等自然资源开展电网建设 • 依赖保护区及周边景区进行业务拓展 • 售电量多少取决于保护区用电量
对电网企业的影响	• 影响电网建设成本 • 影响变电站布点及高压线路走径 • 环保法律法规趋严，需要企业开展员工培训，保证经营活动守法合规
对社会的影响	• 建设"全电景区"，减少碳排放 • 开展电力设施迁移、入地改造，改善保护区、景区自然环境 • 确保供电稳定，保证保护区、景区正常用电 • 通过电力设施避让/迁出保护区，增加保护区湿地面积，使湿地生产力、气体调节、污染物净化、海岸保护、物种多样性保护、旅游科教等功能得到更好发挥 • 宣传对自然保护区的保护行动，提升公众生态保护意识 • 在保护区及周边景区开展运营活动，提高纳税额

在梳理电网企业对自然保护区自然资本影响和依赖的基础上，分析自然资本对其可持续发展带来的潜在风险与机遇（表5-12）。

表5-12　电网企业面临的风险与机遇

类别	风险	机遇
运营	• 电网建设所需土地的使用成本上升，可获取性降低	• 推动电网与保护区生态保护相协调，进一步提升企业市场竞争力
合规	• 保护区生态保护要求、标准趋严 • 保护区土地使用规则趋严	• 在电网规划、建设、运营等各阶段，完善全流程环境管理机制，降低环境合规成本
市场	• 利益相关方环保偏好提升	• 依据利益相关方偏好，推广实施电能替代、综合能源服务等新业务
财务	• 电网建设成本增加 • 电网投资难度加大	• 规划选址阶段提前避让保护区，规避因电力线路变更、电力设施迁出保护区等而产生的额外成本支出
品牌	• 电网建设、运营等过程中发生环保事故，容易引发舆论危机	• 塑造绿色品牌形象

2 企业简介

国网盐城供电公司（原盐城供电局）成立于1976年，负责盐城境内的安全供电、电网建设和供用电服务工作。盐城电网北衔连云港田湾核电站，东接沿海新能源发电基地，境内有1000千伏淮上、±800千伏锡泰两条特高压线路，是江苏电网北电南送的重要通道。截至2019年底，全市有35千伏及以上变电所298座，变电容量4194.9万千伏安，线路长度1.1万千米。

国网盐城供电公司所处的江苏省盐城市拥有76.94万公顷生态湿地，占全市国土面积的45.2%；拥有亚洲最大的沿海淤泥质潮间带湿地，有长达582千米的海岸线。丰富的湿地资源涵养出了两个重要的湿地：江苏大丰麋鹿国家级自然保护区、江苏盐城湿地珍禽国家级自然保护区。江苏盐城湿地珍禽国家级自然保护区是中国最大的海岸带保护区，辖东台、大丰、射阳、滨海和响水五县（市）的滩涂，总面积247260公顷，其中核心区面积22596公顷，缓冲区面积56742公顷，实验区面积167922公顷。主要保护对象为丹顶鹤等珍禽及其赖以生存的沿海湿地生态系统，包括丹顶鹤、白头鹤、白枕鹤、灰鹤、白鹳、黑鹳、黑脸琵鹭等珍禽以及哺乳动物等，同时保护候鸟的迁移通道，以及北亚热带边缘的典型淤泥质平原海岸景观。

国网盐城供电公司在日常运营中历来重视湿地生态保护，特别是自2017年起，在政府推动下开始参与江苏盐城湿地珍禽国家级自然保护区整改，负责对保护区核心区、缓冲区内的电力设施进行迁改。自此，国网盐城供电公司与保护区湿地生态系统的联系更加紧密，湿地保护与企业运营全流程融合程度进一步深入。

3 企业生物多样性解决方案

国网盐城供电公司在对江苏盐城湿地珍禽国家级自然保护区及其周边景区的服务过程中，采取了一系列生物多样性保护工作，推动保护区生态环境修复和改善。

项目规划绕开保护区：将"环保否决指标"纳入电网建设储备项目评审，对丹顶鹤核心区电力设施布局进行专题研判，分层、分级明确保护区核心区、缓冲区等电力设施建设计划。在项目规划阶段注重避开自然保护区核心区和缓冲区，选择对环境影响小的路径，避免因开辟新的线路通道而砍伤植被。

电力设施迁出保护区：江苏盐城湿地珍禽国家级自然保护区核心区内存在较大规模的采集泥螺行为，缓冲区内40余万亩陆域被开发，配套建有大量道路、电力供应和饲料厂等设施。据统计，迁移前保护区内10千伏线路长度256.94千米，杆塔5295根。通过按照"应迁必迁"原则开展保护区内电力设施迁出工作，现保护区内仅余保证保护区正常运营的所需电力设施，其余均已完成迁出。

架空线路入地改造：保护区内架空线路影响珍禽栖息，飞禽在电力线路杆塔上停歇或筑巢时被电击死亡的情况时有发生，不仅威胁珍禽生命安全，亦影响供电稳定。通过对缓冲区16.93千米架空线路开展入地改造，提高了线路、设备安全运行水平，也为珍禽提供了更为安全的生存空间。

推广建设"全电景区"：推广"电气化＋旅游"综合能源发展模式，通过在江苏盐城湿地珍禽国家级自然保护区周边景区实施"电能替代"，将传统景区内的燃煤锅炉、农家柴灶、燃油公交、燃油摆渡车、传统码头等改造为电加热、电炊具、电动汽车、低压岸电，提高景区电气化水平。截至2019年底，已开展"全电景区"建设项目13个，累计实现替代电量140万千瓦时。

图5-5 "全电景区"改造后，电动汽车提供游客接驳服务

国网盐城供电公司将湿地生态保护与企业运营发展相结合，在降低公司运营风险的同时，贡献江苏盐城湿地珍禽国家级自然保护区及周边景区可持续发展，实现了经济效益与环境保护共赢。我们应用自然资本核算方法，评估2017年以来国网盐城供电公司对保护区及周边景区的服务工作。

3.1　评估方法、目标和范畴

自然资本核算采用《自然资本议定书》方法学，识别、计量国网盐城供电公司对江苏盐城湿地珍禽国家级自然保护区及周边景区自然资本的影响和依赖，估算带来的自然资本状态和趋势变化，尝试以定性、定量和货币化的方式评估影响和依赖的价值。

结合国网盐城供电公司经营特点、江苏盐城湿地珍禽国家级自然保护区及周边景区特色，将自然资本核算的价值链边界界定为国网盐城供电公司对江苏盐城湿地珍禽国家级自然保护区及周边景区的服务工作，价值链上下游对自然资本的影响和依赖将不纳入本次评估范畴（表5-13）。

表5-13　项目目标受众分析一览表

目标受众	诉求与期望
内部目标受众	
国家电网有限公司/国网江苏省电力有限公司	• 了解电网运营对生物多样性的影响 • 结合面临的生物多样性相关风险和机遇制定战略 • 提升企业在区域市场的竞争力 • 提高国网品牌美誉度
国网盐城供电公司高层管理者	• 了解电网运营对生物多样性的影响 • 根据不同区域生物多样性发展要求进行运营规划调整 • 规避项目生物多样性风险 • 减少公司环保纠纷事件
外部目标受众	
政府机构 （盐城市政府、盐城市生态环境局、盐城市湿地与野生动植物保护站、江苏盐城湿地珍禽国家级自然保护区等）	• 加强湿地保护，推进保护区生态修复 • 加强保护区管控，避免任何与保护区规定不一致的开发建设活动 • 维护区域生态功能，保护野生物栖息环境，保持物种多样性 • 提升社会公众生态保护意识

（续表）

目标受众	诉求与期望
保护区周边社区 （居民、企业等）	• 减少环境问题对自身健康和生计的影响 • 减少电力设施安全风险 • 保持电力稳定可靠供应
环保组织和学者	• 保护湿地生态系统 • 保护珍禽物种多样性

3.2 基线、场景、空间范围和时间范围

以2017年国网盐城供电公司介入江苏盐城湿地珍禽国家级自然保护区及周边景区生态修复工作之前的自然资本状态为基线，评估国网盐城供电公司相关工作带来的自然资本变化，识别潜在风险。评估的时间范围是2017至2019年，评估的空间范围是江苏盐城湿地珍禽国家级自然保护区及其周边景区。

3.3 影响和依赖实质性分析

结合利益相关方诉求，梳理国网盐城供电公司对江苏盐城湿地珍禽国家级自然保护区及周边景区自然资本的影响和依赖路径，识别其对自然资本具有的潜在实质性影响和依赖。

（1）江苏盐城湿地珍禽国家级自然保护区及周边景区自然资本对国网盐城供电公司的影响

电网线路方面：影响变电站布点及高压线路走径，带来电网路线改线及电力设施迁移风险，从而电网建设成本上升。

员工生态保护教育培训：提升员工生态保护意识，增进员工对《关于进一步推进生态保护区引领区和生产保护特区建设的指导意见》（苏政办发〔2017〕73号）、《关于进一步做好建设项目环评审批工作的通知》（苏环办〔2019〕36号）、《环境影响评价技术导则（输变电工程）》（GB8702-2014）等政策文件、标准的认识掌握程度，要求员工严格按照环保标准开展电网建设、运维等工作。

（2）国网盐城供电公司对江苏盐城湿地珍禽国家级自然保护区及周边景区自然资本的影响路径

废弃物排放方面：一般固体废弃物排放可能会引起土壤污染、退化，甚至

会对地下水、地表水产生不良影响。

温室气体排放方面：在网损（输配电损失）、使用六氟化硫设备修理与退役过程中会产生温室气体排放；实施电能替代项目，减少二氧化碳排放。

电力设施方面：噪音、工频电场、工频磁场等会对物种生存栖息带来一定影响。电力线路会破坏生物生存环境完整性。改善景区自然景观，服务景区正常运营。

生态服务功能方面：湿地面积的升降会影响其生产力、气体调节、污染物净化、海岸保护、物种多样性保护、旅游科教等功能发挥。

社区沟通方面：宣传对自然保护区的保护行动能够提升公众生态保护意识，促使公众自觉保护生态环境。

（3）国网盐城供电公司对江苏盐城湿地珍禽国家级自然保护区及周边景区自然资本的依赖路径

土地资源利用方面：依赖一定的土地资源开展电网建设运营。

休闲娱乐功能方面：周边景区对电能的需求关乎电能替代等业务拓展。

3.4　影响/依赖计量与估算

通过将业务与影响/依赖进行匹配，明确影响驱动因子和依赖计量范畴，对自然资本未来可能发生的变化进行识别，并按照实质性重要程度和数据的可获得性，对相关指标进行定性、定量或货币化评估（表5-14，表5-15）。

表5-14 国网盐城供电公司对江苏盐城湿地珍禽国家级自然保护区及周边景区自然资本影响/依赖分析表

要素	影响/依赖	影响驱动因子/依赖	自然资本的变化/自然资本变化对企业依赖性的影响	估值		
				定性	定量	货币化
对自身的影响	电网线路	保护区内线路长度 架空入地线路长度配电线路建设投入	湿地存量变化 鸟害事故数量变化	—	• 架空入地改造长度16.93千米、钢管杆10基、杆塔38根、环网柜12座、高压分支箱23座 • 设施入地前因鸟害原因引发线路故障9次，改造后1次	• 电力设施迁移投入8361万元 • 架空线路入地改造投入约2400万元 • "全电景区"配电线路建设投入约650万元
	员工生态保护教育培训	培训次数	提升员工生态保护意识	• 每年开展电网环保知识宣传培训 • 要求各县公司专职分批参加国网和省公司环保培训	• 公司总部每年约40人参与电网环保知识宣传培训	—
对社会的影响	废弃物排放	建筑垃圾/废旧设备排放量	土壤污染	• 废旧电杆、导线等全部集中报废处理	—	—

（续表）

要素	影响/依赖	影响驱动因子/依赖	自然资本的变化/自然资本变化对企业依赖性的影响	估值		
				定性	定量	货币化
温室气体排放		新增湿地气体调节功能价值 电能替代温室气体减排量	影响物种多样性	—	• 新增湿地面积67500平方米 • "全电景区"建设过程中的电能替代减少二氧化碳排放1395吨	• 减排二氧化碳价值121644元① • 新增湿地面积气体调节功能价值②113140.09元/年③

① 根据北京市碳交易权电子交易平台数据，以2020年4月7日北京市碳排放配额电价87.20元/吨为基础进行计算。

② 据王国祥等撰写的《盐城沿海湿地 江苏盐城湿地珍禽国家级自然保护区综合科学考察报告》（2017年第一版）显示，盐城沿海湿地主要植被类型及所占整个植被比例分别为：米草群落（25.46%）、盐地碱蓬群落（8.63%）、白茅/田菁（0.74%）、农田（48.45%）、林地及其他（2.45%），由于白茅/田菁所占比例较小，故将之与林地及其他合并，即本文中林地及其他所占比例按照3.19%计算；不同植被单位面积气体调节功能价值分别为：米草3245888元/平方千米，碱蓬112893元/平方千米，芦苇1803922元/平方千米，农田844287元/平方千米，林地5439718元/平方千米。

③ 新增湿地面积67500平方米，根据植被比例可知，新增湿地面积中，米草群落面积17185.5平方米，盐地碱蓬群落面积5825.25平方米，芦苇群落面积9632.25平方米，农田面积32703.75平方米，林地及其他面积2153.25平方米。新增湿地面积气体调节功能价值计算公式为：新增湿地面积气体调节功能价值=不同植被类型新增湿地面积*该类型植被单位面积气体调节功能价值。

（续表）

要素	影响/依赖	影响驱动因子/依赖	自然资本的变化/自然资本变化对企业依赖性的影响	估值		
				定性	定量	货币化
	电力设施	噪声分贝 工频电场/工频磁场强度	影响物种和生存环境	• 110千伏离变压器3米处噪声在80分贝以下 • 公众曝露工频电场强度限值为4千伏/米 • 工频磁感应强度限值是0.1毫特（即100微特）	—	—
	景观价值	游客规模门票收入	影响景区游客承载力及门票收入	—	• 相较2017年、2018年，2019年景区①游客规模增加354.75万人次②	• 游客规模增加，带来门票价值提升12203.4万元③

① 景区范围包含：琼港条子泥景区、黄海森林公园、中华麋鹿园、荷兰花海、盐城丹顶鹤湿地生态旅游区。

② 据统计，2017年景区游客规模508.5万人次；2019年景区游客规模为745万人次。假设每年游客规模等比例增加，即2018年景区游客规模增加236.5人次。游客规模为626.75人次。以2017年为基准值，即2018年游客规模增加118.25人次，2019年游客规模增加236.5人次。

③ 门票价格来源于景区点官网，其中琼港条子泥景区无门票，黄海森林公园门票40元、中华麋鹿公园门票45元、荷兰花海门票45元、盐城丹顶鹤湿地生态旅游区门票42元。为方便计算，此处取门票均值，即34.4元。

（续表）

要素	影响/依赖	影响驱动因子/依赖	自然资本的变化/自然资本变化对企业依赖性的影响	估值		
				定性	定量	货币化
生态服务功能	生态服务功能	生产力功能 气体调节功能 污染物净化功能 海岸保护功能 物种多样性保护功能 旅游科教功能	影响湿地生态服务功能	—	—	新增湿地面积生态服务功能价值①：28584.31元/年②（生态系统服务功能价值详细计算过程见表5-14）
社区沟通	生态保护宣传	提升公众生态保护意识	—	—	2018年在国网故事汇微信平台发布《电网人与丹顶鹤，24载情缘》，累计阅读人数3201人	—

① 不同植被单位面积服务功能价值分别为：芦苇6354801元/平方千米、碱蓬1426030元/平方千米、米草9860634元/平方千米、林地649349元/平方千米、农田997569元/平方千米。

② 新增湿地面积67500平方千米、新增湿地面积中，米草群落面积17185.5平方千米，盐地碱蓬群落面积5825.25平方米、芦苇群落面积9632.25平方米，农田面积32703.75平方米、林地及其他面积2153.25平方米。故新增湿地面积生态服务功能计算公式为：新增湿地面积生态服务功能价值=不同植被类型新增湿地面积×该类型植被被单位面积生态服务功能价值。

（续表）

要素	影响/依赖	影响驱动因子/依赖	自然资本的变化/自然资本变化对企业依赖性的影响	估值		
				定性	定量	货币化
企业依赖性	土地资源利用	临时占地面积 永久占地面积	建设获批难度增大 增加额外运营成本	—	通过设施迁出保护区减少电力设施占地面积约67500平方米①	—
	休闲娱乐功能	替代电量	获得新的售电市场	—	2017—2019年：替代电量140万千瓦时	2017—2019年，电能替代电量价值94.56万元②

① 2017—2019年，通过电力设施迁出保护区，共计增加面积67500平方米。为便于核算新增湿地面积年变化量，假设2017年新增湿地面积变化量，增湿地面积为0平方米，且湿地面积每年呈比例增长，可计算出2018年新增湿地面积约33750平方米。

② 按35—100千伏以下一般工商业电价：0.6754元/千瓦时为基准进行价值核算。

表5-15　江苏盐城湿地珍禽国家级自然保护区新增湿地面积生态服务功能价值（元/年）

服务类别	服务类型	价值 / 元	占总价值比例 /%
供给服务	生产力功能	12881.64	4.51
调节服务	气体调节功能	113140.09	39.62
	污染物净化功能	104074.99	36.44
	海岸保护功能	42864.81	15.01
支撑服务	物种多样性保护功能	6347.79	2.22
文化服务	旅游科教功能	6275.00	2.20
合计		285584.31	100

3.5　国网盐城供电公司自然资本核算结果

为更为直观呈现国网盐城供电公司服务工作对江苏盐城湿地珍禽国家级自然保护区及周边景区自然资本的影响、依赖及所产生的成本和效益，以2017—2019年为时间范畴，我们选取其中部分指标进行货币化对比分析（表5-16）。

表5-16　国网盐城供电公司自然资本核算汇总表（2017—2019年）

成本			
成本/效益归属	影响/依赖	指标	货币化
企业成本	公司运营	电力设施迁移成本	1567.68万元[①]
		架空线路入地改造成本	450万元[②]
		"全电景区"配电线路建设成本	121.87万元[③]

[①]　根据国家发改委《输配电定价成本监审办法（修订征求意见稿）》规定，输配电线路最低折旧年限为16年，此处以折旧年限16年进行核算。根据表4可知电力设施迁移投入为8361万元，分摊后每年成本522.56万元，三年成本为1567.68万元。

[②]　架空线路入地改造投入为2400万元，以折旧年限16年进行核算，每年成本150万元，三年成本为450万元。

[③]　"全电景区"配电线路建设投入为650万元，以折旧年限16年进行核算，每年成本40.63万元，三年成本为121.87万元。

（续表）

成本合计			2139.55万元
效益			
成本/效益归属	影响/依赖	指标	货币化
企业效益	休闲娱乐	替代电量价值	94.56万元
效益			
社会效益	温室气体排放	电能替代减排二氧化碳价值	12.16万元
	生态服务功能	生态服务功能价值	42.84万元[①]
	景观价值	新增门票价值	12203.4万元
效益合计			12352.96万元

注：受限于评估指标数据较少及认识、经验的不足，本次自然资本核算研究具有一定局限性，有待进一步征求专家和利益相关方意见进行补充和完善。

4　结果分析

通过上述自然资本核算，可以清楚地发现国网盐城供电公司所采取的一系列服务工作对江苏盐城湿地珍禽国家级自然保护区及周边景区发展具有较为积极的影响。

企业成本/效益：2017—2019年，在保护区电力线路迁移、架空线路入地改造中，国网盐城供电公司投入成本2017.68万元，以降低电力线路对保护区生态的影响，改善保护区及周边景区自然景观；"全电景区"配电线路建设成本121.87万元，为景区减少化石能源使用、实现清洁发展提供了助力。"全电景区"共计完成替代电量140万千瓦时，为公司增加收入94.56万元。

以自然资本货币化的角度将2017—2019年企业成本、效益进行加总，可以发现国网盐城供电公司对江苏盐城湿地珍禽国家级自然保护区及周边景区的

[①]　2018年新增湿地面积33750平方米，生态服务功能价值应为14.28万元。此处取2018年、2019年湿地生态服务功能价值合计数，即42.84万元。

服务共计为企业增加成本2044.99万元，大于企业获得的售电收入94.56万元。

社会成本/效益：国网盐城供电公司对江苏盐城湿地珍禽国家级自然保护区及周边景区的服务具有较好的社会效益。（1）通过电力设施迁出保护区，减少保护区内电力设施占地面积67500平方米，有效保护了湿地生态系统完整性，湿地生态服务功能价值提升285584.31元/年。（2）开展"全电景区"建设行动，2017—2019年折合减排二氧化碳1395吨，价值121644元。（3）通过架空线路入地改造、为景区新建配电线路，改善了保护区和景区的景观环境，支持了景区绿色发展，景区的游客承载力得到提升。相较于2017年，景区2018年、2019年新增游客规模354.75万人次，门票收入增加12203.4万元。（4）在电力设施建设运营过程中加强环境管理，对废旧电杆、导线等进行集中报废处理，并严格按照国家相关环境标准进行噪音控制等举措为保护区动植物营造了良好的生存环境。（5）国网盐城供电公司对自身自然保护区保护行动的宣传工作在增强公众对公司生态保护行动认知的同时，潜移默化的提升了公众生态保护意识。

将电能替代减排二氧化碳价值、生态服务功能价值、新增门票价值等货币化指标进行加总，可以发现，国网盐城供电公司对江苏盐城湿地珍禽国家级自然保护区及周边景区的服务共计为社会带来12258.4万元效益。

通过综合分析本次核算所有货币化指标，可以发现效益（12352.96万元）大于成本（2139.55万元）。此外，由于成本是一次性投入，而效益长期存在，且电能替代减排二氧化碳价值、生态服务功能价值、新增门票价值均会随着时间推移而不断提升，故在未来，国网盐城供电公司服务江苏盐城湿地珍禽国家级自然保护区及周边景区所带来的效益将会持续增加。

在前面的分析中，我们已经提到，自然资本对企业可持续发展具有潜在的风险和机遇。基于对国网盐城供电公司在江苏盐城湿地珍禽国家级自然保护区及周边景区服务工作及产生的效益进行进一步分析，可以发现，通过将环境管理、生物多样性保护融入企业基因，能够帮助企业减少电力线路迁移、改线等潜在风险及由此带来的成本提升、助力企业应对业务拓展过程中面临的环境挑战，从而实现与自然生态、生物种群、电力用户等共同可持续发展，进一步提高企业市场竞争力，塑造企业良好的绿色品牌形象。

5 建议

对照联合国2030可持续发展目标（SDGs）可知，电网企业活动对自然资本的影响和依赖与目标7：经济适用的清洁能源、目标12：负责任的消费和生产、目标13：气候行动、目标14：水下生物、目标15：陆地生物具有较强的相关性。在当前可持续发展、绿色发展、生物多样性保护、低碳等理念逐步为人们所了解、接受并付诸实践的当下，电网企业运营过程中对生态、生物多样性的关注和保护关乎企业社会形象和发展前景。对于国网盐城供电公司来说，采用自然资本核算方法，对其在江苏盐城湿地珍禽国家级自然保护区及周边景区的服务工作进行量化评估，能够对其相关实践活动成本与效益进行更为直观呈现，帮助对生态保护行动价值形成更为深入认知，助力其在未来运营中更为关注生物多样性保护，实现企业可持续发展。国网盐城供电公司为实现江苏盐城湿地珍禽国家级自然保护区及周边景区可持续发展而采取的行动对我国电网企业具有借鉴意义。

加强自然资本核算，识别企业发展风险机遇。电网企业的发展对包含土地在内的自然资源具有较强的依赖性，亦会反作用于自然，影响生态环境和物种多样性。对于经营区域内存在自然保护区的电网企业来说，通过开展自然资本核算，能够更为深入的了解其在自然保护区开展经营活动所具有潜在风险/机遇、以及可能存在的成本/效益，从而更好地进行科学决策，提前规避风险，实现效益最大化。

提升生态保护敏感度，多方协作共促生态环保。自然保护区、世界文化和自然遗产地等区域的生态保护工作至关重要，需要政府、保护区管理部门、研究机构、公益组织、公众等多方精诚合作。作为生态保护工作的参与者和贡献者，电网企业需要增强自身生态保护意识，紧密加强与各相关方的沟通对接，及时掌握生态保护工作动态，并针对性的调整自身工作计划，提高保护区生态保护工作成效。

结合区域特色，制订针对性工作计划。各区域历史文化、经济社会发展水平、自然特征等方面的差异性决定了电网企业无法对某区域工作经验进行机械复制，而需深耕地区实际，在深入了解地区需求的基础上，结合区域特色制订差异化工作计划，在保证地区供电的同时，助力地区生态保护及特色产业发展。

四、沙漠绿洲牧场——蒙牛圣牧自然资本核算研究

林　笛　王　倩　殷格非

1　乳制品行业背景分析

牛乳被誉为营养价值最接近于完善的食物，人均乳制品消费量是衡量一个国家人民生活水平的主要指标之一。世界上许多国家都对增加乳制品消费给予高度重视，加以引导和鼓励。美国农业部数据显示，2018年全球奶牛存栏量14175.9万头，牛奶和奶酪、黄油、奶粉等主要乳制品产量为54578.5万吨。在中国，乳品行业是国民经济中一个十分重要的部门。近年来，伴随着人民生活水平提高和乳业的高速发展，居民对乳制品的消费需求也持续增加。截至2019年第四季度，我国乳制品销售量累计达2710.6万吨，与2018年同期相比增长约1.1%，乳制品产销率累计值达100.1%，比2018年同期增加了0.2个百分点[①]。随着工业化生产技术的进步和居民消费的持续升级，在国家政策清晰的扶植导向下，中国乳制品消费市场逐渐呈现稳步增长趋势和多样化态势（图5-6）。

乳制品行业具有产业链长、生产环节多的特征，涉及第一产业（农牧业）、第二产业（食品加工业）和第三产业（分销、物流等），消费市场的需求增加能够广泛带动产业链各方发展。与此同时，如果以不可持续的生产和消费方式

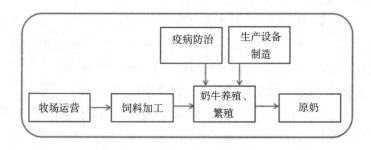

图5-6　原奶生产环节示意图

---

① 国家统计局，华经产业研究院整理.https://www.huaon.com/story/513019.

回应市场需求，则产业链上每个环节都有可能对生态环境造成破坏。以原奶生产环节为例，畜牧养殖中牲畜排泄物产生的有害气体可能污染大气环境，粗放型放牧可能加剧土壤荒漠化程度，牲畜排泄物和生产环节未经无害化处理的污水可能污染水体环境和土壤环境。乳制品生产加工过程中对生态资源的不合理利用和过度消耗甚至产生不可估量的健康安全风险，比如因杀虫剂、除草剂滥用导致的食品农药、抗生素残留问题。

为引导乳制品行业安全、绿色发展，在全产业链条中妥善解决经济、环境、社会协调发展的问题，国际社会和各国政府陆续采取一系列措施。优质牧草是法国拥有发达奶业的保障，因此法国政府非常注重农牧场环境保护，颁布了农业污染控制计划（PMPOA），规定通过对养殖企业生产废物的处理和储存来保护环境，由专业人员对奶业生产者环境保护措施进行帮助和指导。美国颁布《联邦水污染控制法案》，将奶牛养殖划分为点源污染类型，明确提出饲养牲畜头数在1000头以上的养殖场需向政府部门申报，经审核通过后才获得排污许可，为了降低空气中$PM_{2.5}$的含量，环境保护署重点控制集约化奶牛养殖场氨气的排放。新西兰1999年发布的《动物产品条例》，明确规定了所有从事动物源原料初级加工和以消费为目的进行动物产品深加工的人，都必须在风险管理计划框架下从事生产，并要求在牧场选址和建设运营过程中避免有害气体、烟尘和其他污染物，还要保证充足的水源，用于清洗设施、牲畜及原料奶冷却。德国政府鼓励奶牛场采用沼气发酵工艺解决牛场粪污处理问题，2004年修订的《可再生能源法》，规定到2020年由可再生能源提供的电能至少达到德国总电能的20%。荷兰《环境管理法》规定，任何可能对环境造成破坏和污染的活动都必须经过相关政府机关的批准，在此批准过程中，必须进行环境影响评价和环境污染预防审计。

为推动乳制品行业安全、绿色发展，中国政府也出台了一系列政策。2007年国务院下发《关于促进奶业持续健康发展的意见》，明确了保持奶业持续健康发展的重要性、紧迫性。2009年，国家质量监督检验检疫总局印发《乳制品生产企业落实质量安全主体责任监督检查规定》，监督乳制品生产企业落实质量安全主体责任，规范乳制品生产企业质量安全监督检查工作，保障乳制品质量安全。2018年，国务院印发了《国务院办公厅关于推进奶业振兴保障乳品质量安全的意见》，为推进奶业振兴，保障乳品质量安全，提振广大群众对国产乳制品信心，进一步提升奶业竞争力提供指导意见。2014年1月1日，国务院颁布实施的《畜禽规模养殖污染防治条例》，是我国第一部由国务院制定实施的农业农村环境保护行政法规。2017年6月，国务院办公厅印发《关于加快推进畜禽养殖废弃物资源化利用的意见》，明确提出到2020年，全国畜禽粪污综合利用率达到75%以上，规模养殖场粪污处理设施装备配套率达到95%以上等要求。

在政策法规以及政府监管不断加强、消费者对可持续的产品需求日益提高的背景下，乳制品行业利益相关方更加期待相关企业能够以可持续的方式开展业务，减少乳制品生产过程中对自然资源、生物多样性和生态系统服务功能的负面影响，提高乳制品质量保障，实现乳制品行业健康、绿色发展。乳制品产业链一头连接着草原、沙漠等相对脆弱的生态系统，一头连接着数量庞大的食品消费者，需要投入大量自然资源（包括生物资源与非生物资源）参与生产运营，是对自然资本具有重要影响和依赖的产业（表5-17）。

表5-17　乳制品行业企业对自然资本的影响和依赖

影响/依赖分类	乳制品行业企业自然资本影响/依赖
对自然资本的依赖	使用草原、淡水以及土地等自然资源开展全产业链业务 依赖健康稳定的生态系统开展养殖和生产
对乳制品行业企业的影响	对乳制品产业链企业当前和未来潜在的财务成本或收益产生影响 新政策和法规出台带来的运营成本提升
对社会的影响	对社会的影响存在于整个产业链，包括由业务造成污染影响自然资本而导致人类健康、生存环境等福祉变化 乳制品生产、加工、销售利用自然资本产生的相关社会成本或效益，例如生态恢复带来的旅游收益、周边社区居民生计改善或恶化 供应链直接或间接影响和依赖自然资本，招致的损失或实现收益

通过梳理乳制品行业企业对自然资本的影响和依赖，我们分析了生物多样性与自然资本对该行业企业可持续发展的潜在风险和机遇（表5-18）。

表5-18　乳制品行业企业面临的风险和机遇

类别	风险	机遇
运营	•自然资源供应的安全性和可获取性降低 •自然资源使用成本上升	•推动采用生物多样性管理措施解决保护和可持续利用问题
		•推动绿色运营、可持续发展意识提升

类别	风险	机遇
合规	• 环境政策法规趋严 • 食品安全政策法规趋严	• 推动企业合规发展意识提升，保证产品质量
财务	• 通过资本市场融资难度加大	• 采取措施使自然资本增值提升投资者投资意愿
	• 可能支付更多的环境成本	• 保护生物多样性和生态系统规避经济损失风险
		• 发展第三产业带来收益
市场	• 客户价值或偏好变化，对产品质量要求提升，导致没有竞争力的产品市场份额降低	• 消费者对绿色、有机产品需求提升，增加相应产品市场份额
品牌形象	• 来自公益组织和社区的压力 • 来自消费者的压力	• 树立绿色、负责任的品牌形象
	• 舆情危机	• 拓宽利益相关方沟通渠道

2 企业生物多样性解决方案

2.1 企业简介

内蒙古蒙牛乳业（集团）股份有限公司始建于1999年，总部设在内蒙古和林格尔县盛乐经济园区。2004年在中国香港上市（股票代码：HK2319），2014年成为入选恒生指数成分股的中国乳业第一股，2016年位列全球乳业第十位。蒙牛致力"以消费者为中心，成为创新引领的的百年营养健康食品公司"，秉持"守护人类和地球共同健康"愿景，在为人类提供健康营养品的同时，向产业链上下游每个节点传递"源于自然、分享自然、回归自然"的绿色理念，追求人与自然可持续发展。

圣牧高科奶业有限公司是蒙牛集团的全资子公司。圣牧是中国唯一一家符合欧盟有机标准有机乳品公司，同时，也是中国唯一一家提供100%由自有认证有机牧场生产的品牌有机乳制品的乳品公司。圣牧有机奶是中国首个通过欧盟和中国双有机认证的乳品品牌，在种植、养殖、生产、加工和销售各阶段，受到双重有机认证的严格监督和全程追溯。圣牧高科沙漠绿洲牧场项目选址建设于乌兰布和沙漠，是我国第一个真正意义上的沙草产业[1]，做到了种养结合，有机循环，建立了全球第一个沙漠有机产业链体系。

图5-7 蒙牛圣牧乌兰布和沙漠绿洲牧场外景

2.2 沙漠绿洲牧场项目

乌兰布和沙漠是黄河历史上多次改道冲积形成，浅层水资源丰富，沙漠中段方圆百里，没有工业和化学农业污染，沙地形成天然的有机屏障。2008年，为了寻找一块绿色、环保并适合生产有机牛奶的地方，圣牧高科多次考察、实验，最终选址在这片沙漠。自2009年以来，圣牧高科先后投入超过75亿元的资金，基于"低覆盖度治沙理论"对乌兰布和沙漠进行大规模生态治理。在十余年探索和建设中，圣牧高科形成以下几项典型实践经验。

三级防护，全面治沙。圣牧高科贯彻"益草则草，益林则林"的绿化思路，

---

[1] 内蒙古沙产业草产业协会会长张卫东在2017年9月15日举行的产业治沙与有机高端乳业发展高层研讨会上对圣牧模式的评价。

采用旱生乔木、沙生灌木、多年生牧草与一年生牧草相结合的模式，以一年生牧草作为先锋植物，发挥草本植物覆盖固沙的优势；加强矮灌木型防护林结合多年生牧草人工草地建植，以消除大规模沙尘暴沙源；在基地边缘沙区，建植以沙生灌木为主，以乔木为辅的防风林带，形成了保护人工草场的屏障。目前已在乌兰布和沙漠种植了9000万株各类树木，绿化沙漠200多平方千米。有机种植基地每隔200米就建设一条灌木防风林带，减小区域内风力等级及沙体流动；在边界及道路两侧，则栽种以杨树、柳树为主的乔木防风林带。加上田间的草本作物，通过这样的结构，逐级降低风力，已将当地平均6—7级的原始风力降低至4—5级。

合理用水，涵养水源。圣牧高科已在乌兰布和沙漠已建成11座平均面积5万~6万平方米的蓄水池蓄水库，满足自身需要的同时为周边社区居民提供用水保障，并且起到了有效涵养水源、调节小气候的作用。圣牧高科基地水资源承载力[①]综合评价年际变化由2009年的172.4点上升到2016年的16967.46点，说明水资源优化配置对该地区社会经济发展的最大支撑能力获得了长足的进步。圣牧高科沙漠绿洲牧场建设运营中涵养水源的实践有效调节小气候，该地区年降水量由2009年的126.8毫米提升至2016年的223.9毫米。

清洁利用粪污，有机循环发展。圣牧高科使用来自沙漠绿洲牧场的牛粪所生产的有机肥料，不使用化学合成肥料，促进沙化土壤团粒结构增加，提升保水保肥性能和土壤肥力，提高作物的抗旱能力，保证生产全流程处于有机链条之中。同时可以有效避免牲畜排泄物随意处置造成的水源和土壤污染等问题。圣牧高科沙漠绿洲牧场每年可生产数十万吨优质有机肥料，总体积达60万立方米，按照1厘米厚度铺于沙漠上，可覆盖近1万公顷的土地。

社区惠益带动，助力脱贫致富。圣牧高科在乌兰布和建设的可持续沙产业带动了当地的经济发展，为巴彦淖尔市及周边地区提供了数千个就业岗位，缓解了当地的就业压力。截至2016年底为国家创造税收4亿多元，为当地财政纳税近1.3亿元，带动约3万多农牧民走上了脱贫致富的道路。

圣牧高科基于"低覆盖度治沙理论"，将乌兰布和沙漠生态系统保护与沙

---

① 水资源承载力是指在某一具体的历史发展阶段下，以可预见的技术、经济和社会发展水平为依据，以可持续发展为原则，以维护生态环境良性发展为条件，经过合理的优化配置后，水资源对该地区社会经济发展的最大支撑能力。

产业发展结合起来，将企业发展与生态治理相融合，实现了生态经济化和经济生态化的可持续发展，为沙产业创造了一种全新的治理模式，实现了"双赢"的生态经济效益。

图5-8　蒙牛圣牧11年种下9000万棵树，22万亩沙漠被改造成草场

2.3　沙漠绿洲牧场自然资本核算研究

为了量化圣牧高科沙漠绿洲牧场在乌兰布和发展沙草产业和生物多样性保护实践的生态效益，下面将通过自然资本核算方法对典型影响和依赖进行定性、定量或货币化评估。

2.3.1　评估方法、目标和范畴

圣牧沙漠绿洲牧场自然资本核算采用《自然资本议定书》方法学，识别、计量圣牧沙漠绿洲牧场对自然资本影响与依赖，估算带来的自然资本状态和趋势变化，以定性、定量和货币化的方式评估影响和依赖的价值。

结合圣牧沙漠绿洲牧场经营特点，及其在乳制品行业产业链中的位置，本次核算将价值链边界限定于圣牧沙漠绿洲牧场的直接运营，即原奶

生产环节。价值链上下游对自然资本的影响和依赖不纳入本次评估范畴
（表5-19）。

表5-19　项目目标受众分析一览表

目标受众	诉求与期望
内部目标受众	
圣牧高科奶业有限公司	了解圣牧沙漠绿洲牧场对生物多样性的影响 针对生物多样性的风险和机遇制定战略 提升企业美誉度 促进企业可持续发展
圣牧沙漠绿洲牧场	了解圣牧沙漠绿洲牧场运营对生物多样性的影响 指导运营战略调整 规避生态环境风险
员工	保证工作环境基本适宜 保障职业健康
外部目标受众	
政府机构（自治区政府和阿拉善盟政府、生态环境主管单位、自然资源主管单位、食品药品安全主管单位）	推进沙漠治理 确保乳制品安全达标 避免环境问题对社会产生负面影响 创造税收，带动当地发展
当地社区（居民、学校、其他企业、牧民等）	减少极端天气带来的安全问题 避免环境问题对自身健康和生计的影响
消费者	产品质量安全保障 产品有机、可持续性
环保组织和专家	推动当地环境保护 推动自然资本核算的推广与使用

2.3.2　基线、场景、空间范围和时间范围

本次核算以圣牧沙漠绿洲牧场开工建设前（2009年）的自然资本状态为基线。评估的时间范围是2009—2016年，评估的空间范围是乌兰布和沙漠生态系统中草场和绿化面积，将对评估时间和空间内具有重大实质性的指标进行评估。

2.3.3　影响和依赖实质性分析

首先，梳理圣牧沙漠绿洲牧场对自然资本的影响和依赖路径，识别圣牧沙漠绿洲牧场对自然资本潜在实质性影响和依赖。随后，结合相关方意见，对自

然资本的影响、依赖进行重要性排序、审核。最终确定自然资本实质性影响与依赖。

圣牧沙漠绿洲牧场对自然资本的影响路径：

① 废弃物排放方面：生产废弃物和动物排泄物排放可能造成水体、土壤污染，从而引起自然资本的变化，进而引起人类健康和福祉方面的变化。

② 温室气体排放方面：温室气体排放可能驱动产生授粉昆虫数量减少、物种多样性下降等影响。

③ 牧场运营方面：可能引起草场退化、水资源短缺。

圣牧沙漠绿洲牧场对自然资本的依赖路径：

① 原材料供给方面：奶牛养殖需要玉米、苜蓿、燕麦等牧草原料。

② 资源方面：淡水和土地资源是圣牧沙漠绿洲牧场运营不可或缺的依赖因子。

③ 气候调节和生态景观价值方面：圣牧沙漠绿洲牧场对气候调节有较强依赖性，也有一定的对生态系统景观价值的依赖性。

2.3.4　确定要计量的影响驱动因子和依赖

通过将业务与影响驱动因子和依赖进行对应匹配，确定需要计量哪些影响驱动因子和依赖。结合可掌握的一手数据材料，选取具有代表性的指标进行直接定量分析。

2.3.5　识别自然资本变化和估值

对于自然资本变化进行识别主要从两个维度开展，一是与圣牧沙漠绿洲牧场业务活动和影响驱动因子相关的自然资本变化，二是识别与外部因素相关的自然资本变化。将自然资本状态变化计量分析选择的指标与相应的影响驱动因子一一对应匹配，来确定自然资本在未来可能会发生的变化（表5-20）。

表5-20　圣牧沙漠绿洲牧场对自然资本影响/依赖和自然资本变化识别

实质性议题	影响/依赖	影响驱动因子/依赖	自然资本的变化/自然资本变化对企业依赖性的影响	指标
对自身的影响	环境合规管理	环境政策和税收规定	大气、水和土壤污染物浓度变化	环保税、罚款或补偿款（万元）
	土地资源利用	生产设施建设用地	建设获批难度增大运营成本增加	用地面积（公顷）

（续表）

实质性议题	影响/依赖	影响驱动因子/依赖	自然资本的变化/自然资本变化对企业依赖性的影响	指标
对自身的影响	自然灾害防治（沙尘暴等）	自然灾害防治成本	自然灾害风险和损失	保险投入（万元）
	绿色运营	技术改造	气候变化 水资源存量变化	技改成本（万元）
对社会的影响	废弃物排放	粪便排放 生产废物	水体和土壤污染物浓度变化	牲畜粪便（立方米） 生产废弃物（立方米）
	温室气体排放	汽油、柴油用量 用电量 牲畜排放	气候变化 物种多样性减少、栖息地变化等 授粉昆虫如蜜蜂，蝴蝶等物种数量	二氧化碳当量（吨）
	淡水资源	涵养水源	水资源存量变化	年降雨增量（毫米）
	牧场建设	牧场建设 周边绿化	改善沙漠生态系统	牧场面积（平方千米） 绿化面积（平方千米）
	社区生态	社区基础设施建设投资 带动就业 本地采购 为当地创造税收	影响物种迁徙和生存 农业用地资源变化 牧业生计变化 淡水资源变化	提供社区就业岗位数（个） 修建公路（千米） 架设电线（千米） 创造税收（万元） 本地采购（万元）
	气候调节	防风治沙	改善极端天气	平均风力下降（级）
依赖	淡水资源利用	公用事业用水 自然水资源	可利用的地表水或地下水减少	淡水用水量（立方米）
	原材料	牧草良种 种牛	植被覆盖率变化	采购成本（万元）
	土地管理	建筑用地成本 牧场用地成本	土地资源存量变化	租金（万元）

综合上述分析，按照实质性重要程度和数据的可获得性和准确性，选取部

分指标进行定性、定量或货币化评估（表5-21，表5-22）。

表5-21　圣牧沙漠绿洲牧场自然资本核算核心指标评估

实质性议题	影响/依赖	影响驱动因子/依赖	指标	定量	货币化/万元
对自身的影响	环境合规管理	环境政策和税收规定	环保税、罚款或补偿款（万元）	—	*
	土地资源利用	生产设施建设用地	用地面积（公顷）	8.83	*
	自然灾害防治（沙尘暴等）	自然灾害防治成本	保险投入（万元）	—	*
	绿色运营	技术改造	节水技改成本（万元）	—	5000 [①]
对社会的影响	废弃物排放	粪便排放	牲畜粪便（立方米）	2400000	48000 [②]
		生产废物	生产废弃物（立方米）	*	*
	温室气体排放	汽油、柴油用量	二氧化碳当量（吨）	*	*
		用电量		*	*
		牲畜排放		136991.25	1095.93 [③]
	淡水资源	涵养水源	年降雨增量（毫米）	97.1	428.85 [④]

[①]　以节水改造设备使用年限为30年计算。

[②]　参考市场价格200元/立方米估算。

[③]　参考北京环境交易所（http://www.cbeex.com.cn）碳配额均价，以80元/吨估算。

[④]　参考《基于农业灌溉水价与水权转换水价对农民用水合作组织的发展研究》，内蒙引黄灌溉农业用水价格按0.049元/立方米计算。

（续表）

实质性议题	影响／依赖	影响驱动因子／依赖	指标	定量	货币化／万元
	牧场建设	牧场建设	牧场面积（平方千米）	146.67	10450.485①
		周边绿化	绿化面积（平方千米）	53	12312②
	社区生态	社区基础设施建设投资带动就业本地采购	提供社区就业岗位数（个）	1000	18919.6③
			修建公路（千米）	193.3	15464④
			架设电线（千米）	277.9	8337⑤
			创造税收（万元）	–	53000
			本地采购（万元）	–	*
	气候调节	防风治沙	平均风力下降（级）	1.5	–
依赖	淡水资源利用	灌溉用水	淡水用水量（立方米）	113125900	565.62⑥
	原材料	牧草良种种牛	采购成本（万元）	–	*
	土地管理	建筑用地成本牧场用地成本	租金（万元）	–	*

① 参考345页注3。
② 参考345页注3。
③ 参考阿拉善盟城镇私营单位年社会平均工资47299元/人/年计算。
④ 参考造价通网站信息，按80万元/公里估算。
⑤ 参考造价通网站信息，按30万元/千米估算。
⑥ 参考《基于农业灌溉水价与水权转换水价对农民用水合作组织的发展研究》，内蒙引黄灌溉农业用水价格按0.049元/立方米计算。

表5-22　圣牧沙漠绿洲牧场自然资本核算汇总

实质性议题	指标	货币化/万元	企业成本/效益[①]/万元	社会成本/效益[②]/万元
水资源	用水总量	565.62	−5136.77	—
	降水增量	428.85		
	节水技改成本	5000		
温室气体	牧场和绿化树木吸收量	22762.485	—	+21666.555
	奶牛排放量	1095.93		
废弃物和污染	牲畜粪便有机肥料	48000	+48000	—
社区生态	提供社区就业岗位	18919.6	−7140.3	+88580.3
	修建公路	15464		
	架设电线	8337		
	创造税收	53000		
成本/效益总计				+145969.785

＊本项目正在执行过程中，一些定量和货币化数据仍待测量、收集和完善。

　　受限于评估指标较少、数据底稿不全面，理解、认识和经验不足等原因，本次圣牧沙漠绿洲牧场核算有一定局限性，有待进一步征求专家和利益相关方意见进行补充和完善。

3　结果分析

　　通过自然资本核算，可以发现圣牧沙漠绿洲牧场一定程度降低了企业成本，产生了较大社会效益，并为企业自身降低了相关风险，创造了新的机遇。主要体现在以下几个方面。

---

① 正值表示企业行动为自身创造的效益，负值表示企业投入成本。
② 正值表示企业行动为社会创造的效益，负值表示企业影响造成的社会成本。

3.1　企业成本效益

圣牧高科投入15000万元[22]进行节水技术改造，主动修建蓄水库，引黄河水入乌兰布和沙漠，保证自身使用的同时也为调节小气候、涵养水源提供了助力，八年间的降水增量降低了428.85万企业成本。奶牛粪便堆肥还田，保障全链有机生产，同时减少废弃物对水源和土壤的污染可能，相当于为企业减少48000万元成本。投入7140.3万元修建公路、架设电线，保障自身业务流畅运行。

综合考虑本次核算中所有货币化指标，圣牧沙漠绿洲牧场项目为企业减少了35722.93万元成本。

3.2　社会成本效益

圣牧高科建设有机牧场和植树造林的沙漠绿化行动，在碳封存和防风治沙方面取得了比较显著的成果，并且一定程度中和了奶牛养殖和生产过程温室气体的排放，累计二氧化碳减排量相当于为社会创造21666.555万元效益。沙漠绿洲牧场的经营和发展为国家和地方创造税收，为社区居民创造新的工作机会，并起到了良好的宣教带动作用，既提升了社会福祉，也在推动有机农业和沙漠产业整体发展，为社区创造88580.3万元效益。

综合考虑本次核算中所有货币化指标，圣牧沙漠绿洲牧场项目为社会带来110246.855万元效益。

3.3　总成本效益

在本次自然资本核算中，综合所有货币化指标数据，圣牧高科沙漠绿洲牧场项目活动为自然环境中所有生物和非生物资源创造效益共计145969.785万元。

3.4　风险机遇分析

对照联合国2030可持续发展目标（SDGs）可知，乳制品行业企业活动对自然资本的影响和依赖与目标12：负责任的消费和生产，目标13：应对气候变化，目标14：水下生物，目标15：陆地生物具有极强相关性。在政策和先进实践的背景下，可持续发展越来越受到企业和各利益相关方的关注和重视，其中也蕴藏着风险和机会。

结合本次自然资本核算分析，从风险角度来看，第一，乳制品行业企业面临较大的环境合规风险，对自然资源的不合理利用将导致高税费或罚款的负担；第二，水资源、植物资源、土地资源的过度消耗、废弃物的不合理排放等行为，可能导致生产运营过程中对自然资源的依赖的成本持续增高；第三，对乳制品行业企业来说，忽视对自然资源的合理利用和保护，很可能招致来自社会公众、环境与生态领域的公益组织、社区居民的压力，从而增加与公众的沟通成本，影响品牌形象，对自身可持续发展带来不利影响。

从机遇角度来看，第一，圣牧沙漠绿洲牧场减少二氧化碳、甲烷等温室气体排放的行动，不仅为应对气候变化做出了贡献，也为自身符合环境要求和排放标准、应对相关政策奠定了基础；第二，重视生物多样性保护和自然资源的合理利用，为奶产品全程有机生产提供了环境，为产品质量提供保障；第三，圣牧沙漠绿洲牧场的生物多样性管理和实践，能够帮助企业树立奶源安全、环境友好的品牌形象，建设和推广有机品牌，为企业创造收益，并助力可持续发展。

对于圣牧高科来说，以自然资本核算方法，对其十余年来生物多样性保护实践梳理总结，并对其"治理+保护+发展"的举措成效进行量化评估，能够帮助自身审视自然资本潜在成本或效益，使用合理的环境风险评估测量工具进行管理和决策，采取积极措施将生产、治理、保护有机结合，为企业可持续发展提供有力支持。

4 未来趋势

蒙牛圣牧沙漠绿洲牧场的实践经验证明，因地制宜的生态环境"治理+保护+发展"商业模式具有可操作性，推广复制价值较大。圣牧高科重视奶源地保护，合理放牧、种养结合、有机循环，提升生物多样性保护意识，合理利用生物多样性资源，生产高质量乳制品，建设绿色发展品牌。同时，圣牧高科将持续提升自身生物多样性管理意识，深化自然资本核算新工具的使用和融入，切实可行的解决方案和科学的管理工具将助力可持续地利用生物资源，规避商业风险，挖掘新的商业机遇。实现自身经济效益提升，同时也将为利益相关方和社会提供更多经济价值和社会效益。

参考文献

［1］ 美国农业部.2018年全球乳制品行业市场现状及未来趋势分析.

［2］ 李孟娇，董晓霞，李宇华［J］.发达国家奶牛规模化养殖的粪污处理经验——以欧盟主要奶业国家为例［J］.世界农业，2014（005）：10-15.

［3］ 王尔大.［J］美国畜牧业环境污染控制政策概述［J］.世界环境，1998（003）：17-18,11.

［4］ 张伟.发达国家和地区奶牛养殖污染防治经验对我国的启示［J］.黑龙江畜牧兽医，2016（14）：46-49.

五、积棵木成茂林
——兄弟（中国）防沙漠化项目成本效益分析

刘童心　侯淑银　代奕波

1 制造业行业背景分析

制造业是我国国民经济的主体。根据2018年数据，我国制造业增加值占国内生产总值近30%。高质量制造业发展关系到我国国民经济安全和我国经济发展全局。新中国成立尤其是1978年改革开放以来，中国进入高速工业化时代，制造业的持续快速发展使中国成为世界的"加工厂"。在此背景下，我国制造业建成了门类齐全、独立完整的产业体系，有力推动了国家工业化与现代化进程。然而与世界先进水平相比，中国制造业仍然大而不强，在自主创新能力、能源使用效益、产业结构水平、信息化程度、质量效益等方面仍与国际行业先进水平差距明显。

2012年9月，由中国能源研究会发布的《中国能源发展报告2012》显示，根据中美各自公布的统计数据，中国已成为除美国外的世界第二大能源消耗国家。同年资料显示，我国制造业能源消费总量占全国总能源消费量的比重约为58.7%，是我国能源消费量的主要部分。2020年4月，《中国能源发展报告2020》显示，根据2019年数据，我国宏观经济增速与能源总体消费增速稳定，且能源消费结构正持续优化，但制造业能源利用效率仍是制约中国经济可持续增长的瓶颈。

除能源消耗外，制造业还普遍面临空气、水、固体废弃物污染等高污染、高排放风险，且制造业企业的采购、生产、加工、运输、销售等运营环节均依赖自然资本供给。以兄弟（中国）主营产品办公信息类、打印类、缝纫绣花类等设备为例，产品生产需使用机电、模具、塑料零件、橡胶零件、精密五金零件等原件，涉及对金属、橡胶、塑料等原材料的消耗，同时生产与业务运营涉及对土地资源、水资源的使用。因此，制造业是对自然资本有重要影响与依赖的行业，制造业能源、资源消耗与污染排放等也可能加剧遗传多样性丧失、物种多样性丧失、生态系统多样性丧失、生态系统复杂性降低等生物多样性破坏。

　　针对上述制造业共性的环境与生物多样性风险，国际上已发布众多应对性政策法规或行业公约。2004年，欧盟通过了应对气候变化的相关法律，并以该法为依据制定了碳排放权交易体系的建设计划。自2005年起，欧盟范围内的重点用能企业必须拥有许可证才能排放二氧化碳或开展二氧化碳排放权的交易行为，自此欧盟正式启动"欧盟碳排放交易机制（EUETS）"。2010年10月，欧盟委员会对外发布《未来十年能源绿色战略》（又称《欧盟2020战略》），明确了欧盟发展绿色产业和提升能源利用效率的路线图。2012年7月，日本召开国家发展战略大会，会议通过并发布了《绿色发展战略总体规划》，将新型装备制造、机械加工等作为发展重点，围绕制造过程中可再生能源的应用和能源利用效率提升，实施战略规划。2014年10月，美国总统科技顾问委员会（PCAST）发布《提速美国先进制造业》报告（又称"先进制造伙伴计划2.0"），报告将"可持续制造"列为11项振兴制造业的关键技术，利用技术优势谋求绿色发展新模式。2015年，德国联邦教育和研究部提出"工业4.0：从科研到企业落地"的政策规划，旨在帮助中小企业实现生产经营与数字化等新技术潮流的结合，通过技术革新降低企业环境影响（图5-9）。

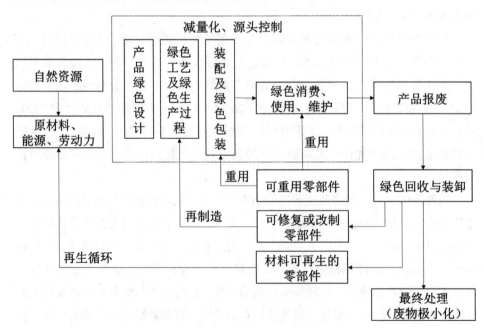

图5-9　绿色制造过程示意图

　　我国要成为制造业强国，同样需要依靠技术创新，从源头上解决资源环境可持续发展的瓶颈问题，摆脱粗放式的增长方式，淘汰落后、高污染产能，实现产业结构调整和技术升级，以贡献包含生物多样性保护在内的生态环境修复。

　　我国政府部门积极发挥环保政策导向作用。2013年1月，国务院正式印发《能源发展"十二五"规划》，将"绿色发展，建设资源节约型、环境友好型社会"列入发展纲要，表明我国经济发展不断转向提高能源利用效率、节约资源的道路。2015年5月，国务院印发部署全面推进实施制造强国的战略文件《中国制造2025》。作为中国实施制造强国战略第一个十年的行动纲领，《中国制造2025》明确了"创新驱动、质量为先、绿色发展、结构优化、人才为本"的五大基本方针，其中关于"全面推行绿色制造"的部署，为制造业企业构建高效、清洁、低碳、循环的绿色制造体系提供指引。2017年1月，国家能源局发布《能源"十三五"规划》及《可再生能源"十三五"规划》，提出"提高能源系统效率和发展质量"等发展方向。

　　除国际、国家、行业层面的引导与约束外，消费者对绿色制造产品的需求也日益增高。根据国际第三方研究表明，超过70%的消费者在购买产品时倾向于购买绿色制造的产品。因此，为更好地回应各利益相关方诉求，制造业企业应更积极地识别与管理环境影响，加快推进业务能源转型与深度减排，开展生物多样性保护行动，贡献行业健康、绿色发展（表5-23）。

表5-23　制造业对自然资本的影响和依赖

影响／依赖分类	制造业自然资本影响／依赖
对自然资本的依赖	使用煤炭、石油、天然气、电力等能源开展全产业链业务 使用土地资源、水资源等自然资源开展全产业链业务 消耗金属等原材料开展全产业链业务
对制造业的影响	生态环境保护相关新政策法规出台对企业运营成本（包括合规成本与能源、资源、原材料采购成本等）的影响 生态环境保护相关新政策法规出台对企业运营风险管理的影响 生态环境保护相关新政策法规出台对企业可持续发展战略的影响
对社会的影响	制造业企业生产运营对自然资本造成的损耗将间接导致生物多样性与公众健康福祉的变化

通过梳理制造业对自然资本的影响和依赖，我们分析了自然资本与生物多样性对该行业可持续发展的潜在风险和机遇（表5-24）。

表5-24　制造业面临的风险和机遇

类别	风险	机遇
运营	• 生产所需关键要素（能源、自然资源、原材料）稀缺性加剧	• 推动能源、自然资源、原材料使用，向清洁、可持续方向转变 • 投资"绿色"基础设施，降低运营成本
合规	• 国际公约、国家、行业环保政策日趋收紧 • 合规成本升高（例如，为减少排放而对污染设施的投资，以及相关违规罚款、赔偿、法律费用等）	• 加快健全企业绿色制造机制 • 推动企业合规运营意识提升 • 通过预测、判断和规避企业运营负面环境影响，减少罚款、赔偿或法律费用
财务	• 应对自然灾害成本增大（例如，退化的沙漠生态系统丧失自然保护作用，导致更频繁的风沙破坏） • 自然能源、资源、原材料获得成本升高（例如，更高的水费） • 投资者对企业环境绩效关注度升高，企业融资难度增大（利率上升或条件趋于苛刻）	• 通过提升能源、资源利用效率，降低资源投入成本 • 优化环境绩效表现，获得并维持投资者兴趣与信心 • 改善融资渠道
市场	• 消费者对绿色制造产品的需求量增加，非绿色制造产品逐步丧失市场份额	• 践行可持续采购与产品全生命周期绿色制造，创新绿色产品，把握市场先机 • 推动产品与服务申报绿色认证
品牌形象	• 企业环境表现将接受政府、公益组织、消费者等利益相关方的合规监督，品牌形象受损风险增加	• 践行绿色行动，打造绿色品牌 • 拓宽利益相关方沟通渠道

2　企业生物多样性解决方案

2.1　企业简介

兄弟（中国）商业有限公司成立于2005年，是Brother集团在中国的产品销售与服务的外商独资企业。依托集团旗下分设于深圳、珠海、台湾等地的生产工厂，以及在杭州设立的开发公司，在国内实现了开发、生产、销售三位一体的供应体系。主要事业领域包括打印及解决方案事业、家用机器事业等。

Brother集团总部日本兄弟工业株式会社以缝纫机维修业起家，1908年创业至今，一直致力于开发企业专有技术。目前在"通信打印设备""电子文具""家用缝纫机""工业缝纫机""产业机械""工业零部件""通信卡拉OK系统""标识设备""数字印刷系统"等广泛领域，为顾客提供着Brother特有的产品与服务。

Brother集团始终秉持"At your side"企业精神，以"客户第一"为宗旨，通过满足顾客从而实现自身发展，并成为与自然共生的企业。兄弟（中国）传承不惧变革的Brother DNA，始终铭记"在中国诞生、伴中国成长"，以为中国客户提供更多具有高附加值的产品和服务为己任，竭尽所能承担所在地区的社会、经济、文化方面的责任，努力成为更优秀的企业。

2.2　生物多样性解决方案

2.2.1　项目所在地自然地理概况

内蒙古阿拉善左旗地势东南高、西北低，平均海拔800—1500米，最高海拔3556米。阿拉善左旗南北长495千米，东西宽214千米，面积8.04万平方千米。总人口近15万。可利用草场4.6万平方千米，主要为荒漠、半荒漠草原。

沙漠面积：阿拉善左旗沙漠面积3.4万平方千米，主要是腾格里、乌兰布和两大沙漠。腾格里、乌兰布和两大沙漠横贯全境，沙漠、沙地面积占全旗总面积的三分之二。

气候类型：该地区地处亚洲大陆的腹心位置，远离大海，周围被大山包围，湿润的空气被阻挡，属典型温带大陆性季风气候。

气温：年平均气温6~9℃。夏天炎热，最高气温达37~42℃。冬天寒冷，平均气温在0℃以下的时期超过4个月。

降水量：降水量少，西北部平均降水低于85毫米，中心地区的巴彦浩特近贺兰山周边地区，平均降水约200毫米。在7月到9月的雨季里集中降水。

风沙状况：全年平均风速2.9~5.0米/秒。扬沙天气逐年上升，从每年10日上升到每年50日。特别是每年冬季到春季，大风频繁发生，持续5至6个月。

综上自然地理概况，内蒙古阿拉善左旗地区沙漠面积广袤，气温夏热冬寒，气候干旱、多风沙，对当地农牧业的发展有不利影响。

2.2.2　项目概况

兄弟（中国）意识并管理自身运营过程中所产生的环境影响，积极推广绿色技术并开展环保活动，投身于应对气候变化与保护生物多样性的行动中。在产品设计上，兄弟（中国）的产品不断创新，推出了包括绿色待机、无涂装、低噪音传送带驱动、缩减包装尺寸等环保技术。同时，兄弟（中国）还非常关注产品生命全周期，在各阶段努力降低环境负荷。在环保活动上，兄弟（中国）秉承集团"Brother Earth——与您共创美好环境"的环保理念，积极承担社会责任，多方协作开展环境保护活动。

兄弟（中国）生态环境保护活动不仅限于公司所在地区，而是放眼全国，关注全国生态环境现状与亟待解决的环境问题。在全面分析评估内蒙古尤其是阿拉善左旗地区沙漠化现状后，2012年，兄弟（中国）扩大原有Brother森林项目范围，携手国际NGO奥伊斯嘉（OISCA International）开展Brother森林之"内蒙古防沙漠化项目"，致力于贡献当地沙漠化防治，恢复当地植被覆盖，保护生物多样性。项目现共拥有以下4项活动内容。

图5-10　志愿者种植具有"沙漠卫士"之称的梭梭

①（线下）春季植树与捐赠：自2012年起，每年春季组织员工、商业合作伙伴、高校师生、媒体等志愿者深入阿拉善左旗地区，与当地研究人员及牧民共同开展植树活动。截至2020年3月，兄弟（中国）已带动各类志愿者及当地牧民共计360人次参与春季植树活动。所种植被由合作NGO组织OISCA、当地牧民全年共同养护。捐赠方面，兄弟（中国）自2012年起，每年定期向沙漠研究所进行资金、物资等捐赠，帮助其日常运营。截至2020年3月，项目投入约为153万元，用于科学研究、当地沙漠防治与防沙

宣传。同时，阿拉善OISCA沙漠研究所也为兄弟（中国）内蒙古防沙漠化项目提供了包括专家支持、种植技术指导、防沙漠化技术支持等帮助。

②（线下）防沙宣讲活动：自2014年起每年秋冬季，兄弟（中国）将在各大城市开展形式多样的防沙宣讲会，引起城市人群对沙漠化的重视和思考。截至2020年3月，兄弟（中国）已在上海、北京、广州、成都、沈阳、西安6个城市，开展了累计11场防沙宣讲，活动累计参与人次234人。

③（线上）"点击捐助"活动：自2012年起，为了让更多的人能够参与进来，Brother集团在Brother环保品牌网站（http://www.brotherearth.com/ch/top.html）推出面向大众的"点击捐助"活动，带动公众支持内蒙古防沙漠化项目。截至2020年3月，活动参与人次累计525115人，捐助金额达220324元。

④（线上）步行换梭梭活动：2018年，兄弟（中国）推出面向公司员工的"走路换梭梭"轻公益活动，为员工设置阶梯状目标（第一档步数：5000~6999步；第二档步数：7000~7999步；第三档步数：8000~8999步；第四档步数：9000步以上），鼓励员工以步行替代私家车等交通工具的使用，在培养员工健康生活方式的同时，助力实现碳减排。员工按季度申报日均步数，员工步数将被换算成不同数量的梭梭，通过基金会实现捐种，进一步丰富了项目内容。截至2020年4月，活动累计员工参与人次571人，累计兑换梭梭树1万棵。

图5-11　兄弟（中国）内蒙古防沙漠化项目

2.2.3 项目荣誉

① 2016年,中国公益映像节:兄弟(中国)内蒙古防沙漠化项目纪实报告视频荣获企业社会责任创新奖、企业类公益映像优秀作品奖。

② 2018年,UNDB-J"双红圈项目":包括兄弟(中国)内蒙古防沙漠化项目在内的9个Brother集团的自然保护活动,获得了UNDB-J(United Nations Decade on Biodiversity – Japan Committee,联合国生物多样性10年日本委员会)的"双红圈项目"认定。

③ 2019年,第八届中国公益节:兄弟(中国)荣获"2018年度公益集体奖",内蒙古防沙漠化项目荣获"2018年度公益项目奖"。

④ 2020年,2020-2021美世中国卓越健康雇主:兄弟(中国)步行换梭梭项目荣获"卓越专项实践奖"。

2.3 内蒙古防沙漠化项目自然资本核算研究

为了量化兄弟(中国)内蒙古防沙漠化项目开展8年来在内蒙古阿拉善左旗地区沙漠化治理实践的生态成效,下面将通过自然资本核算方法对项目典型影响和依赖进行定性、定量或货币化评估。

2.3.1 评估方法、目标和范畴

兄弟(中国)内蒙古防沙漠化项目自然资本核算采用《自然资本议定书》方法学,识别、计量内蒙古防沙漠化项目对自然资本的影响与依赖,估算带来的自然资本状态和变化趋势,以定性、定量和货币化的方式评估影响和依赖的价值。

基于该项目特点,本次核算将价值链边界限定于兄弟(中国)内蒙古防沙漠化项目的直接运营。兄弟(中国)自身业务及价值链上下游对自然资本的影响和依赖不纳入本次评估范畴(表5-25)。

表5-25 项目目标受众分析一览表

目标受众	诉求与期望
内部目标受众	
Brother集团	• 了解兄弟(中国)内蒙古防沙漠化项目对生物多样性的影响 • 针对生物多样性风险与机遇调整集团可持续发展战略 • 丰富集团"Brother Earth"行动成果 • 提升集团形象

（续表）

目标受众	诉求与期望
内部目标受众	
兄弟（中国）商业有限公司	•了解兄弟（中国）内蒙古防沙漠化项目对生物多样性的影响 •针对生物多样性风险与机遇调整企业可持续发展战略 •规避生态环境风险 •提升企业形象
员工	•参与生物多样性保护行动，拓宽个人价值实现途径 •保障职业健康
外部目标受众	
政府机构（阿拉善盟生态环境局、阿拉善盟自然资源局、阿拉善左旗人民政府等）	•推动当地沙漠化治理 •避免环境问题对当地社会带来的负面影响 •带动当地牧民就业
当地社区（企业、牧民等）	•改善当地沙漠化现状，减少沙漠化对农牧业的负面影响 •避免风沙带来的健康问题 •增加就业机会
消费者	•关注兄弟（中国）负责任的品牌形象
环保组织与专家	•推动当地沙漠化治理 •推广沙漠化防治专业知识与技术 •提升当地牧民及外部志愿者沙漠化防治意识

2.3.2 基线、场景、空间范围和时间范围

本次核算以兄弟（中国）内蒙古防沙漠化项目启动前（2012年）的自然资本状态为基线。评估时间范围为2012—2019年，评估的空间范围是该项目在内蒙古阿拉善左旗的规划种植范围。核算将对在该评估时间和空间内具有重大实质性的指标进行评估。

2.3.3 影响和依赖实质性分析

本次核算首先将梳理兄弟（中国）内蒙古防沙漠化项目对自然资本的影响和依赖路径，识别内蒙古防沙漠化项目对自然资本的潜在实质性影响和依赖。随后，结合相关方意见，对自然资本的影响、依赖进行重要性排序、审核。最终确定自然资本实质性影响与依赖。

兄弟（中国）内蒙古防沙漠化项目对自然资本的影响路径：

① 沙漠化治理方面：通过植被种植帮助当地防风治沙。

② 丰富植物种群方面：通过植被种植丰富当地沙漠植物种群。

③ 温室气体减排方面：通过恢复植被覆盖面积、鼓励员工参与步行捐赠，减少温室气体排放。

兄弟（中国）内蒙古防沙漠化项目对自然资本的依赖路径：

⑤ 土地资源使用：植被种植需要使用当地土地资源。

⑥ 水资源使用：植被种植需要使用当地水资源进行植被灌溉与养护。

2.3.4 确定要计量的影响驱动因子和依赖

通过将项目活动与影响驱动因子和依赖进行对应匹配，确定需要计量哪些影响驱动因子和依赖。结合可掌握的数据材料，选取具有代表性的样本对以下指标进行分析。

2.3.5 识别自然资本变化和估值

对于自然资本变化的识别主要从两个维度展开，一是识别由兄弟（中国）内蒙古防沙漠化项目的影响驱动因子所导致的自然资本变化，二是识别外部因素如何影响自然资本的状态和趋势。将自然资本状态变化计量分析选择的指标与相应的影响驱动因子匹配对应，来确定自然资本在未来可能发生的变化（表5-26）。

表5-26 兄弟（中国）内蒙古防沙漠化项目影响/依赖分析

实质性议题	影响/依赖	影响驱动因子和依赖	自然资本的变化	指标
对自身的影响	植被养护与研究	植被养护与研究成本	—	植被养护与研究投入（万元）
	项目资金投入	资金成本	—	项目资金投入（万元）
	项目物资投入	物资成本	—	项目物质投入（定性）
	项目人力投入	人力成本	—	项目人力投入（人次）
对社会的影响	减少沙漠化面积	开展植被种植与养护的沙漠面积	土地覆盖情况变化	植被种植与养护面积（平方千米）
	丰富植物种群	植被种植种类、数量与平均存活率	植物种群变化	植被种类（定性）、植被数量（棵）、植被平均存活率（%）

（续表）

实质性议题	影响/依赖	影响驱动因子和依赖	自然资本的变化	指标
对社会的影响	增加碳汇量（春季种植活动）	植被种植种类、数量与平均存活率	通过植被固碳，减少碳排放	植被类型（定性）、植被数量（棵）、植被平均存活率（%）
	社区沟通	防沙漠化宣讲开展场次、参与人次	—	宣讲开展场次（场）、参与人次（人次）
依赖	土地资源使用	项目规划种植面积	土地覆盖情况变化	规划种植面积（公顷）
	水资源使用	植被种植与养护过程中涉及的水资源消耗	地下或地表水减少	用水量（吨）

综合上述分析，按照实质性重要程度和数据的可获得性，选取以下指标进行定性、定量与货币化评估（表5-27）。

表5-27　兄弟（中国）内蒙古防沙漠化项目自然资本核算核心指标评估

实质性议题	影响/依赖	影响驱动因子和依赖	驱动指标	定性	定量	货币化
减少沙漠化面积	开展植被种植与养护的沙漠面积	土地覆盖情况变化	植被种植与养护面积（平方千米）	阿拉善左旗	8.49平方千米	养护费用每年投入50000元人民币，8年累计投入400000元人民币
丰富植物种群	植被种植种类与数量	植物种群变化	植被种类（定性）、植被数量（棵）、植被存活率（%）	梭梭为主，辅以沙枣、白蜡、榆树等	1659300棵；平均植被存活率86.125%	兄弟（中国）与合作NGO共同承担的植被采购投入约合1659300元[1]

――――――――――

[1]　植被单价参考《兄弟（中国）商业有限公司内蒙古防沙漠化项目实施报告》文件，梭梭树苗单价1元/棵.

（续表）

实质性议题	影响/依赖	影响驱动因子和依赖	驱动指标	定性	定量	货币化
增加碳汇量（春季种植活动）	植被种植种类与数量	通过植被固碳，减少碳排放	植被类型（定性）、植被数量（棵）、植被存活率（%）	梭梭为主，辅以沙枣、白蜡、榆树等	1659300棵；平均植被存活率86.125%；项目碳汇量[①] 12.517 tCO2-e·a-1	本项目目的在于防风固沙，碳汇收益较低，可忽略不计（约合1,042元/年[②]，8年累计8336元）
土地资源使用	项目规划种植面积	土地覆盖情况变化	规划种植面积（公顷）	详见表5-27		30年土地承包费用由当地沙漠研究所承担，不计入兄弟（中国）项目统计

表5-28 兄弟（中国）内蒙古防沙漠化项目规划种植面积

年份	地区	面积/公顷
2012年	吉兰泰	30
2013年	吉兰泰	66.6
2014年	头道湖、吉兰泰	60
2015年	头道湖、哈什哈、吉兰泰、塔木斯、巴彦诺日公苏木	242
2016年	头道湖、哈什哈、吉兰泰、塔木斯、巴彦诺日公苏木	193
2017年	头道湖、哈什哈、吉兰泰、塔木斯	162

① 计算方法及系数参考《碳汇造林项目方法学》。考虑到项目所种植被以梭梭为主，本次核算将其他植被物种碳汇量忽略不计。根据林业部门及森林资源清查报告，统一将梭梭视为灌木，碳汇量按照灌木生物质计算.

② 计算所用碳价参考2019年度北京碳市场成交均价：83.27元/吨。数据来源：中央财经大学绿色金融国际研究院；碳排放交易网http://www.tanpaifang.com/tanzhibiao/202002/2968497.html

（续表）

年份	地区	面积/公顷
2018年	吉兰泰、塔木素、科泊那木格	66
2019年	吉兰泰	30

3　结果分析

通过自然资本核算发现兄弟（中国）内蒙古防沙漠化项目提高了项目地区植被覆盖率，增加碳汇量，对当地防风治沙与生物多样性保护有较大积极影响：（1）缓解土地荒漠化。本项目种植地区位于阿拉善左旗腾格里、乌兰布和两大沙漠地区，项目区土地荒漠化、土壤盐碱化严重。本项目主要采用抗干旱、抗盐碱、耐高温、抗严寒的梭梭实施种植，是防治土地荒漠化的有效措施。（2）防风固沙及水土保持。本项目种植地区在项目活动前基本为荒漠化、盐碱化沙土地，植被覆盖率极低，沙丘流动性大，本项目实施极大提高了项目区植被覆盖率，有助于防风固沙及水土保持。（3）生物多样性与生态系统完整性。本项目选用梭梭、沙枣、白蜡、榆树等植被恢复当地植被覆盖面积。植被数量的增加与植物种群的丰富有助于生物多样性保护与生态系统完整性。

此外，项目还带来其他社会经济影响。首先，阿拉善OISCA沙漠研究所在当地长期宣传兼具固沙功能与经济效益的作物。其中可以嫁接在梭梭树上的名贵中草药肉苁蓉就是主要产品之一。研究所普及梭梭、肉苁蓉的相关知识，定期分发一定量的种子。牧民可通过嫁接并贩卖肉苁蓉获得收益，进而改善生活。此外，阿拉善OISCA沙漠研究所为及当地牧民提供的种植技术指导、防沙漠化技术支持等，将帮助当地牧民掌握防治火灾、病虫害，提高植被培育成活率等知识与技能，进一步帮助牧民提升沙漠化防治性种植及收益性种植的成功率，规避因管理不善、种植失败带来的经济风险。

对照联合国2030可持续发展目标（SDGs）可知，兄弟（中国）内蒙古防沙漠化项目对自然资本的影响和依赖与目标1：无贫穷，目标3：良好健康与福祉，目标4：优质教育，目标11：可持续城市和社区，目标13：气候行动，目标15：陆地生物，目标17：促进目标实现的伙伴关系具有高相关性。

从风险角度看，兄弟（中国）决策与活动带来的生物多样性受损等环境负面影响将可能直接或间接导致：（1）运营所需煤炭、石油、天然气等自然能源、资源的可获得性降低;(2)合规运营成本升高;(3)企业融资难度增大;(4)非绿色制造产品销量降低;(5)负责任的品牌形象受损等负面结果。从机遇角度看,兄弟(中国)推动包含生物多样性保护在内的可持续发展战略健全,完善产品绿色生命周期,推动深度减排,提升员工及其他利益相关方相关意识,将利于企业优化环境绩效表现,规避环境风险,增加市场机遇,助推企业绿色品牌建设。开展自然资本核算将利于兄弟(中国)对既有生物多样性项目成效进行量化评估,明确自然资本潜在成本与收益,审视主营业务与生物多样性项目在未来发展中围绕自然资本的风险与机遇,进一步推动企业主营业务与生物多样性项目的有机结合,提升生物多样性保护及其他环保工作的质效。

4 未来趋势

Brother集团已加入联合国全球契约(United Nations Global Compact)与RBA(Responsible Business Alliance)。兄弟(中国)将确保项目今后活动的开展与正规可靠的组织合作,与专业CSR机构形成联动,将"信义与尊敬""最高度的道德伦理观"付诸于行动。同时,兄弟(中国)内蒙古防沙漠化项目引入SDGs作为活动视点,在联合国可持续发展目标的指引下,开展项目的一系列活动,为可持续发展打下更好的基础。此外,兄弟(中国)还将不断探寻更高效的种植方式,坚持研发兼具固沙功能与经济效益的作物,帮助当地牧民通过植树获得收益,提高生活水平,以此调动牧民的积极性,主动参与防沙绿化。

兄弟(中国)内蒙古防沙漠化项目以线上线下结合方式开展,形式丰富多样、参与人数众多、活动成效明显,具有高推广价值。项目线下活动利益相关方参与度高,线上活动便捷性强、覆盖面广的特点可为企业其他环保与生物多样性项目的深度挖掘提供借鉴。项目为利益相关方带来的良好可持续意识宣贯将利于更多样化的可持续活动的开展,为发展主营业务与绿色行动结合度更高的项目打下基础。同时,兄弟(中国)的积极行动可为同行企业规避环境风险、提升生物多样性保护绩效树立样本,撬动行业内生物多样性保护行动升级。

参考文献

［1］ 中国历年制造业增加值占GDP比重［D/OL］.https：//www.kylc.com/stats/global/
yearly_per_country/g_manufacturing_value_added_in_gdp/chn.html.

［2］ 刘秀丽.2012年我国能源消费总量的控制目标和相应经济增长速度的测算［M］//中
国科学院预测科学研究中心.2012中国经济预测与展望.北京：科学出版社，2012.

［3］ 陈若愚，赖发英，周越.环境污染对生物的影响及其保护对策［J］.生物灾害科学，
2012（2）：226-229.

［4］ 史少晨.“绿色制造”离我们有多远［J］.资源再生，2012（01）：23-26.

［5］ 阿拉善左旗人民政府网.http：//www.alszq.gov.cn/col/col2157/index.html.

［6］ 《兄弟（中国）商业有限公司内蒙古防沙漠化项目实施报告》文件.

［7］ 刘炳强.干旱荒漠区梭梭造林技术［J］.新疆林业，2014（6）：16-17.